Dr. Krafft Freiherr von Crailsheim,

kgl. Kämmerer, Staatsrat und Staatsminister des Kgl. Hauses und des Äussern,

Vorsitzender im Ministerrate.

Die

Kgl. Bayerischen Staatseisenbahnen

in

geschichtlicher und statistischer Beziehung.

Gedenkschrift

zum fünfzigsten Jahrestage der Inbetriebsetzung der ersten Staatsbahnstrecke Nürnberg—Bamberg am 1. Oktober 1844.

Bearbeitet unter Benützung amtlichen Quellenmateriales

von

Hugo Marggraff,

kgl. Bezirksingenieur.

Mit Abbildungen, Karten und Plänen.

München.

Druck und Verlag von R. Oldenbourg.

1894.

Seiner Excellenz

dem Herrn Staatsminister des Kgl. Hauses und des Äussern,

Dr. Krafft Freiherrn von Crailsheim,

kgl. Kämmerer und Staatsrat,

dem obersten Leiter der Kgl. Bayerischen Verkehrs-Anstalten

in tiefster Ehrfurcht gewidmet

von dem

Verfasser.

Vorwort.

Das Jahr 1894 hat für die Geschichte der in ihren Hauptlinien jetzt nahezu ausgebauten Staatseisenbahnen Bayerns insofern eine hervorragende Bedeutung, als damit ein fünfzigjähriger Zeitraum abschliesst seit dem Bestehen dieser wichtigsten Verkehrswege im Königreiche. Wenn auch bereits gegen Ende des Jahres 1840 das Staatsbahnprinzip proklamiert und am 25. August 1844 die erste Staatsbahnstrecke zwischen Nürnberg und Bamberg feierlich eröffnet worden war, so datiert dennoch der Betrieb der Staatsbahnen erst vom 1. Oktober 1844, an welchem Tage vorgenannte Strecke dem allgemeinen Verkehre übergeben und zudem auch der Betrieb der erworbenen München—Augsburger Privat-Eisenbahn vom Staate übernommen wurde.

In heutiger Zeit, in der sich Jubiläumsfeste geradezu jagen, ward von einer öffentlichen Feier des Staatsbahnjubiläums grundsätzlich Umgang genommen. Umsomehr wagte ich es, einer gegen Ende des letztverflossenen Winters von hochschätzbarer Seite erhaltenen Anregung Folge leistend, die vorliegende gedrängte Darstellung der Entwicklung der grössten Verkehrsanstalt des Landes in Form einer geschichtlich-statistischen Gedenkschrift der Öffentlichkeit zu übergeben.

Die Gedenkschrift sucht sich kritisierender Betrachtungen thunlichst zu enthalten und bringt Angaben personeller Natur blos in beschränktem Maasse. Im übrigen war ich bedacht auf eine möglichst übersichtliche, obgleich durchaus zwanglose Gliederung des Inhalts und Gruppierung der Kapitel.

Zu ehrerbietigstem Danke fühle ich mich der hohen Generaldirektion der kgl. Bayerischen Staatseisenbahnen verpflichtet für die mir durch Zugänglichmachung amtlichen Materiales gewährte Unterstützung; im Besonderen habe ich meinen ergebensten Dank allen jenen Herren der Centralstelle auszusprechen, welche mir in entgegenkommendster Weise die erbetenen Aufschlüsse erteilt und mir zu den gewünschten Abbildungen verholfen haben.

Gebührender Dank sei an diesem Orte ferner jenen Staats- und städtischen Behörden, wie nicht minder allen sehr geehrten Fabrikleitungen und Privatpersonen erstattet, welche mir einschlägige Mitteilungen, Zeichnungen oder Porträts zukommen liessen.

Ich bin mir der in mancher Beziehung vielleicht unvermeidlichen Mängel und Schwächen meines Unternehmens, welches in seiner bündigen, die verschiedenen Sparten des Eisenbahnwesens zusammenfassenden Darstellungsweise den ersten derartigen Versuch bildet, und zu dessen Ausarbeitung eine im Verhältnis zu dem vielseitigen Stoffe nur karg bemessene Zeit zur Verfügung stand, wohl bewusst; möge daher die Gedenkschrift nachsichtigste Beurteilung finden!

Ingolstadt, im September 1894.

Der Verfasser.

Quellen-Ausweis.

Ausser dem zur Verfügung gestellten amtlichen Materiale, den von vielen zuständigen Seiten zugegangenen Beiträgen, dann Abhandlungen technischer Zeitschriften, ferner Instruktionen, Reglements und sonstigen Dienstbehelfen wurden vom Verfasser im Besonderen die nachstehenden Quellen benützt:

1. Die Verordnungs- und Anzeigeblätter der kgl. Bayer. Verkehrsanstalten seit dem Jahre 1845.
2. Die offiziellen »Nachweisungen« und »Statistischen Berichte« über den Betrieb der kgl. Bayer. Verkehrsanstalten seit dem Verwaltungsjahre 1851/52 bezw. 1882.
3. Die Motive zu den Eisenbahngesetzentwürfen in den Beilagen zu den Verhandlungen der Landtage seit 1884.
4. Statistik der Eisenbahnen Deutschlands (Reichsstatistik), bearbeitet im Reichs-Eisenbahnamt zu Berlin, für das Betriebsjahr 1892/93.
5. *Kosmas Lutz.* Der Bau der bayerischen Eisenbahnen rechts des Rheines. München und Leipzig 1883.
6. *Arthur v. Mayer.* Geschichte und Geographie der deutschen Eisenbahnen. 2 Bände. Berlin 1891.
7. Offizieller Katalog der Ausstellungsgegenstände der kgl. Bayer. Verkehrsanstalten, Gruppe XIV, auf der Bayerischen Landesausstellung zu Nürnberg 1882.
8. Amtliche Denkschrift über den Bau, die Beschaffung und Ausrüstung der Lokomotiven der kgl. Bayer. Staatseisenbahnen. München, März 1893.
9. *Mich. Schormaier* und *Josef Baumann.* Telegraph und Telephon in Bayern. München 1886.
10. *Albert Jäger.* Die bayerischen Weichen- und Signal-Centralanlagen. Sonderabdruck aus dem Wochenblatt f. Baukunde, Jahrgang 1886.

Inhaltsverzeichnis.

Vierter Abschnitt. Der Eisenbahnbetrieb.

Fünfter Abschnitt. Der Eisenbahnverkehr.

Sechster Abschnitt. Fürsorge für das Personal.

Anhang.

Vor fünfzig Jahren!

Eine festfröhliche Stimmung hatte sich schon am frühen Morgen des 25. August 1844 der Einwohnerschaft der alten, ehrwürdigen Noris unter dem Donner der Kanonen und den Trommelschlägen des Tagreveils bemächtigt. Galt es doch, nicht allein das Allerhöchste Geburts- und Namensfest des allgeliebten Landesvaters, Seiner Majestät des Königs Ludwig I., zu feiern, sondern auch die *Eröffnung und Weihe der soeben fertig gestellten ersten Strecke der bayerischen Staatseisenbahnen von Nürnberg nach Bamberg* festlich zu begehen. Das war zugleich am ersten Jahrestage des ersten bayerischen Eisenbahngesetzes.

Über den Hergang des Eröffnungsaktes und über die Hauptprobefahrt am 25. August meldet uns die Stadtchronik von Nürnberg und die Tagespresse ungefähr was folgt:

Gegen 7 Uhr morgens fuhr der königliche Kommissär, Seine Exzellenz Finanzminister Graf von Seinsheim, in Begleitung höherer Militärs, Beamter und des Magistrates durch die Spaliere der Landwehr unter den Klängen der Musik und dem Flattern der Fahnen von seiner Wohnung nach dem neuen, vor dem Frauenthore in gothischem Stile erbauten Bahnhofgebäude, welches gleichwie die Privatgebäude in allen vom Festzuge berührten Strafsen reich mit Wappen, Fahnen, Teppichen und Laubgewinden geschmückt war. Für die Damen waren Tribünen errichtet, und zwei kunstvolle Pyramiden vereinigten sämtliche Werkzeuge und Attribute des Eisenbahnbaues, selbst die Schiffe im Kanalhafen hatten zur Feier des Tages beflaggt. Eine unabsehbare Menge von Geladenen und einheimischen wie fremden Zuschauern wogte vor dem Bahnhofe.[1])

Nach der von dem königlichen Kommissär gehaltenen Anrede, welche die Segnungen der Eisenbahnen im allgemeinen betonte, dann

Die zugehörigen Anmerkungen folgen im Anhange.

speziell des durch den beharrlichen Willen des Königs unter Mitwirkung der Stände des Reichs beschlossenen Eisenbahnbaues auf Staatskosten gedachte und mit einem »Lebehoch« für den Monarchen, in welches die Anwesenden freudig einstimmten, schloss, setzte sich der ebenfalls sinnreich geschmückte Eröffnungszug mit der »Bavaria«, der ersten von Ritter von Maffei für die Staatsbahnen gelieferten Lokomotive, und 14 Waggons in Bewegung. Auf allen Haltepunkten, namentlich in Erlangen, Baiersdorf und Forchheim, fanden Huldigungen durch Deputationen und die Schuljugend unter Musik und Böllerschüssen statt, sämtliche Deputationen und Geladenen der berührten Städte wurden in den Zug aufgenommen, ebenso an der Kreuzung mit der Bahn nach Fürth

Der Bahnhof in Nürnberg im Jahre 1844, nach einer Zeichnung von Geissler.

der Direktor der Ludwigsbahngesellschaft, Buchhändler Mainberger. Bald nach dem Hauptzuge dampfte ein zweiter, von der »Saxonia« geführter Zug nach Bamberg, besetzt mit Genossen der beim Bahnbau thätig gewesenen Arbeiter und Gewerbe, deren buntfarbige Banner von den Waggons herabwehten. »Es wäre schwer (meldet der Chronist), die am Bahnhofe und längs der ganzen Bahn versammelte Zuschauermenge auch nur annähernd anzuschlagen.«

Die 16 Stunden lange Strecke nach Bamberg wurde vom Eröffnungszug, mit Abrechnung eines halbstündigen Aufenthaltes, in 93 Minuten zurückgelegt. In *Bamberg*, dessen Bahnhof ebenfalls im Festkleid prangte, empfing der hochwürdige Dompropst die Ankommenden in feierlicher Weise, worauf dieselben sich teils zum Hochamte in den Dom, welches der Herr Erzbischof von Bamberg celebrierte, teils zum protestantischen Gottesdienste in die St. Stephanskirche begaben. Später nahmen die seitens der Stadt Geladenen ein Frühstück im »deutschen Hause« ein.

Die Rückfahrt des Hauptzuges, mit welchem auch die geladenen Gäste von Erlangen, Forchheim und Bamberg in die alte Reichsstadt kamen, erfolgte um 2 ¼ Uhr, und die Ankunft in Nürnberg um 4 ¼ Uhr. Unmittelbar darauf fand im Gasthaus zum »Bayerischen Hof« ein von der Stadt für 70 Geladene veranstaltetes Festmahl statt, bei welchem Toaste auf den Landesherrn (durch den kgl. Finanzminister Grafen von Seinsheim), auf die Bahnverbindung Bayerns und Sachsens (durch den kgl. Regierungspräsidenten von Stenglein), auf das Wohl der Nachbar-

Der Bahnhof in Bamberg im Jahre 1844, nach einer Lithographie.

städte Nürnberg und Bamberg u. s. w. ausgebracht, auch zwei Festlieder abgesungen wurden. Den Schluss der Feier bildete ein Festball im Museum, sowie eine Festvorstellung im Theater.[2])

Es mögen hier drei Strophen eines Festgedichtes von G. Viess, welches am Weihetage auf Veranstaltung des Magistrates Nürnberg gedruckt und verteilt wurde, folgen:

Wer diesen Tag der Freude uns bereitet,
Dess' Name hat gar guten, hellen Klang;
Ein Diadem Sein hehres Haupt bekleidet,
Sein teutsches Lied das teutsche Land durchdrang.
Er ist der Vater Seiner Unterthanen
Und Seine Kinder liebt Er alle gleich,
Er brach der Kunst noch nie betret'ne Bahnen
Und pflegt sie warm in Seinem ganzen Reich.

Hat Seine Kraft, Sein unermüdet Streben
Nicht kühn vollbracht, was And're kaum geahnt?
Wer hiess das Werk dem Zeitenrad entschweben,
Das eine Strass' dem Wasser hat gebahnt?
Das da, wo sonst des Pfluges leichte Narben,
Jetzt Schiffe treibt mit inhaltreicher Last,
Und Flaggen pflanzte auf den luft'gen Mast
Von Blau und Weiss, des Vaterlandes Farben!? —

Mit Blau und Weiss, des Vaterlandes Farben,
Ist auch die Stätt' geschmückt, wo mit Bedacht
Sich jene Meister ew'gen Ruhm erwarben,
Die Er zum Werkzeug Seines Plans gemacht.
Es ist die Stätt', auf der Sein mächtig »Werde!«
Ertönen liess das kräftige »Voran!«
Wo Er gelegt in heimatliche Erde
Das Glück des Volks — die rasche Schienenbahn!

Unterm 13. September erhielt der zweite Bürgermeister Nürnbergs, Georg Bestelmeyer, vom Könige von Sachsen eine hohe Ordensauszeichnung als ehrende Anerkennung seiner umfassenden Arbeiten und Vorträge in der bayerischen Ständeversammlung über die Eisenbahnfrage.

Nachdem inzwischen die Bahnhof- und Bahnbauten der Strecke Nürnberg—Bamberg mit grösstem Eifer vollendet, die Drehscheiben eingebracht und die Fahrpreise festgesetzt waren, erfolgte am *1. Oktober 1844* die Aufnahme des regelmässigen Fahrdienstes, zugleich wurden die Nürnberg—Koburger Eilwagenfahrten eingestellt.

Erster Abschnitt.

Die Anfänge des Eisenbahnwesens.

1. Die Vorgeschichte der Eisenbahnen Bayerns.

In England, dem Geburtslande der Lokomotivbahnen, gingen Menschenalter hindurch die heute notwendig zusammengehörenden Gedanken der Eisenbahn und des Dampfwagens unfruchtbar nebeneinander her, ohne sich zu vereinigen. Treffend äufserte sich Nürnbergs wackerer Kaufmann und Bürgermeister Johannes Scharrer: »Es gehörte gewifs ein grösserer Scharfsinn dazu, mittelst Dampf- und Spinnmaschinen aus einem Pfund Baumwolle einen 882000 Fufs langen Faden zu produzieren, als der Dampfkraft ein Niveau mitten durch Europa zu bahnen!«

Als im Jahre 1767 der Hochofenbesitzer Reynolds in Coalbrookdale auf die Idee kam, die Eisengänzen anstatt in Barrenform nun in Form von Platten zu giessen und letztere an die Stelle der Holzriegel seiner für den althergebrachten »Hunde-Betrieb« vorgerichteten Werkbahnen zu setzen, da war schlechthin die »Eisenbahn« erfunden. Neun Jahre später versah Benjamin Curr die Plattenschienen mit einem nach innen zu angegossenen Rand, sodass die Transportwagen en coulisse liefen, und schuf so die erste eiserne Spurbahn. Merkwürdig, durch reinen Zufall ist der damalige Abstand der Fuhrwerksräder für die heutige, unabänderlich gleiche Spurweite der allermeisten Lokomotivbahnen Europas, welche 4 Fuss 8½ Zoll englisch oder 1,435 Meter beträgt, massgebend geworden!

Jessop gab i. J. 1789 den (noch kurzen) gusseisernen Schienen der Pferdebahn von Longborough einen pilzförmigen Querschnitt, sowie elliptische untere Begrenzung und lagerte diese hochkantigen sog. *Fischbauchschienen* in gegossene Stühle (chairs), während die Wagenräder nunmehr *Spurkränze* erhielten; die bisherige hölzerne Langschwelle ward durch die Querschwelle und auch letztere nach Beginn unseres Jahrhunderts auf Betreiben Chr. Outram's durch massive Steinblöcke verdrängt. Eine epochemachende Vervollkommnung erhielt das Gestänge i. J. 1820, als der Eisenwerksbesitzer John Berkinshaw in Durham das *Walzen* längerer Schienen aus Schmiedeeisen erfand; Georg Stephenson verwendete die gewalzte Fischbauchschiene auf Steinwürfeln zum erstenmale auf der Stockton—Darlington-Bahn. Die Spurbahnen mit Flachschienen, tram-roads, waren vorzüglich in Wales, jene mit erhabenen Schienen, rail-roads, im nördlichen England beliebt.

Inzwischen hatten auch die Transportwagen mit der Entwicklung des Gestänges und insbesondere hinsichtlich ihrer Räder, welche mit den Achsen fest verbunden wurden, weitgehende Verbesserungen erfahren.

Nicht weniger als 29 Konzessionen zum Baue und Betrieb von Pferdeeisenbahnen, welche allerdings nur teilweise zur Ausführung kamen, wurden in dem Zeitraume von 1801 bis 1825 seitens des Parlaments erteilt.

Zur Überwindung beträchtlicher Anhöhen bediente man sich in England teils der sog. selbstwirkenden schiefen Ebenen, bei welchen ein bergab fahrender beladener Wagenzug einen leeren oder schwach beladenen Zug mittelst Seil und Rolle bergauf zog, teils der Steilrampen mit feststehenden Dampfmaschinen, welch' letztere die Last mit Hilfe der um Trommeln sich wickelnden Seile emporzuschaffen und gleichzeitig den abwärts gehenden Zug zu bremsen hatten. Dieses englische System ist nachmals für den Bau der bayerischen Fichtelgebirgsbahn zwischen Neuenmarkt und Hof ernstlich in Erwägung gezogen worden.

Um die ersten Versuche, die Hochdruck-Dampfmaschine mit der Spurbahn, und zwar auf glatten Schienen, zu vermählen, bemühte sich i. J. 1804 der Engländer Richard Trevethik (1804), der »Ahne der Lokomotiverfindung«. Die nächsten Konstrukteure: Blenkinsop (1811), Chapmann u. A. erachteten die Reibung oder Adhäsion glatter Räder auf den Schienen für nicht genügend, um das Gleiten zu verhindern; erst der geniale Maschinenbauer Georg Stephenson brachte seit 1814 verschiedene von ihm konstruierte Dampfwagen, zunächst freilich noch plumpe und schwere, jedoch sicher laufende »Iron horses«, auf Kohlenbahnen, dann auf der am 27. September 1825 eingeweihten Stockton-Darlington-Bahn für den allgemeinen Verkehr in Betrieb. Unterstützt von seinem Sohne Robert, häufte Stephenson eine Verbesserung, eine Neuerung an seinen Maschinen auf die andere, bis endlich seine bloſs 4½ ts schwere Lokomotive »die Rakete« bei den berühmten Preiswettfahrten zu Rainhill auf der Liverpool—Manchester-Bahn am 6. Oktober 1829 als Siegerin über drei andere startende Maschinen hervorging, und damit der Schöpfungsakt der schnellaufenden Lokomotive vollzogen war. In dem 15. September 1830, dem Eröffnungstage der Liverpool—Manchester-Bahn, begrüssen wir den Geburtstag der Mutter aller neuzeitlichen Eisenbahnen mit Dampfkraft.

Im Jahre 1834, um welche Zeit Grossbritannien nach Tredgold bereits 60 »inkorporierte« Eisenbahnen mit Dampf- oder Pferdebetrieb von 1554 km Gesamtlänge und mindestens 650 km weitere Industriebahnen besass, und auch Nordamerika über etwa 1000 km Schienenwege verfügte, bestanden auf dem Kontinente nur erst folgende Bahnen für den öffentlichen Verkehr:

In Österreich die Pferdebahnen Linz—Budweis (126 km) und Prag-Lahna (55 km).

In Belgien die Lokomotivbahn Brüssel—Mecheln (17 km), zugleich die erste staatliche Bahn.

In Frankreich drei Lokomotiv- bezw. Pferdebahnen zwischen der Loire und Rhône (zusammen 150 km).

Aber in keinem Lande der Welt, England ausgenommen, wurde die Idee der Eisenbahnen so frühzeitig aufgegriffen, trotz vielseitigster Widerstände im eigenen Lande verfochten, staatsseits unterstützt und praktisch verwertet, als gerade in Bayern, schon zu einer Zeit, als selbst in England noch die heftigste Opposition gegen das neue Verkehrsmittel erhoben ward.

Ein Veteran in der deutschen Mechanik, der bayerische Oberstbergrat, Maschinendirektor und Akademiker Ritter *Joseph von Baader* (geb. 1763, gest. 1835), suchte schon seit 1807 die englischen Montan- und Industriebahnen für Pferdebetrieb in angeblich »verbesserter« Form für sein Vaterland Bayern nutzbar zu machen und mit erstaunlicher Ausdauer durch Wort und Schrift die »Eisernen Kunststrassen« und Wagen seiner neuen, weiter unten gekennzeichneten Konstruktion zu empfehlen, auf welche ihm König Max Joseph unterm 27. April 1815 ein 25jähriges Privileg — das allererste im deutschen Eisenbahnwesen überhaupt erteilte Patent — gewährt hatte. Im Jahre 1817 veröffentlichte Baader in K. v. Mann's »Archiv für Geschichte und Staatskunde von Bayern« den Vorschlag zu einer kommerziellen Verbindung des Rheins mit der Donau durch eine auf bestehenden Strassen anzulegende doppelte Eisenbahn von Donauwörth über Nürnberg nach Kissingen, worin die Anlagekosten dieser 42 Stunden langen, für ausschliesslichen Frachtentransport berechneten Pferdebahn, 800 Wagen und 44 Pferde inbegriffen, auf 2½ Millionen Gulden und das Reinerträgnis auf 25 % des Anlagekapitals geschätzt erscheint. Ein Jahr darauf experimentierte Baader an einer wirklichen Eisenbahn in halber Naturgrösse im Hofraum der kgl. Maschinenwerkstätte des Brunnenwesens in München; Bayerns Kronprinzessin zog, wie die Münchener Stadtchronik am 22. April meldet, einen mit 16 Zentnern beladenen Wagen bequem mit einer Hand fort. Auf dem ersten Landtage 1819 wurde auf Anregung der Abgeordneten Heydenkam und Mehmel die versuchsweise Anwendung des Baader'schen Systems auf der Chaussee zwischen Nürnberg und Fürth zwar der Regierung zur Berücksichtigung empfohlen, eine Geldunterstützung Baader's zu Versuchen im Grossen aber verweigert. Sofort nahm sich Kronprinz Ludwig der Sache an. Von Brückenau aus schrieb er, wie Th. Heigel mitteilt, an seinen Sekretär Kreuzer unterm 15. Juli 1819: »Als Auftrag von mir an Joseph v. Baader, dass ich es sehr wünschte seine interessante Erfindung eiserner Strassen partheilos von Sachverständigen geprüft, wenn sie vortheilhaft befunden würde, selbe ausgeführt zu sehen.« Aus Baader's geschichtlich denkwürdigem, i. J. 1822 erschienenem Werke »Neues System der fortschaffenden Mechanik« erhellen die Konstruktionsprinzipien für seine (lediglich zum Waarentransport berechneten) Chaussee-Pferdebahnen, welche von jenen der englischen Montan- und Industriebahnen wesentlich abwichen: Flache gusseiserne Gestänge von nur 18 Zoll Spurweite ohne emporstehenden Rand auf hohen Steinunterlagen; leichte, zum Übergang auf die gewöhnliche Strasse ohne Umladung eingerichtete Wagen mit Laufrädern ohne Spurkranz, grösseren auf den Achsen der letzteren sitzenden Fuhrwerksrädern und mit seitlichen Leitrollen zur Spurhaltung; Ermöglichung des Befahrens scharfer Bahnkrümmungen mittelst Wendeschemeln an den Transportwagen u. s. w. Die Zugpferde sollten neben dem Geleise laufen.

Joseph v. Baader's Eisenbahnwagen.
(Ansicht nach Wegnahme des vorderen Rades.)

Anlässlich der dritten Ständeversammlung i. J. 1825 trat Baader mit einem Vorschlage zur Verbindung der Donau und des Mains mittelst einer von Donauwörth über Rothenburg nach Marktbreit führenden Eisenbahn vor das kgl. Finanz-Ministerium und bat um Gewährung einer Summe von 8000 Gulden zu vergleichenden Versuchen mit Spurbahnen und Wagen nach englischem und nach seinem System, welche Summe auch im Juli 1825 vom König Max Joseph bewilligt wurde. Nun errichtete v. Baader in dem ihm hiezu eingeräumten Schlossparke zu Nymphenburg zwei je 228 m lange, in Ellipsen in sich selbst zurückkehrende Spurbahnen mit Steilrampen nebeneinander, die eine nach englischer Bauart aus geschmiedeten Schienen auf Holzschwellen und englischen, mit Spurkränzen versehenen Wagen, die andere nach seiner Bauart mit gegossenen Schienen auf erhöhten Steinunterlagen nebst zugehörigen Fahrzeugen. Im Frühjahre 1826 fanden wiederholt vergleichende Versuchsfahrten mit Pferdekraft statt im Beisein des Königs Ludwig I., des Kronprinzen und des Prinzen Otto, vor Mitgliedern der kgl. Akademie, des landwirtschaftlichen und des polytechnischen Vereins u. s. f. Finanzminister Graf v. Armannsperg übertrug auf Allerhöchsten Befehl dem Geh. Oberbaurat und Hofbauintendanten Leo v. Klenze im April 1826 die Leitung einer kommissarischen Prüfung und Begutachtung der Baader'schen Probe-Eisenbahnen. Die Kommission, bestehend aus Vertretern des Bau-, Post- und Zollwesens und Sachverständigen des Wagenbau- und Schmiedegewerbes, anerkannte zwar die Vorzüge des Baader'schen Systems, bezweifelte aber die allgemeine Verwendbarkeit desselben.[3]) Auf ministeriellen Antrag hin genehmigte der König weitere Vorarbeiten für eine Pferdebahn zwischen Donauwörth und Marktbreit zwar nicht, jedoch sollte sich der Handelsstand von Nürnberg und Fürth über die Vorteile einer solchen zwischen den beiden Schwesterstädten, und das Kriegs-Ministerium über die Anwendung derselben für den Bau der Festung Ingolstadt äussern; ein greifbares Ergebnis ward nach beiden Richtungen nicht erzielt.

Baader ruhte jedoch nicht. Auf seine weitere Bewerbung um Geldunterstützung zur Erprobung der von ihm erfundenen (und angeblich von dem Engländer Palmer nachgeahmten) sog. *schwebenden, einschienigen Eisenbahn* für Pferdezug lautete des Königs abweisendes Signat vom 16. Januar 1827: »Auf seine eigenen Kosten kann Baader neue Versuche mit Eisenbahnen anstellen; die bereits von ihm gemacht worden, haben den ersten Kostenanschlag nicht unbedeutend übertroffen, zu neuen kann kein Geld gegeben werden.« Nicht besser erging es Baader, als er 1831 mit dem Projekte einer vermutlich mit verdichteter Luft arbeitenden Lokomotive hervortrat.

Das Projekt des Donau-Main-Kanals.

Alsbald nach seiner Thronbesteigung hatte König Ludwig I. das angeblich schon von Karl dem Grossen beabsichtigte, seit Beginn unseres Jahrhunderts vielfältig erwogene und durch Georg v. Reichenbach auf Grund einer i. J. 1819 im Regierungsauftrage bethätigten Rekognoszierungsreise befürwortete Projekt zu einer Kanalverbindung zwischen Donau und Main aufgegriffen und i. J. 1827 den Oberbaurat Frhr. v. Pechmann mit bezüglichen Vorarbeiten beauftragt. Zu den heftigsten Gegnern des Kanalgedankens gehörten Joseph v. Baader und Geheimrat K. Fr. v. Wiebeking, zu den gemässigten der grosse schwäbische Volkswirt und Agitator *Friedrich List* (gest. 1846), dessen von Amerika aus mit Baader unterhaltener und i. J. 1828 auch in erweiterter Ausführung unter dem Titel »Mitteilungen aus Amerika« gedruckter Briefwechsel einen wahren Reichtum birgt an kühnen Entwürfen von Bahnverbindungen zwischen deutschen Handels- und Hansastädten behufs Schaffung eines einheitlichen Eisenbahnsystems in seinem weiteren Vaterlande. Das nachstehende, von List schon i. J. 1833 zu seiner Flugschrift »Über ein sächsisches Eisenbahnsystem u. s. w.« angefertigte Eisenbahnkärtchen hatte für Bayern die Linien Nordgrenze—Bamberg—Nürnberg—München, Ulm—München und Augsburg—Lindau vorgezeichnet.[4])

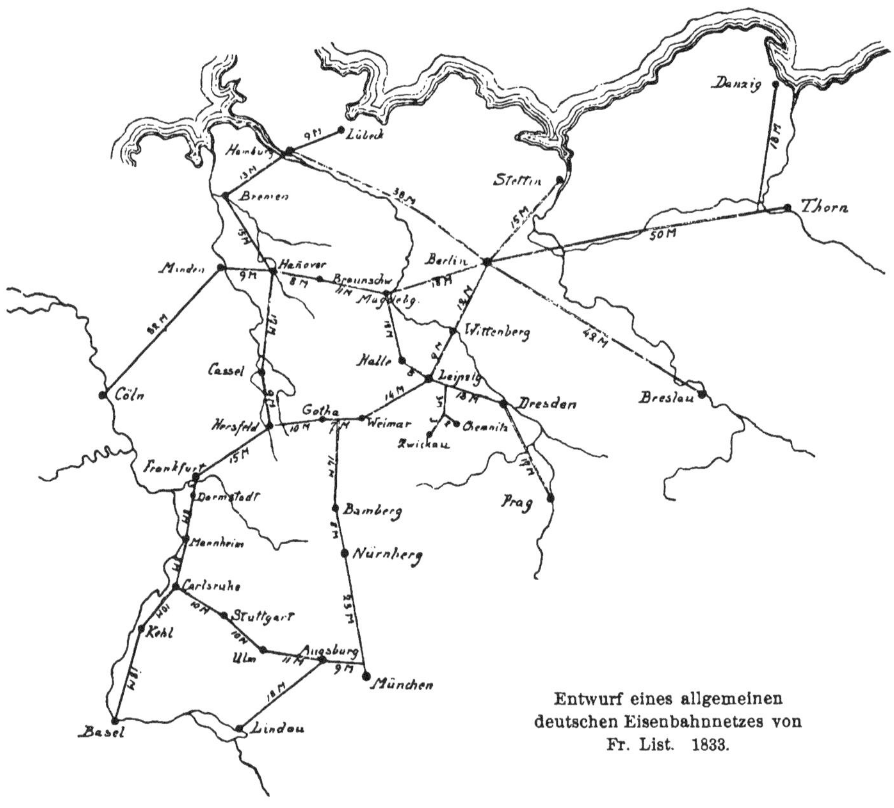

Entwurf eines allgemeinen deutschen Eisenbahnnetzes von Fr. List. 1833.

Im Jahre 1829 teilte List seine Ansichten über Kanäle und Eisenbahnen von Reading aus König Ludwig I. in einer ideenreichen Denkschrift mit. Ein Schreiben des Königs an den Minister des Innern Eduard von Schenk (vom 19. April 1829) nimmt auf List's Schriften Bezug, betont, dass gleichwohl Kanäle zwischen München und der Donau, dann zwischen Donau und Main Eisenbahnen vorzuziehen seien, und lässt die Allerhöchste Absicht durchblicken, Baader von der Ausführung von Eisenbahnen fernzuhalten. Ein vom Monarchen direkt eingefordertes Gutachten Leo v. Klenze's (vom 7. Mai 1829) über List's Schriften räumte einer Eisenbahn den Vorzug vor einem Kanale zwischen Donau und Main ein, vermochte jedoch nicht, den König von dessen Lieblingsvorsatz abzulenken; gegenteils erhielt Jos. v. Baader Auftrag, dem Kanalprojekte künftig in keiner Weise mehr entgegenzutreten.[5]) Die Bahnfrage blieb vorläufig ruhen. Die Vorschläge Joseph v. Utzschneider's zu einer die südbayerischen Flüsse kreuzenden »Oberlandbahn« und Jos. v. Baader's zu einer Eisenbahn von München nach Starnberg nebst Dampfschifffahrt auf dem Würmsee, beide v. J. 1832, blieben unbeachtet.

---

2. Von Nürnberg nach Fürth.

Gleich List erstrebte auch Nürnbergs verdienstvoller zweiter Bürgermeister *Johannes Scharrer* die Hebung des Verkehrswesens. Sein Plan galt zunächst der Verbindung Nürnbergs und Fürths durch eine Lokomotiveisenbahn nach dem Vorbilde der längst erprobten Bahn zwischen Liverpool und Manchester, welch' erstere er sich — in weiter fliegenden Gedanken! — als ersten Teil einer von Ost nach West ziehenden Festlandlinie dachte. Alle Vorurteile besiegend, gewann er i. J. 1833 einen Kreis geachteter Männer zur Gründung einer Aktiengesellschaft für Erbauung der gewünschten Eisenbahn unter Vorsitz des Oberbürgermeisters Binder von Nürnberg, und es erhielt die Gesellschaft schon unterm 19. Februar 1834 das erbetene ausschliessende Privilegium des Königs auf 30 Jahre verliehen; damit war die erste Aktiengesellschaft in Bayern überhaupt ins Leben gerufen. Nach vergeblichen Verhandlungen mit Stephenson wegen Ablassung eines englischen Ingenieurs wurde durch Vermittlung Leo v. Klenze's der bayerische kgl. Bezirksingenieur *Paul Denis,* welcher eben erst von einer Studienreise aus Amerika und England zurückgekehrt war, gewonnen und mit dem Bau der Bahn betraut.[6]) Denis war — im Gegensatz zu Joseph v. Baader — klug genug, ohne viel eigenes Hinzuthun die vollendete Thatsache, die schwer errungenen Erfolge des genialen G. Stephenson für Bayern zu verwerten. Ungeachtet der vielseitigen technischen Schwierigkeiten, welche ein Erstlingsunternehmen solcher Art bietet, gedieh der Bau unter Denis' Händen so rasch, dass, nachdem die Erdarbeiten Anfang Mai 1835 begonnen hatten, schon im Juli die ersten Schienen gelegt wurden, und am 7. Dezember 1835 die 6 km lange *erste deutsche Eisenbahn mit Dampfkraft* feierlichst eröffnet werden konnte, just am gleichen Tage, an welchem König Ludwig I. an der Seite seines jugendlichen, zum Könige der Griechen erwählten Sohnes Otto im Triumphe in Athen einzog.

Bezüglich der hochinteressanten Vorgeschichte, der Gründung, des Baues und Betriebes der Nürnberg—Fürther »Ludwigsbahn« verweisen wir auf die umfassende bezügliche Jubiläumsschrift von Dr. Rudolf Hagen.[7]) Es dürfte hier noch zu erwähnen sein, dass der Betrieb auf diesem Schienenwege, dessen Bau- und Einrichtungskosten nicht ganz 52 000 M. für den Kilometer Länge betrugen, nach dem Vorgange der Eisenbahnen Stockton—Darlington und St. Etienne—Lyon abwechselnd mit Dampf- und mit Pferdekraft erfolgte, bis i. J. 1862 die Pferdefahrten gänzlich aufhörten.

Trotz der Konkurrenz zweier Staatsbahnlinien und einer Pferdebahn besteht die Ludwigseisenbahn noch heute als eine der bestrentierenden Unternehmungen; ihre fernere Selbstständigkeit nach Erlöschen des ausschliessenden Privilegiums war der Gesellschaft staatsseits bereits i. J. 1865 ohne jeglichen Vorbehalt gewährleistet worden.

3. Weitere Bahnprojekte in Bayern.

Die gelungene Ausführung wie nicht minder die unerwarteten finanziellen Erfolge der Ludwigsbahn Nürnberg—Fürth spornten zu weiteren Bauunternehmungen mächtig an. Mit einem Schlage schienen Millionen hiezu flüssig zu werden, allenthalben bildeten sich Komités für aussichtsreiche Bahnlinien, und die Presse entfaltete in diesbezüglichen Vorschlägen einen fieberhaften Eifer. So war plötzlich eine wohlthätige Rührigkeit in das schlummernde öffentliche Leben gekommen, und auch die bayerische Regierung, wenngleich keineswegs gewillt, auf eigene Faust als Eisenbahnunternehmer aufzutreten, erkannte mit umsichtigem Blicke die Notwendigkeit und Verpflichtung, rasch in die begonnene Bewegung einzugreifen, das Zustandekommen von Eisenbahnvereinen zu unterstützen und deren Vorgehen zu überwachen; ja sie entsendete aus eigenem Antriebe Staatsbautechniker zum Studium des ausländischen Eisenbahnwesens; u. a. erhielt der Oberingenieur der Obersten Baubehörde und gleichzeitige Direktor der polytechnischen Schule zu München, F. A. Pauli, durch ministerielles Kommissorium vom 19. Juni 1836 Auftrag, als Reisebegleiter des Vorstandes der Obersten Baubehörde, des Geheimrates Leo v. Klenze, von den wichtigsten Kanal- und Eisenbahnanlagen Frankreichs, der Niederlande und Englands mit besonderer Rücksicht auf die bayerischen Verhältnisse und Interessen Einsicht zu nehmen und ebenso über die Verhältnisse des technischen Unterrichtes und der dessfallsigen Anstalten sich genau zu orientieren. Anlässlich dieser Mission besichtigte v. Klenze auch die Ludwigseisenbahn am 29. Juni 1836 eingehendst.

In der zweiten Hälfte des Jahres 1835 bildeten sich auf Anregung des Augsburger Bürgermeisters Caron du Val zu *Augsburg und München* Vereine von Handelshäusern zunächst zwecks Verbindung dieser Städte durch eine Lokomotivbahn, deren Anlage als Aktienunternehmung unterm 28. November 1835 Allerhöchst sanktioniert ward. Das Verhältnis des Postärars zur künftigen Gesellschaft sollte im Hinblick auf die seitens der sächsischen Regierung für die Leipzig—Dresdener Eisenbahnkompagnie ausgesprochenen Grundsätze und nach Massgabe der Statuten der letzteren in einer Weise geregelt werden, dafs das Unternehmen als gemeinnützige öffentliche Anstalt im Sinne der Allerh. Verordnung vom 14. August 1815 über die Abtretung des Privateigentums für öffentliche Zwecke anerkannt und beschützt werden könne.

Auf Grund einer vorläufigen Untersuchung, welche Kreisbaurat Beyschlag im Juni 1836 gemäss Auftrag der Regierung bethätigte, wurde die Bahnrichtung Augsburg—Mering—Olching—München generell festgesetzt, während Bezirksingenieur Denis, der eben erst die Ludwigs-Eisenbahn vollendet hatte, das spezielle Bauprojekt auf Ansuchen und auf Kosten der Unternehmer in der Zeit vom August 1836 bis Februar 1837 bearbeitete.

Inzwischen hatte die bayerische Regierung behufs Anbahnung der wünschenswerten Gleichmässigkeit in der Gestaltung des Eisenbahnwesens eine Generaldelegation aus allen bereits genehmigten Eisenbahn-Gesellschaften nach München berufen, zu welcher Bevollmächtigte aus München, Augsburg, Nürnberg, Bamberg und Lindau erschienen waren. In den im August 1836 stattgehabten Sitzungen der Generaldelegation gelangten nun unter Vorsitz des Staatsministers Fürst von Öttingen-Wallerstein die bis zum Jahre 1855 in Geltung gebliebenen »*Fundamentalbestimmungen für sämtliche Eisenbahnstatuten in Bayern*« zur Beratung, welche am 28. September 1836 in Kraft traten und allen genehmigten Privatbahnen den besonderen staatlichen Schutz in Aussicht stellten; auch wurde für alle bayerischen Bahnen die gleiche (englische) Spurweite angeordnet.

Fast gleichzeitig mit der Gründung der München—Augsburger Eisenbahn tauchten zahlreiche andere, im Zusammenhang als eine grosse Süd-Nord-Bahn zwischen Sachsen und dem Bodensee erscheinende Projekte auf. Die uralten Handelsstädte Nürnberg und Augsburg, in richtiger Erkenntnis ihrer wichtigen Stellung, dann die Schöpfer der Ludwigseisenbahn selbst, bekundeten die lebhafteste Teilnahme in der Eisenbahnbewegung.

Der Plan zu einer Bahn *Augsburg—Nürnberg* ging gleich jenem für die Linie Augsburg—Lindau und für die Linie München—Salzburg vom Hofbanquier Simon Frhr. v. Eichthal in München aus unter Mitbeteiligung der Vorstände des Augsburger Comités: v. Stetten, Th. v. Fröhlich und C. Forster, dann des Direktoriums der Ludwigsbahn. Die Regierung genehmigte die Eröffnung der in einer Konferenz aller drei Parteien im Januar 1836 beschlossenen Aktiensubskription mit der Beschränkung, dass die Aktien nur in den drei beteiligten Städten ausgegeben werden dürften; ausserdem erging an alle bestehenden Bahngesellschaften das Verbot jeder Art von Kursgeschäften *vor* der amtlichen Kundgabe der Statuten. Was die Augsburg—Nürnberger Bahn betrifft, so war schon am ersten Subskriptionstage die hohe, der Stadt Nürnberg allein bewilligte Summe von 2 Millionen Gulden um das Doppelte überzeichnet. Die Regierung beauftragte nunmehr die Kreisbauräte Beyschlag in Nürnberg und Ott in Ansbach mit der Vermessung der geraden Linie Augsburg—Donauwörth—Treuchtlingen—Nürnberg, worauf Oberingenieur Pauli auf Ansuchen des Gesellschaftsausschusses i. J. 1839 die Detailprojektierung bethätigte; doch kam es nicht zum Bau, da sich die Gesellschaft, veranlasst »durch die nachteilige Wendung, welche die Bahnunternehmungen überhaupt genommen«, im Mai 1841 wieder auflöste.

Die von der Ludwigsbahngesellschaft weiters nachgesuchte Genehmigung zur Bildung eines Aktienvereines für den Bau einer Bahn von *Nürnberg über Bamberg nach Hof*, für welche sich Joh. Scharrer ganz besonders begeisterte[8]), wurde am 11. Februar 1836 erteilt unter der Bedingung einer angemessenen Mitbeteiligung Bambergs. Auch in diesem Falle erfolgten die technischen Vorarbeiten von staatswegen, und zwar durch Bezirksingenieur Panzer, die Kreisbauräte Ott in Ansbach und Krafft in Baireuth; die Wahl der Betriebskraft im Fichtelgebirge blieb noch unentschieden. Gleichzeitig fanden Unterhandlungen mit Sachsen wegen Fortführung der Bahn bis Leipzig im Beisein Leo v. Klenze's statt. Im März 1838 erhielt die Gesellschaft die Erlaubnis zu der Bahnführung *Nürnberg—Bamberg* mit der Verpflichtung, dass sie diese Teilstrecke binnen zwei Jahren vollende, den Bau der Strecke Bamberg—Hof im Frühjahr 1839 in Angriff nehme und 1844 beendige, sowie dass der Staat die Bahn nebst Zubehör schon vor Ablauf der 99jährigen Konzessionsdauer jederzeit käuflich erwerben könne. Bei der Subskription in Nürnberg am 7. Dezember 1837 herrschte ein enormer Zudrang, in Rössel's Kaffeehaus hatte sich sogar eine Art Börse für Aktienhandel etabliert, und das für die ganze Linie Nürnberg—Hof benötigte Baukapital von 8 Millionen Gulden wurde dreifach überzeichnet.

So hoch damals die Spekulationssucht gestiegen war, so tief sanken die Hoffnungen, nachdem Missgriffe und Übereilungen in vielen gleichartigen Unternehmungen des Auslandes, teilweise auch die langsame Durchführung der München—Augsburger Bahn, das Eisenbahnfieber verscheuchten. Auch die Aktionäre der Nürnberg-Nordgrenze-Bahngesellschaft verloren den Mut, zudem wurde für zwei Richtungen, nach Hof und nach Koburg, lebhaft agitiert. Die Generalversammlung vom 1. Oktober 1840 erklärte, dass die vorhandenen Geldmittel zum Baue der vollständigen Linie bis zur nördlichen Reichsgrenze ungenügend seien, und beschloss, die Regierung um Gestattung der alleinigen Ausführung der Strecke Nürnberg—Bamberg und um Entbindung von der

Fortführung derselben bis Hof zu bitten. Unterm 25. November 1840 wurde die Konzession der Gesellschaft, für welche Statuten überhaupt noch nicht vorlagen, wegen Nichterfüllung der Bedingungen bezw. wegen Nichtabgabe bestimmter Erklärung über Beginn und Vollendung des Bahnbaues innerhalb des festgesetzten peremptorischen Termins regierungsseits wieder zurückgezogen.

Eine i. J. 1836 für die Bahn *Augsburg—Lindau* konzessionierte Aktiengesellschaft, für welche Kreisbaurat Beyschlag Voruntersuchungen bethätigt hatte, vermochte ihr Projekt nicht durchzuführen; ebenso hörte man von der im gleichen Jahre in München gebildeten Gesellschaft für eine Bahn *München—Salzburg* nichts weiteres, als dass sie nachmals Vorerhebungen anstellen liess. Die dazumal von den Handelsständen der Städte Würzburg (Vorsitzender Joel v. Hirsch) und Regensburg (Vorsitzender Fr. Fabricius) aufgegriffenen Projekte zu Bahnverbindungen zwischen Nürnberg und Würzburg bezw. zwischen Nürnberg und Regensburg verliefen gleichfalls im Sande, nachdem sich einerseits die ohnehin stark genug engagierte Ludwigsbahngesellschaft auf diese ihr angetragenen Unternehmungen nicht mehr einlassen konnte und wollte, und andererseits weder die Staatsregierung noch der Landesherr selbst mit Rücksicht auf den Donau-Main-Kanal sich sehr für jene Konkurrenzprojekte zu erwärmen vermochte.

4. Die Privatbahn München—Augsburg.

Wie schon erwähnt, war den in München und Augsburg zusammengetretenen, aus Inhabern vermögender Handelshäuser gebildeten Eisenbahn-Comités unterm 28. November 1835 die Erbauung einer Lokomotivbahn zwischen beiden Städten Allerhöchst genehmigt worden, worauf sich beide Comités zu einer Gesellschaft vereinigten, jedoch unter Beibehaltung getrennter Comité-Sektionen in München und Augsburg. Nachdem unterdessen die technischen Vorarbeiten Erledigung gefunden hatten, wurden durch Allerh. Reskript vom 3. Juli 1837 nicht nur die von beiden Comité-Sektionen eingereichten Entwürfe zu den Spezialstatuten, wenn auch in einer sich als Verschmelzung beider darstellenden Fassung, sanktioniert, sondern auch die — scheinbar ziemlich drückenden — Leistungen der Bahngesellschaft gegenüber der Postanstalt festgesetzt; u. a. musste die erstere alle Felleisen und Estafettensendungen der Post unentgeltlich befördern und für den Transport von Fahrpostsendungen wegen Entganges an Postgefällen Aversionalvergütungen entrichten, ja selbst der Fahrplan musste unter Mitwirkung der Post aufgestellt werden.

Auf Grund der genehmigten Spezialstatuten traten sodann jene Handelshäuser, welche die bisherige Gesellschaft bildeten, zusammen, und es konstituierte sich am 23. Juli 1837 der Verwaltungsrat (Frhr. v. Eichthal als Vorstand), sowie das Direktorium (J. A. v. Maffei an der Spitze) der Aktiengesellschaft, deren Anlagekapital sich auf 4200000 Gulden bezifferte. Nachdem die Grunderwerbungen dank dem am 17. November 1837 erschienenen *Expropriationsgesetze*, das im Art. I Ziffer 11 die Zwangsabtretung von Grundeigentum auch auf »Eisenbahnen zur Beförderung des innern und äussern Handels und Verkehrs« anwendet, rascheste Erledigung gefunden hatten, begann der zum Bauleiter erwählte Baurat der Lokalbaubehörde München, Johann Ulrich Himbsel, unterstützt von den Direktionsingenieuren J. Pertsch und H. Köhler, mit den in 7 Sektionen geteilten Bauarbeiten, bei welchen auch Militärs mitwirkten: Ingenieurhauptmann Prändl, Oberlieutenant Buz und Ingenieurlieutenant Feigele.

Die schon früher festgesetzte Bahnrichtung wurde auch jetzt in der Hauptsache beibehalten. Der Bahnhof München bestand lediglich aus einem Brettergebäude mit wenig Geleisen und Nebenanlagen und befand sich am äussersten Burgfrieden der Stadt, dort, wo jetzt die elegante Hackerbrücke den Bahnhof überspannt; der Augsburger Bahnhof lag unweit des »roten Thores«, sein früheres Hauptgebäude dient heute als Militär-Reitschule.

Die erste Teilstrecke von München nach Lochhausen, einem damals sehr beliebten, heute verödeten Ausflugsorte der Münchener, kam am 1. September 1839, die ganze 60 km lange Bahn bis Augsburg am *4. Oktober 1840* zur Eröffnung. Zu den sonntägigen Musikproduktionen in Lochhausen wurden von München aus Extrazüge abgelassen, deren Fahrgäste zugleich mit dem Bahnbillet eine Eintrittskarte zum Konzert zu lösen hatten. Die durchschnittliche Fahrgeschwindigkeit bei den Lokomotivfahrten betrug einschliesslich der Stationsaufenthalte nicht ganz 24 km in der Stunde. Die in der ersten Zeit des Bestandes der Bahn stattgehabten nächtlichen Fahrten mit Pferdekraft hatten keine lange Dauer. Waren die Fahrpreise gegenüber den heutigen auch verhältnismässig hoch, so war dennoch die Personen-Frequenz der »Dampfwagenzüge« keine gerade unbefriedigende, und selbst die Güterfrequenz vermehrte sich, trotz hoher Tarife, stetig; gleichwohl erreichte die Dividende durchschnittlich kaum 3%. Am 13. November 1839 unternahmen auch König Ludwig I., Königin Therese und Prinz Luitpold eine Fahrt nach Olching im — ersten — Königszuge. Bezüglich der Einzelheiten in den Verwaltungs-, Bau-, Betriebs- und Finanzverhältnissen der Privatbahn München—Augsburg nehmen wir Bezug auf die ausführliche Gedenkschrift zum fünfzigsten Jahrestage ihrer Betriebseröffnung aus der Feder des dermaligen kgl. Regierungsdirektors Adolf Pernwerth von Bärnstein.[3])

Wir müssen an dieser Stelle dem folgenden Kapitel etwas vorgreifen. Die rasch fortschreitende Ausführung der Ludwigs-Südnordbahn legte der Regierung den Wunsch nahe, die Privatbahn München—Augsburg als ein Glied des künftigen Staatsbahnnetzes *käuflich zu erwerben.* Der bezügliche Antrag kam auch der Gesellschaft angesichts der voraussichtlich hohen künftigen Leistungen für den unumgänglich notwendigen Ausbau ihrer Bahn, insbesondere für Verlegung des Münchener Bahnhofs, ganz gelegen. Eine für den 12. August 1844 berufene ausserordentliche Generalversammlung der Aktionäre nahm auf Befürwortung des Direktorialvorstandes Ritter v. Maffei den bereits vorher formulierten Abtretungsvertrag einstimmig an, wonach die Bahn mit ihrem ganzen Bestande und Vermögen um die Kaufsumme von 4400000 fl. (Anlehen, Aktienkapital und Entschädigung inbegriffen) an den Staat überging. Die Übernahme der Bahn, zu welcher sich zwei Mitglieder der Eisenbahnbaukommission, Administrativkommissär Nobiling und Hauptkassakontroleur John, von Nürnberg nach München begeben hatten, erfolgte pünktlich am *1. Oktober 1844.* Als Betriebsverwaltung für dieselbe fungierte, gleichwie für die am gleichen Tage dem öffentlichen Verkehr übergebene Strecke Nürnberg—Bamberg, vorläufig die kgl. Eisenbahnbaukommission in Nürnberg; die höheren Beamten der aufgelösten Gesellschaft fanden Verwendung zunächst bei den kgl. Bahnämtern München und Augsburg.

Aus der Geschichte des vorwürfigen Schienenweges seien noch folgende Momente hervorgehoben. Für den Ausbau und die vollständige Ausstattung der verstaatlichten München—Augsburger Eisenbahn hatte das Dotationsgesetz vom 23. Mai 1846 die Summe von 1800000 fl. festgesetzt, von welcher 150000 fl. für den Ankauf der alten Münchner Schiessstätte und über 663000 fl. für das dort unter Friedrich Bürklein's Leitung errichtete neue Bahnhofgebäude München verausgabt wurden. Das letztere kam im Laufe des Jahres 1848 zur Vollendung; das ursprüngliche hölzerne Bahnhofgebäude am Marsfelde war inzwischen, am Ostersonntag, den 4. April 1847, nebst 6 Waggons und 100 Scheffel Getreide abgebrannt, wodurch dem Staate — wie die »Münchener Politische Zeitung« meldet — ein Brandschaden von 9700 fl. erwuchs.

In Augsburg wurden nach Vollendung des neuen Staatsbahnhofes am Rosenauberge im Juli 1846 die beiden bestehenden Bahnhöfe am roten Thore und bei Oberhausen aufgelassen und der Bahnbetrieb für die ganze jetzt zusammenhängende Linie München—Augsburg—Donauwörth eingerichtet. Das zweite Geleise Pasing—Augsburg ward erst i. J. 1862 gelegt.

5. Durchbruch des Staatsbahn-Prinzips.

Bayern hätte nach dem Scheitern so vieler Bahnprojekte und bei dem entstandenen, durch die zeitweisen offenkundigen Finanzverlegenheiten der München—Augsburger Bahnunternehmung reichlich genährten allgemeinen Misstrauen wohl erst spät ein grösseres Eisenbahnnetz erhalten, wäre nicht regierungsseits eingeschritten und das schon früher in Belgien, 1837 auch in Braunschweig und 1838 in Baden angenommene Staatsbahnprinzip proklamiert worden.

Wie aus einem in den Akten des oberbayerischen Kreisarchivs aufbewahrten Berichte der Staatsregierung vom 6. Oktober 1839 an den König hervorgeht, wurden mit dem Auftauchen des Projektes für eine württembergische Eisenbahn Ulm—Heilbronn zur Verbindung der Flüsse Neckar, Rhein und Donau, Befürchtungen laut hinsichtlich der drohenden Gefahr für den bayerischen Transitohandel auf dem Donau-Main-Kanale; als sehr zu fürchtende Konkurrenz wurden die künftigen Eisenbahnen dem Kanal gegenüber hingestellt und angedeutet, dass nur durch *Staatsbahnbauten* das Übel vermindert werden könne.

Bald nachdem die seinerzeit der Nürnberg-Nordgrenze-Eisenbahngesellschaft erteilte Baukonzession unterm 25. November 1840 von der Regierung aus den bereits im vorigen Kapitel angeführten Gründen für erloschen erklärt worden war, beschloss König Ludwig I. noch vor Ausgang des ebengenannten Jahres aus Allerhöchsteigenem Antriebe die auch von seinem Minister des Innern Karl v. Abel warm befürwortete Erbauung einer Bahn von Augsburg bis zur Reichsgrenze bei Hof auf Staatskosten und stellte deren Fortsetzung bis Lindau in Aussicht. Bereits am 14. Januar 1841 kam dann ein Staatsvertrag mit der kgl. sächsischen und herzogl. anhaltischen Regierung zu stande, wonach die Bahn von Nürnberg über Hof nach Leipzig im Sommer 1847 vollendet sein sollte. Auch errichtete der König alsbald behufs Inangriffnahme des Staatsbahnbaues die schon erwähnte »*kgl. Eisenbahnbaukommission*« mit dem Sitze in Nürnberg.

Somit wurde in Bayern das *Staatsbahnprinzip* lange vor den übrigen deutschen Grossstaaten und noch im gleichen Jahre 1840, in welchem die München—Augsburger Bahn zur vollständigen Eröffnung kam, inauguriert. Zum entscheidenden Durchbruche gelangte das Staatsbahnprinzip immerhin erst gelegentlich der um Weihnachten 1845 gepflogenen Beratung des regierungsseits eingebrachten Gesetzentwurfes über den Bau der Ludwigs-Westbahn Bamberg—Würzburg—Aschaffenburg, dessen Motive die Notwendigkeit des Staatsbausystems angesichts der stets wachsenden Bedeutung der Eisenbahnen in kommerzieller, politischer und strategischer Beziehung betonten; die Frage, ob der Staat oder Private bauen sollen, bildete den Hauptgegenstand viertägiger

Kammerdebatten, an deren Schluss Minister v. Abel u. a. folgende denkwürdige Worte sprach: »Nie, meine Herren, — ich bin zu dieser Erklärung angewiesen und beauftragt, — nie wird die Regierung die Leitung und Benützung der Eisenbahnen, einer Anstalt, deren Inhaber bis zu einem gewissen Punkte den gesamten kommerziellen und persönlichen Verkehr des Landes beherrscht, nie wird die Regierung diese Bahnen in ihren Hauptrichtungen in Privathände geben, nie und unter keiner Bedingung. . . . . . Ihre Abstimmung, m. H., wird nur über eine Zeitfrage entscheiden, nur darüber, ob jetzt gebaut werden soll, wo unermessliche Vorteile noch mit dem Bahnbau zu erhalten und dem Lande zu bewahren sind, oder ob gebaut werden soll, wenn der grössere Teil dieser Vorteile unrettbar verloren ist. . . .« Diese Rede verfehlte ihre Wirkung nicht, eine grosse Majorität entschied hierauf zu gunsten des ferneren Staatsbahnbaues, welcher inzwischen auch von Hannover (1842), Württemberg (1843) und Sachsen (1845) beschlossen worden war.

Zweiter Abschnitt.

Organisation der Eisenbahnverwaltung.

1. Die Centralverwaltung.

Die Verwaltung der bayerischen Staatseisenbahnen ist seit den fünfzig Jahren ihres Bestehens wiederholten Neu-Ordnungen unterworfen gewesen. Es liegt in der Natur der Sache, dass ein Verwaltungskörper, welcher in kurzer Zeit zu so grosser Ausdehnung gelangte und seine Thätigkeit über so weite Räume zu erstrecken hat, mehrfach genötigt war, seine administrativen Formen den geänderten Verhältnissen anzupassen.

Nachdem für die Projektierung, den Bau und den provisorischen Betrieb der Staatseisenbahnen bereits unterm 1. Juli 1841 die (bis zum Jahre 1848 dem Ministerium des Innern unterstellt gewesene) Eisenbahnbaukommission errichtet worden war, schuf die Allerh. Verordnung vom 7. April 1845 für den Betrieb der Eisenbahnen eine dem Ministerium des kgl. Hauses und des Äussern untergeordnete

Generalverwaltung der kgl. Eisenbahnen

mit dem Sitze in München, welche mit einem Vorstande, zwei Räten für den Betrieb und für Komptabilität, einem Oberingenieur und einem Maschinenmeister besetzt ward; die Prozessführung oblag den einschlägigen Regierungs-Fiskalaten.

Die Absicht einer einheitlichen Leitung der verwandten Post- und Eisenbahnanstalt führte bereits im Juni 1847 zur Vereinigung beider Verwaltungen als

Generalverwaltung der kgl. Posten und Eisenbahnen,

welche alsbald dem Finanz-Ministerium unterstellt wurde. Die Allerh. Verordnung vom 10. Juni 1848 übertrug derselben auch die Oberleitung der Donau-Dampfschifffahrt zwischen Donauwörth und Linz, welche i. J. 1837 als Aktienunternehmen konzessioniert, laut Gesetz vom 23. Mai 1846 seitens des bayerischen Staates um die Summe von 500 000 Gulden käuflich erworben und durch Stromregulierungen wie durch Vermehrung des Schiffsinventars lebensfähiger gestaltet worden war, mit einem eigenen kgl. Betriebsamte in Regensburg.

Mit der im November 1848 erfolgten Neubildung eines Ministeriums des Handels und der öffentlichen Arbeiten wurde zu dessen Ressort sofort die Generalverwaltung und die Eisenbahnbaukommission gezogen, demselben auch unterm 23. November 1849 ein *Telegraphenamt in München* für den Betrieb der zu erbauenden Staatstelegraphen unmittelbar untergeordnet.

Ab 1. März 1851 trat an die Stelle der Generalverwaltung eine

Generaldirektion der kgl. Verkehrsanstalten

als Sektion des Handelsministeriums, an deren Spitze ein Ministerialrat stand. Derselben wurde die Leitung des Betriebes und der Verwaltung der Posten, der Staatseisenbahnen, der Donau-Dampfschifffahrt, der Telegraphen und des Ludwig-Donau-Main-Kanals — soweit der Staat bei letzterem beteiligt war — übertragen. Unterm 2. Juni 1851 erfolgte bei der Generaldirektion die Bildung eines eigenen Fiskalates zur Führung der Rechtsgeschäfte, Prozesse und Postreklamationen. Nachdem der Ludwigskanal ganz in das Eigentum des Staates übergegangen war, entstand am 1. Juli 1852 ein der Generaldirektion unterstelltes Kanalamt mit dem Sitze in Nürnberg.[10])

Das Allerh. Signat vom 6. August 1858 hob das Verhältnis der Generaldirektion als einer Ministerialsektion auf und verwandelte dieselbe wieder in eine selbstständige, dem Handelsministerium untergeordnete *Centralverwaltungsstelle*, ohne deren Organisation wesentlich zu ändern. Erst zufolge Allerh. Verordnung vom 17. Oktober 1861 »die Leitung und Führung der Staatseisenbahnbauten betr.« wurde der Generaldirektion, nach Auflösung der bis z. J. 1860 selbstständig gewesenen Eisenbahnbaukommission München, auch der Eisenbahn-Neubau übertragen und in ihr eine besondere »*Bauabteilung*« eingerichtet. 1861 schied ferner die Donau-Dampfschifffahrt durch Verkauf an die »Erste k. k. priv. österreichische Donau-Dampfschifffahrtsgesellschaft« aus der bayerischen Staatsverwaltung unter Aufhebung des kgl. Betriebsamtes Regensburg gänzlich aus[11]), dagegen trat die *Bodensee-Dampfschifffahrt* neu hinzu. Dieses Institut hatte i. J. 1836 eine Lindauer Gesellschaft unter finanzieller Beteiligung der kgl. Postanstalt gegründet, ging aber i. J. 1862 um die Kaufsumme von 235125 Gulden in Staatsbesitz über, worauf Ende dieses Jahres ein der Generaldirektion unmittelbar untergeordnetes *kgl. Betriebsamt in Lindau* eingesetzt wurde.

Die grosse Ausdehnung und Verschiedenartigkeit der in der Centralstelle vereinigten Aufgaben bewirkte eine Neuorganisation derselben insoferne, als durch Allerh. Verordnung vom 16. September 1868 ihre Geschäfte auf vier dem Generaldirektor unterstellte und von je einem Direktor geleitete Abteilungen verteilt wurden, nämlich:

eine *Bauabteilung* für den Neubau von Bahnen und zugleich für die Bahnunterhaltung;
eine *Betriebsabteilung* für den Eisenbahn-, Kanal- und Dampfschifffahrtsbetrieb;
eine *Postabteilung* und
eine *Telegraphenabteilung*.

Das seit 1. Juli 1851 der Generaldirektion einverleibt gewesene Telegraphenamt wurde ab 1. Januar 1869 aufgehoben. Die Führung der streitigen Rechtssachen und die Rechtskonsulentie ward dem Fiskal für alle Abteilungen übertragen.

Zufolge Auflösung des Handelsministeriums traten am 1. Dezember 1871 die Verkehrsanstalten abermals zum Ressort des Ministeriums des Äussern über, zu welchem sie noch gegenwärtig gehören. Im Jahre 1872 wurde der Bahnunterhaltungsdienst von der Bauabteilung an die Betriebsabteilung übertragen, und bei letzterer Unterabteilungen und zwar zunächst für Bahnunterhaltung, Fahrdienst, Maschinenwesen und Komptabilität geschaffen.

Eine Änderung bei der Generaldirektion ergab sich unterm 1. Oktober 1880 durch *Vereinigung der Postabteilung mit der Telegraphenabteilung,* so dass nur mehr drei Abteilungen bestanden. Die vorerwähnten Unterabteilungen der Betriebsabteilung erhielten bis z. J. 1886 Mehrung durch solche für Gütertransport, Reklamationswesen und Personalverhältnisse nebst bahnärztlichem Dienst.

Die gegenwärtige Organisation der bayerischen Verkehrsanstalten gründet sich auf die Allerh. Verordnung vom 17. Juli 1886 und ist mit dem 1. August desselben Jahres in Kraft getreten. Diese Verordnung trennte die obere Leitung der Staatseisenbahnen gänzlich von der Verwaltung der Posten und Telegraphen und schuf an Stelle der bisherigen »Generaldirektion der kgl. Verkehrsanstalten« zwei selbständige Verwaltungskörper, eine

„Generaldirektion der kgl. bayer. Staatseisenbahnen"

und eine

„Direktion der kgl. bayer. Posten und Telegraphen";

die Bodensee-Dampfschifffahrt und der Donau-Main-Kanal blieben der erstgenannten Centralstelle zugewiesen, innerhalb welcher in Ansehung der ausserordentlichen Geschäftszunahme fünf Abteilungen gebildet wurden, nämlich:

1. die *Verwaltungsabteilung* für die allgemeine Verwaltung, sämtliche Personalangelegenheiten und Rechtssachen;
2. die *Betriebsabteilung* für den Fahrdienst, das gesamte Maschinenwesen und die Betriebsmaterialien-Verwaltung;

3. die *Verkehrsabteilung* für die Tarifsachen des Personenverkehrs, das Gütertarif- und Transportwesen, sowie den kommerziellen Dienst überhaupt;
4. die *Finanzabteilung* für das gesamte Etats-, Kassen- und Rechnungswesen;
5. die *Bauabteilung* für den Eisenbahn-Neubau, die Bahnunterhaltung und die Baumateriallieferung.

Der Generaldirektion ist eine »*kgl. Eisenbahn-Centralkasse*« untergeordnet, an welche auch die Geschäfte der im November 1886 aufgehobenen »Eisenbahnbau-Centralkasse« übergingen. Der »*Fiskal der kgl. bayer. Verkehrsanstalten*« besorgt die Rechtsgeschäfte sowohl für die Staatsbahnen, als auch für die Post- und Telegraphenanstalt.

Bei den einzelnen Abteilungen der Generaldirektion wurden *Geschäftsbureaus* eingerichtet, und zwar bestehen dermalen:

Ein Centralbureau, dem Generaldirektor unmittelbar unterstellt;

bei der Verwaltungsabteilung das Personalbureau und Grunderwerbungsbureau;

bei der Betriebsabteilung das Fahrdienstbureau, maschinentechnische Bureau, Zugförderungsbureau, Betriebsmaterialienbureau und Lokalbahnbureau;

bei der Verkehrsabteilung das Tarifbureau, Transportbureau, Reklamationsbureau und Wagenkontrolbureau;

bei der Finanzabteilung die Finanzbuchhaltung, das Verkehrskontrolbureau, das Statistische Bureau, das Rechnungskommissariat und das Regie- und Billetenbureau;

bei der Bauabteilung das Ingenieurbureau, Hochbaubureau und Baumaterialienbureau.

Diesen Geschäftsbureaus werden bestimmte Gegenstände zur Bearbeitung und Vorlage an die Generaldirektion oder zur selbstständigen Erledigung übertragen.

Auch ist hier des

Eisenbahnrates

zu gedenken. Derselbe wurde der Staatseisenbahnverwaltung nach dem Vorgange der Beiräte fremder Eisenbahndirektionen laut Allerh. Verordnung vom 16. März 1881 beigegeben zum Zwecke regelmässiger Vertretung der hauptsächlichsten Gruppen der Verkehrsinteressenten mit der Aufgabe: in wichtigen, Handel, Gewerbe und Landwirtschaft berührenden Fragen des Eisenbahnbetriebes, der Tarife und Tarifvorschriften, der Fahrpläne und reglementarischen Bestimmungen sich gutachtlich zu äussern und bezügliche Wünsche oder Beschwerden der Generaldirektion zu unterbreiten. Der Eisenbahnrat besteht aus 25 ehrenamtlichen Mitgliedern, welche von der Krone selbst auf die Dauer von je drei Jahren ernannt werden, wobei jede Handels- und Gewerbekammer je zwei, und jedes Kreiscomité des landwirtschaftlichen Vereins je ein Mitglied in Vorschlag bringen dürfen. Der Eisenbahnrat wird von der Generaldirektion nach Bedürfnis, mindestens aber jährlich zweimal, zu gemeinschaftlichen Sitzungen berufen, bei welchen der Generaldirektor den Vorsitz führt.

Noch möchte erwähnenswert erscheinen, dass ab 1. Juli 1845 für den Dienstgebrauch ein amtlich redigiertes »*Verordnungs- und Anzeigeblatt* für die kgl. bayer. Eisenbahnen«, nach dem Vorbilde des einige Jahre früher für die kgl. bayer. Posten eingeführten gegründet wurde, welches i. J. 1848 in ein solches »für die kgl. bayer. Posten und Eisenbahnen« und am 1. März 1851 in das noch heute bestehende »Verordnungs- und Anzeigeblatt für die kgl. bayer. Verkehrsanstalten« umgewandelt worden ist.

2. Die der Centralverwaltung unterstellten Behörden.

Zufolge der bereits angeführten Allerh. Verordnung vom 7. April 1845 wurden als eigentliche ausübende Organe der Eisenbahnverwaltung die *Bahnämter* Augsburg, Bamberg, München und Nürnberg, welchen sich 1850 auch die Bahnämter Nördlingen und Hof anreihten, gebildet und mit je einem Betriebsinspektor, einem Ingenieur für Bahnunterhaltung, einem Obermaschinisten und einem Kassier besetzt; als Unterorgane fungierten Verwaltungen, Expeditionen und Anhaltestellen (die erste Haltestelle, Eggolsheim, kam im Mai 1846 zur Eröffnung). Für den Güterabfertigungsdienst erhielt jedes Bahnamt Ende 1845 eine besondere Geschäftsabteilung, welcher ein Offizial vorstand. Die Lokalpostbehörden wie auch seit 1848 die eigenen Agenturen der Donau-Dampfschifffahrt wurden nach und nach thunlichst mit den äusseren Eisenbahnbetriebsbehörden vereinigt. Als dann eine Generaldirektion der Verkehrsanstalten geschaffen war, fand nach Massgabe der Allerh. Formationsverordnung vom 14. November 1851 die Vereinigung aller vordem noch getrennt gewesenen Betriebsbehörden der Post, Eisenbahn und Donau-Dampfschifffahrt statt, und es wurden im Einklang mit der politischen Einteilung der 8 Regierungsbezirke, sowie zur Erleichterung der Geschäftsbeziehungen der Kreisbehörden mit jenen, *8 Bezirks-Oberämter* und zwar 4 Oberpost- und Bahnämter zu München, Augsburg, Bamberg und Nürnberg, dann 4 Oberpostämter ohne Eisenbahnbetrieb in Landshut, Speyer, Regensburg und Würzburg an Stelle der früheren 6 Oberpostämter und 6 Bahnämter ins Leben gerufen; infolge Eröffnung neuer Bahnen im Regierungsbezirke Unterfranken ward i. J. 1854 das Oberpostamt Würzburg in ein Oberpost- und Bahnamt umgewandelt.

Im Anschlusse an die Organisation vom 16. September 1868 wurden die seither vereinigten 5 Oberpost- und Bahnamts-Bezirkskassen in Post- und in Eisenbahn-Bezirkskassen geschieden. Als äussere Vollzugsorgane und Aufsichtsbehörden der Generaldirektion fungierten wie seither:

5 Oberpost- und Bahnämter in München, Augsburg, Nürnberg, Bamberg und Würzburg;
2 Oberpostämter in Regensburg (für die Regierungsbezirke Niederbayern sowie Oberpfalz und Regensburg) und Speyer;
1 Kanalamt in Nürnberg und
1 Betriebsamt der Bodensee-Dampfschifffahrt in Lindau.

Den Oberämtern untergeordnet waren die Ämter, Verwaltungen, Expeditionen und Anhaltestellen. Die technischen Aufsichtsorgane der Oberämter: die Ingenieure und Maschinenmeister, waren nur hinsichtlich des Fahrdienstes den Ämtern untergeordnet, bezüglich ihrer rein technischen Aufgaben aber unmittelbar der Generaldirektion unterstellt.

Zufolge Allerh. Verordnung vom 3. November 1875 traten nach durchgeführter Verstaatlichung der bayerischen Ostbahnen — jetzt in vollständiger Trennung des Post- und Eisenbahndienstes bei den Mittelstellen — an die Stelle der bislang kombinierten Oberpost- und Bahnämter besondere Oberpost- bezw. Oberbahnämter. Während sich jedoch die Bezirke der Oberpostämter den Regierungsbezirken anschlossen (für die Kreise Niederbayern sowie Oberpfalz und Regensburg blieb ein gemeinsames Oberpostamt in Regensburg), wurden als äussere Vollzugs- und Aufsichtsorgane der Eisenbahnverwaltung *10 Oberbahnämter* unabhängig von der politischen Einteilung des Landes aus Gründen allseitiger Überwachung des Gesamtdienstes nach Eisenbahnlinien in der Weise geschaffen, dass deren Sitze thunlichst an die Hauptknotenpunkte, nämlich Augsburg, Bamberg, Ingolstadt, Kempten, München, Nürnberg, Regensburg, Rosenheim, Weiden und Würzburg, zu liegen kamen; dieselben wurden besetzt mit je einem Oberbahninspektor als Vorstand, einem Oberingenieur, einem Bezirksmaschinenmeister und einem Bezirkskassier.

Nach Massgabe der Organisation vom 17. Juli 1886 obliegt den Oberbahnämtern, deren Vorstände nunmehr den Titel »Direktor« führen, innerhalb ihrer Bezirke die Leitung und Überwachung des Betriebs-, Stations-, Expeditions- und Kassendienstes, des Bahnunterhaltungs- und Bahnaufsichtsdienstes, eventuell auch die Ausführung von Neubauten, ferner die Unterhaltung der Leitungen und Stationsapparate für den Bahntelegraphendienst innerhalb der Lokale, während jene der Telegraphenleitungen auf freier Strecke durch die Organe der Direktion der kgl. bayer. Posten und Telegraphen besorgt wird.

Den Oberbahnämtern unterstehen: für die Bahnunterhaltung bautechnische Beamte — Staatsbahningenieure —, für den maschinentechnischen Betriebsdienst die Betriebswerkstätten, für den elektrotechnischen Dienst die Telegraphen-Oberwerkführer bezw. Telegraphenmechaniker, dann die Material- und Magazinsverwaltungen, endlich in administrativer Beziehung die Bahnärzte. Zur Durchführung des äusseren Stations- und Betriebsdienstes sind den Oberbahnämtern bis auf Weiteres die Ämter, Verwaltungen, Expeditionen und Haltestellen untergeordnet; den Eisenbahnstationen kann auch der Post- und Staatstelegraphendienst, sei es durch eigenes Personal oder durch das Personal der betr. Station selbst, übertragen werden, welches in diesem Falle bezüglich der Postdienstgeschäfte unter Aufsicht der Oberpostämter steht.

Seit dem Jahre 1888 werden in wichtigeren Bahnhöfen zur Besorgung des Güterdienstes nach Bedarf selbstständige, den Oberbahnämtern unmittelbar untergeordnete Vorstände aufgestellt.

Der Generaldirektion der Staatseisenbahnen sind ausser den Oberbahnämtern noch weiters als äussere Vollzugsorgane die Centralwerkstätten, die Centralmagazinsverwaltungen, das Betriebsamt der Bodensee-Dampfschifffahrt und das Kanalamt, ferner die Eisenbahnbausektionen und endlich die Lokalbahnbetriebsleitungen, insofern die Lokalbahnen nicht bereits den einzelnen Oberbahnämtern zugeteilt sind, unmittelbar unterstellt.

Während i. J. 1851 den vier Oberämtern lediglich 3 Bahnämter, 3 Post- und Bahnverwaltungen, 43 Bahnexpeditionen (wovon 27 zugleich Postexpeditionen), sowie 22 Haltestellen unterstanden, waren zu Anfang 1894 innerhalb der 10 Oberbahnamtsbezirke vorhanden:

24 Bahnämter,
1 Post- und Bahnamt,
38 Bahnverwaltungen,
1 Post- und Bahnverwaltung,
24 selbstständige Güterexpeditionen,
124 Bahnexpeditionen,
416 Post- und Bahnexpeditionen,
11 Haltestellen mit Postdienst,
228 desgl. ohne Postdienst und
81 Halteplätze.

Die Bezirkslängen der einzelnen Oberbahnämter einschliesslich der zugehörigen Lokalbahnen schwankten nach dem Stande vom 1. Januar 1894 zwischen 385 km und 630 km und betrugen durchschnittlich 495 km.

3. Die königlichen Staatsminister, die Vorstände und die Mitglieder der Centralstelle im Range der Räte, sowie die Oberbahnamtsvorstände.

Der Eisenbahn-Neubau unterstand bis zum Jahre 1848 der obersten Leitung des

kgl. Staatsministeriums des Innern

unter

Ludwig Fürst v. Öttingen-Wallerstein,
Karl v. Abel und
Gottlieb Freiherr v. Thon-Dittmer.

Die gesamten kgl. bayer. Verkehrsanstalten unterstanden der obersten Leitung

1. *des kgl. Staatsministeriums des kgl. Hauses und des Äussern* vom 7. April 1845 bis 30. November 1847 unter

   Friedrich August Freiherr v. Giese;

2. *des kgl. Staatsministeriums der Finanzen* vom 1. Dezember 1847 bis 30. November 1848 unter

   Karl Graf v. Seinsheim;

3. *des kgl. Staatsministeriums des Handels und der öffentlichen Arbeiten* vom 1. Dezember 1848 bis 31. Dezember 1871 unter

   Otto Graf v. Bray,
   Ludwig Freiherr von der Pfordten,
   Karl Freiherr v. Schrenk,
   Adolph v. Pfretzschner und
   Gustav v. Schlör;

   endlich wiederum

4. *des kgl. Staatsministeriums des kgl. Hauses und des Äussern* vom 1. Januar 1872 an unter

   Friedrich Graf v. Hegnenberg-Dux,
   Adolph v. Pfretzschner und
   Krafft Freiherr v. Crailsheim.

Nachstehend bringen wir eine thunlichst vereinfachte Zusammenstellung der in den verschiedenen Organisations-Perioden für die unmittelbare Oberleitung und Betriebsverwaltung der kgl. bayer. Staatseisenbahnen verwendet gewesenen bezw. noch thätigen Vorstände und der Mitglieder im Range der Räte.

I. Kgl. Eisenbahnbau-Kommission Nürnberg

(als Betriebsverwaltung):

Oberbaurat Friedrich August v. Pauli, bis 15. April 1845.

II. Generalverwaltung der kgl. Eisenbahnen
vom 15. April 1845 bis 31. Mai 1847:

Vorstand und Direktor:

Franz Joseph Dürig, 15. April 1845 bis 31. Mai 1847.

Interimistische Leitung der Geschäfte durch:

Karl v. Göb, Vorstand der Generaladministration der kgl. Posten, 15. April 1845 bis 15. November 1845;

Ludwig Freiherr v. Brück, Ministerialrat, 16. November 1845 bis 31. Mai 1847.

Assessoren: Max Jos. Escherich (Komptabilität), Adolph Nobiling (Betrieb).

III. Generalverwaltung der kgl. Posten und Eisenbahnen
vom 1. Juni 1847 bis 28. Februar 1851:

Vorstand und Generalverwalter: Karl v. Göb.[12])

Räte: Max Joseph Escherich, Adolph Nobiling, Friedrich Erdinger (Bau).

IV. Generaldirektion der kgl. Verkehrsanstalten
vom 1. März 1851 bis 31. Juli 1886:

(Vom 1. März 1851 bis August 1858 Ministerialsektion ohne Generaldirektor.)

Vorstand der Ministerialsektion: Ludwig Freiherr v. Brück, Ministerialrat.

Generaldirektoren:

Ludwig Freiherr v. Brück, August 1858 bis 15. November 1869[13]);

Adolph v. Hocheder, 1. September 1871 bis 30. September 1886[14]).

Baudirektoren:

Karl v. Dyck, 1. September 1865 bis 31. August 1873;

Alois v. Röckl, 16. März 1874 bis 1. Mai 1881;

Carl Schnorr v. Carolsfeld, 1. Juli 1881 bis 31. Juli 1886.

Betriebsdirektoren:

Hermann v. Fischer, 16. November 1869 bis 1. Dezember 1875;

Heinrich v. Badhauser, 1. Februar 1876 bis 1. Juli 1881;

Adolph v. Schamberger, 1. Juli 1881 bis 31. Juli 1886.

Räte (nach der Zeit der Rats-Anstellung geordnet):

a) In der Zeit vom 1. März 1851 bis 31. Dezember 1868.

Max Joseph Escherich,
Adolph Nobiling,
Friedrich Erdinger,
Karl Exter (Maschinenwesen),
Hermann Fischer (Fiskal),
Karl v. Dyck (Vorstand des Telegraphenamtes),
Heinrich Badhauser,
Friedrich Bürklein (Hochbau),
Wilhelm Deppert (Etats-Kurator),
Max Engel (Komptabilität),
Michael Hellmuth (Administration),
Eduard Rüber (Hochbau),
Georg Beuschel (Bau),
Adolph v. Schamberger (Fahrdienst),
Ernst Roder (Komptabilität und Administration).

Karl von Goeb
1847—1851.

Ludwig Freiherr von Brück
1858—1869.

Adolph von Hocheder
1871—1886.

Carl Schnorr von Carolsfeld
seit 1886.

Die Vorstände der Centralstelle.

b) Seit Errichtung von vier Abteilungen, vom 1. Januar 1869 bis 31. Juli 1886.

Adolph Nobiling,	Joseph Breidenbach,	Ernst Rutz,
Hermann Fischer,	Philipp Kühles,	Ludwig Fomm,
Karl Exter,	Erhard Hohenner,	Otto Böhm,
Friedrich Bürklein,	Alois Röckl,	Christian Höchtlen,
Wilhelm Deppert,	Johann Pruckner,	Hermann Pühn,
Max Engel,	Franz Gyssling,	Dr. Oskar Lippl,
Michael Hellmuth,	Karl Mayer,	Julius Jäger,
Eduard Rüber,	Carl Schnorr v. Carolsfeld,	Jakob Graff,
Adolph v. Schamberger,	Karl Oswald,	Karl Rölig,
Ernst Roder,	Joseph Englert,	Adolph Pernwerth
Friedrich Petri,	Friedrich Förderreuther,	v. Bärnstein.

V. Generaldirektion der kgl. Staatseisenbahnen
seit 1. August 1886.

Generaldirektor (mit dem Range eines Regierungspräsidenten): Carl Schnorr v. Carolsfeld.[15])

Abteilungsvorstände (dermalen sämtlich mit Titel, Rang und Gehalt von Regierungsdirektoren):

Verwaltungsabteilung: Dr. Oskar Lippl;

Betriebsabteilung: Adolph Pernwerth v. Bärnstein;

Verkehrsabteilung:

Otto v. Böhm, bis 18. Januar 1893,

Robert Hauck, seit 19. Januar 1893;

Finanzabteilung: Christian Höchtlen;

Bauabteilung:

Franz Gyssling, bis 31. Dezember 1889,

Gustav Ebermayer, seit 1. Januar 1890.

Oberregierungsrat (mit Titel und Rang eines Regierungsdirektors) und Fiskal der Verkehrsanstalten: Ernst Rutz.

Räte:

der Verwaltungsabteilung: Julius Jäger, Hugo Dillenius, Johann Stephan, Karl Ruckdeschel, Bernhard v. Gässler, Ernst Lipp;

der Betriebsabteilung: Joseph Englert, Eugen Mahla, Dr. Oskar Wehrmann, Karl Giessen, Rudolph Reisenegger;

der Verkehrsabteilung: Friedrich Fischer, Viktor Schuberth, Johann Biersack, Emil Wohlmuth;

der Finanzabteilung: Joseph Stettner;

der Bauabteilung: Ludwig Fomm, Jakob Graff, Karl Röhlig, Gustav Ebermayer, Johann Mohnié, Karl Zenger, Ambros Trient, Jakob Henle, Anton Rottmüller, Kosmas Lutz, Michael Eschenbeck, Franz Weikard, Albert Jäger.

Zum Schlusse lassen wir ein Verzeichnis sämtlicher

Oberbahnamtsvorstände,

welche in dem Zeitraume seit Errichtung der zehn Oberbahnämter ab 1. Januar 1876 bis zur Gegenwart thätig waren und noch wirken, folgen.

Augsburg: Ludwig Wimmer (mit dem Titel eines Generaldirektionsrates);

Bamberg: Christoph Bähr, bis September 1888, und Joseph Strobl, seit November 1888;

Ingolstadt: Franz Eschenlohr, bis April 1884, und Robert Bodack, seit September 1884;

Kempten: Anton Seitz;

München: Johann Laubmann (mit dem Titel eines Generaldirektionsrates), bis Mai 1886, und Georg Färber, seit August 1886;

Nürnberg: August Schätzler, bis April 1884, und Wilhelm Louis, seit September 1884;

Regensburg: August Nahm, bis Juli 1884, Georg Färber, von September 1884 bis August 1886, und Georg Kreitner, seit August 1886;

Rosenheim: Georg Hartwig, bis Dezember 1881, und Peter Muffat, seit Dezember 1881;

Weiden: Hermann Pühn, bis Juli 1881, Adolf Pernwerth v. Bärnstein, von November 1881 bis Juli 1884, Lorenz Göbel, von September 1884 bis August 1893, und Albrecht Notthafft Freiherr v. Weissenstein, seit September 1893;

Würzburg: Max Wolf, bis Juli 1881, und Karl Eickemayer, seit November 3881.

Dritter Abschnitt.

Der Eisenbahnbau.

1. Eigentliche Staatsbahnen.

Die technische Leitung der bayerischen Staatsbahnbauten lag anfänglich in den Händen des Kreisbaurates Paul Denis in Speyer und des Oberingenieurs Friedrich August Pauli in München [16]) unter Oberaufsicht der kgl. Obersten Baubehörde, deren Vorstand der Geh. Oberbaudirektor Leo v. Klenze war. Letzterer schied jedoch alsbald aus seiner Stellung, und es wurde unterm 1. Juli 1841 die

kgl. Eisenbahnbau-Kommission

als eine dem Staatsministerium des Innern untergeordnete Centralstelle mit dem Sitze in Nürnberg errichtet. *Pauli* war zum technischen Vorstand für die Abteilung Augsburg—Nürnberg, *Denis* zum technischen Vorstand für die Abteilung Nürnberg—Hof und Oberzollinspektor ***Bonaventura Franz Joseph Dürig*** zum administrativen Vorstand ernannt. Eine umfassende Instruktion regelte die Dienstverhältnisse und Aufgaben der Kommission, für deren Baukasse eine den kgl. Kreiskassen nachgebildete Geschäftsführung festgesetzt und die kgl. Rentämter als Filial-Zahlämter bestimmt wurden.

Da sich Denis mit Pauli über verschiedene Baugrundsätze nicht zu einigen vermochte, trat er in seinen früheren Wirkungskreis als Kreisbaureferent zurück, und vom Juni 1842 an sehen wir Pauli allein als den technischen Leiter des Baues der Süd-Nord-Bahn, welchem zugleich auch die Leitung der Projektierungsarbeiten für eine Westbahn von Bamberg nach Aschaffenburg übertragen wurde. Für jede der 4 Teilstrecken Nürnberg—Hof, Bamberg—Aschaffenburg, Nürnberg—Augsburg und Augsburg—Lindau wurde je eine Abteilung errichtet, welcher die im Range der Staatsbaubehörden stehenden kgl. Eisenbahnbausektionen unterstellt waren; den Bau des Hauptbahnhofes Nürnberg führte ein besonderes Bureau.

Die Bauarbeiten begannen nach raschester Einleitung der Grunderwerbungen im August 1842, zunächst auf der Strecke Nürnberg—Bamberg. Grosse Schwierigkeiten verursachten die Bahntraçierungen zwischen Donauwörth und Nürnberg, sodann im Fichtelgebirge zwischen Kulmbach und Hof. Für letztere Strecke ward damals teils Lokomotiv-, teils Pferdebetrieb in's Auge gefasst und für jenen ein Steigungs-Maximum von 1 : 200, für diesen ein solches von 1 : 75 gewählt. Nach früheren Projekten aus dem Jahre 1841 sollte eine Höhe von 150 m auf drei schiefen Ebenen mittelst sechs stehender Dampfmaschinen und Seilbetrieb bei einer Steigung von 1 : 29 erklommen werden, auch dachte man an die Anwendung des in englischen Bergwerken vielfach üblichen Kompensationssystems mittelst Ballastzügen. Inzwischen war das sog. amerikanische System des Lokomotivbetriebes auf starken Steigungen bekannt geworden, dessen Anwendung von Pauli sofort vorgeschlagen und seitens der Regierung unterm 9. Februar 1843 auch gutgeheissen wurde; es entstand nunmehr das Projekt einer durch Lokomotiven amerikanischer Bauart (mit beweglichen Untergestellen oder Trucks und gekuppelten Rädern) zu befahrenden, 5,4 km langen und mit 1 : 40 steigenden Rampe zwischen Neuenmarkt und Marktschorgast: der ersten Steilbahn der Welt für Personen- wie für Güterverkehr mit Lokomotivkraft. Im August 1844 begann der Bau dieser schiefen Ebene.

Hinsichtlich der Bahn Donauwörth—Nürnberg wurde die längere Route über Nördlingen und Gunzenhausen nach dem Vorschlage Dürig's und die direkte Route über Treuchtlingen und Weissenburg a. S. nach dem Antrage Leo v. Klenze's, letztere für Betrieb nach dem englischen Systeme mit Seilebenen oder mit amerikanischen Lokomotiven, eingehendst erwogen und technisch untersucht, bis schliesslich die Nördlinger Route mit Rücksicht auf einen künftigen Anschluss an die württembergischen Bahnen im Juni 1844 endgiltige Annahme fand.

Die vorbereitenden Arbeiten für den Bau der Süd-Nord-Bahn bestritt man anfänglich aus Erübrigungen des Staatshaushalts, wozu eine Mitwirkung oder eine Zustimmung der Stände nicht erforderlich war. Auch der Bau der Strecke Nürnberg—Bamberg war mit solchen Mitteln in Angriff genommen worden, wie man überhaupt daran dachte, die Eisenbahnbauten vorerst mit den jeweiligen Überschüssen des Staatsbudgets, über welche der Regierung verfassungsgemäss freie Verfügung zustand, auszuführen. Indess stellte sich bald heraus, dass dies wegen Unzulänglichkeit dieser Erübrigungen nicht möglich sei, umsoweniger, als König Ludwig I. sich entschloss, die ganze Linie bis Lindau auf

Franz Joseph Dürig.

Paul Denis.

Friedrich August von Pauli.

Die Vorstände der Eisenbahnbau-Kommission.

Staatskosten zu errichten, und so sah sich die Regierung Ende 1842 genötigt, in das Budget für die nächste (sechsjährige) Finanzperiode eine feste Jahresquote von 1200000 fl. für Bahnbauten einzusetzen. Der Steuerausschuss der Kammer beauftragte den Abgeordneten Bestelmeyer mit dem bezüglichen Referate und veranlasste das Ministerium zu einer Reihe weiterer Vorlagen. Ein vom Finanzminister Graf v. Seinsheim zu Anfang des Jahres 1843 vorgelegter Gesetzentwurf, betreffend den Bau einer Staatseisenbahn von Hof nach Lindau mit einem Kostenaufwande von 51½ Millionen Gulden, dann die Aufnahme eines Anlehens in der Höhe von 15 Millionen Gulden, fand die Zustimmung beider Kammern und wurde als erstes bayerisches Eisenbahn-Dotationsgesetz unterm 25. August 1843 veröffentlicht. Dasselbe verordnete u. a. die Bildung einer eigenen Eisenbahndotationskasse bei der kgl. Staatsschuldentilgungsanstalt zwecks der Besorgung aller auf die Verzinsung und Rückzahlung sämtlicher Eisenbahnanlehen bezüglichen Geschäfte. Nachträglich zu obigem Gesetze bestimmte Artikel V des Eisenbahngesetzes vom 23. Mai 1846, dass die Tarife für Personen- und Waarentransporte in ihren Meistbeträgen von Budget- zu Budgetperiode nur mit Beirat und Zustimmung der Stände festgesetzt werden sollen.

Nunmehr nahm die Eisenbahnbaukommission die eigentliche Bauausführung, und zwar nur mit einheimischen technischen Kräften[17]), energisch in Angriff, begann i. J. 1844 die Detailprojektierung der Linie Augsburg—Kempten—Lindau und im folgenden Jahre die generelle Projektierung der gleichfalls als Staatsbahn beschlossenen Linie Bamberg—Würzburg—Aschaffenburg.

Die Bauarbeiten auf der Teilstrecke Nürnberg—Bamberg gediehen inzwischen derartig, dass bereits im Mai 1844 mit der Schienenlage begonnen werden konnte. Die Schienen selbst, zweiköpfige Stuhlschienen von 0,10 m Höhe und 5,06 m Länge, stammten aus J. Cockerill's Werken in Seraing bei Lüttich. Die Kunstbauten wurden solid in Stein konstruiert und nur grössere Spannweiten an Brücken mit hölzernen Bogenhängwerken übersetzt. Bei den Hochbauten war man bestrebt, möglichste Sparsamkeit walten zu lassen. Für die Bestellung der Lokomotiven verfasste Pauli nach vergleichendem Studium aller schon bekannten Konstruktionen ein Programm über die Hauptabmessungen, die Anordnung der Hauptteile und die Leistungsfähigkeit, wonach die ersten Lokomotiven von den Maschinenfabriken Maffei in Hirschau bei München, Kessler in Karlsruhe und Meyer in Mühlhausen beschafft wurden. Am 25. August 1844 konnte die *erste, 61 km lange Staatsbahn-Strecke Nürnberg—Bamberg*, nachdem dieselbe mit einiger Eile fahrbar gemacht war und vom 21. bis 24. August einzelne Übungs- und Probefahrten mit den vier Lokomotiven Bavaria, Germania, Saxonia und Franconia unter Teilnahme von Geladenen ohne Störung stattgefunden hatten, feierlichst eröffnet werden; dem regelmässigen Verkehre ward dieselbe jedoch erst am 1. Oktober 1844 übergeben. Die Eisenbahnbaukommission in Nürnberg fungierte nunmehr zugleich als Betriebsverwaltung für diese, wie auch für die am 20. Oktober 1844 weiters eröffnete Strecke Oberhausen—Nordheim bis zum 15. April 1845, an welchem Tage für den Betrieb der Staatsbahnen die kgl. Generalverwaltung in München in Thätigkeit trat.[18])

Seit Anfang des Jahres 1847 wurde die Kommission in ihrem organischen Dienstverhältnis den übrigen Centralverwaltungsbehörden und bezw. den Kreisregierungen gleichgestellt und deren Buchhaltung in ein förmliches Rechnungskommissariat umgestaltet; die Geschäfte der Filial-Zahlämter gingen 1853 an die Eisenbahnbau-Sektionen, welche eigene Rechnungsführer zugeteilt erhielten, über. Als sich dann die Hauptthätigkeit des Bahnbaues mehr auf die südlichen Landesteile erstreckte, wurde die Eisenbahnbaukommission gemäss Allerh. Verordnung vom 14. September 1847 unter gleicher Leitung *nach München verlegt* und ab 11. November 1848 dem neu errichteten Handelsministerium unterstellt.

Die Eröffnung der ganzen, 566 km langen Linie Lindau—Hof—Sächsische Grenze, welche nunmehr den Namen »*Ludwigs-Süd-Nord-Bahn*« führte, geschah in 15 einzelnen Abteilungen. Hievon gelangten bis Ende 1847 die Strecken Bamberg—Lichtenfels—Neuenmarkt und Kaufbeuren—Augsburg—Donauwörth in Betrieb; i. J. 1848 folgte die Strecke Neuenmarkt—Hof—Sächsische Grenze, i. J. 1849 Nürnberg—Donauwörth, i. J. 1852 Kaufbeuren—Kempten und endlich im Oktober 1853 als letzte Teilstrecke Kempten—Lindau.

Unterm 23. Mai 1846 wurden zwei Gesetze erlassen, betreffend den Bau von Staatsbahnen von Bamberg über Würzburg nach Aschaffenburg, und von Lichtenfels nach Coburg; erstere, mit der Benennung »*Ludwigs-Westbahn*«, ward i. J. 1854, letztere erst i. J. 1859 dem Betriebe übergeben. Es sei hier eingeschaltet, dass Kapitalmangel und die politischen Wirren des Jahres 1848 zu einer Monate hindurch währenden Einstellung aller Bahnbauten gezwungen hatten.

Im Frühjahre 1850 erhielt der Fabrikbesitzer Johann Ritter v. Maffei in München die landesherrliche Bewilligung zur Bildung eines Vereins behufs Erbauung einer Eisenbahn von *München nach Salzburg,* mit 11 000 000 fl. Baukapital, worauf die Fertigstellung des regierungsseits schon i. J. 1849 bethätigten Projektes für diese Linie dem provisorischen Verwaltungsausschusse des Privatvereins überwiesen wurde.[19])

Als der Bau der württembergischen Staatsbahnen von Stuttgart her bereits bis in die Nähe von Ulm vorgedrungen war, beschloss die bayerische Regierung, einen Anschluss auch an diese herzustellen. Unterm 25. April 1850 wurde ein Staatsvertrag mit Württemberg über den Bau einer Bahn von *Augsburg nach Ulm* und unterm 21. Juni 1851 vorsorglich ein solcher mit Österreich über Herstellung der Bahnen von München nach Salzburg und Kufstein abgeschlossen; die ganze Linie von Ulm bis Salzburg bezw. Kufstein erhielt später den Namen »*Maximiliansbahn*«. Das Dotationsgesetz für die Linie Augsburg—Ulm erschien am 4. Mai 1851, und es ward mit dem Bau sofort begonnen, so dass dieselbe schon im Mai 1854 vollständig dem Verkehre übergeben werden konnte.

Nicht so glatt ging es hinsichtlich der Strecke München—Holzkirchen—Salzburg—Kufstein. Da die rechtzeitige Vollendung derselben zum Anschluss an die geplanten österreichischen Bahnen Salzburg—Bruck und Kufstein—Innsbruck innerhalb der vertragsmässigen Frist (d. h. bis zum 1. März 1856) seitens der Privatunternehmung zweifelhaft erschien, so sollten besagte Strecken nach einem von dem Minister Frhr. v. d. Pfordten eingebrachten Gesetzentwurfe auf Staatskosten gebaut werden. Letzterer wurde auch, trotzdem sich in der Kammer von vielen Seiten Stimmen für Privatbau geltend machten, zumal die Rente der bisher eröffneten Bahnen das Baukapital nicht einmal zu 1% verzinse, schliesslich durch das Dotationsgesetz vom 7. Mai 1852 sanktioniert. Die Regierung übernahm nun wiederholt die Vorarbeiten der Gesellschaft, und es begann die Eisenbahnbaukommission München im Juni 1852 mit dem Baue der Brücke über die Isar bei Grosshesselohe. Der Vollendung der Maximiliansbahn stellten sich jedoch Hindernisse entgegen, indem die österreichische Regierung i. J. 1854 erklärte, wegen Terrainschwierigkeiten den Staatsvertrag nicht erfüllen zu können. Die Bauarbeiten wurden daher in Bayern — ausnahmlich der Strecke München—Grosshesselohe — eingestellt und erst nach Abschluss eines neuen Staatsvertrages vom Jahre 1856 wieder aufgenommen, dann aber so rasch betrieben, dass die Strecke nach Kufstein i. J. 1858, jene nach Salzburg i. J. 1860 zur Eröffnung gelangte.

Durch einen mit den thüringischen Staaten unterm 24. September 1852 abgeschlossenen Vertrag hatte Bayern den Bau einer Bahn von Lichtenfels nach Coburg zugestanden und es wurde dieselbe auf Grund des Dotationsgesetzes vom 1. Juli 1856, welches übrigens die Wahl zwischen Staats- oder Privatbau freigelassen hatte, auf Staatskosten durchgeführt.

Eine sowohl bei den gesetzgebenden Faktoren als auch in der öffentlichen Meinung immer stärker hervortretende Neigung zum Privat-Bahnbau, sowie finanzielle Erwägungen veranlassten die *Allerh. Verordnung vom 20. Juni 1855, »die Erbauung von Eisenbahnen betr.«*, welche die Ausführung von Schienenwegen für den öffentlichen Verkehr durch Einzelpersonen, Korporationen oder Vereine, deren Rechte und Pflichten u. s. w. regelte. Die Bestimmungen dieser Verordnung fanden nicht lange nachher erstmalige Anwendung auf die Gesellschaft der bayerischen Ostbahnen, welche weiter unten zur Besprechung kommen werden.

Am Schlusse des Jahres 1854 besassen die bayerischen Staatsbahnen bereits die ansehnliche Länge von nahezu 1000 km und es stand die Landeshauptstadt in direkter Verbindung mit Stuttgart, Frankfurt und Leipzig. In der Zeit von 1855 bis 1857 jedoch trat ein Stillstand in der Eröffnung neuer Linien ein. Am 5. August 1860 erfolgte die *Auflösung der Eisenbahnbaukommission in München,* und es wurde der Ausbau aller schon in Betrieb gesetzten Bahnen, sowie der künftige Bahn-Neubau der Generaldirektion der kgl. bayer. Verkehrsanstalten übertragen.

Hatte sich die öffentliche Meinung und die Stimmung in der Landesvertretung in den fünfziger Jahren gänzlich gegen den Staatsbau gewendet, so vollzog sich i. J. 1861 ein merklicher Umschwung, welcher es bewirkte, dass einem der Landesvertretung vorgelegten Gesetzentwurfe über den staatlichen Bau der Linien Ansbach—Würzburg und München—Ingolstadt auf Antrag des Abgeordneten Schlör sogar noch die Linie Nürnberg—Würzburg hinzugefügt wurde. Bald darauf kam ein Gesetz über den Bau einer Bahn von Würzburg an die badische Landesgrenze gegen Heidelberg zustande, welchem sich das Gesetz vom 5. Oktober 1863 über den Bau der Linien München—Ingolstadt—Pleinfeld, Treuchtlingen—Gunzenhausen, München—Simbach, Freilassing—Reichenhall und Lindau—Bregenz, und weiters das Gesetz vom 10. Juli 1865 über die Verlegung des Bahnhofes Würzburg und die Erweiterung der Bahnhöfe Nürnberg, Gunzenhausen und Ansbach anreihte.

Mit dem Jahre 1865 tritt der Staatsbahnbau in eine neue Phase der Entwicklung, gleichsam in seine

Sturm- und Drangperiode.

Seither war, in teilweiser Unterschätzung der handelspolitischen, volkswirtschaftlichen und militärischen Bedeutung der Schienenwege, in Bayern wie in ganz Deutschland der Bau von Bahnen ohne Bedachtnahme auf die Schaffung eines einheitlichen, wohldurchdachten Eisenbahnnetzes vor sich gegangen. Man war vielmehr in der ersten Zeit der Eisenbahnära selbst bei den in der Absicht der Verbindung mit Nachbarstaaten hergestellten Linien vor allem bestrebt, möglichst viele der grösseren Städte ohne Rücksicht auf die Entfernungen oder die günstigsten Betriebsverhältnisse miteinander zu verbinden. Auf diese Weise entstanden jene bedeutenden Umwege, welche uns bei der Ludwigs-Süd-Nord-Bahn und bei der Ludwigs-West-Bahn auffallen.

In der Erkenntnis, dass der Bau der Bahnen planmässiger erfolgen müsse, hatte schon vom Jahre 1862 an Generaldirektor Freiherr v. Brück vielfach technische Erhebungen pflegen lassen zum Zwecke der Ausarbeitung eines einheitlichen Bahnnetzes. Diese Erhebungen mussten bedeutend beschleunigt werden, als die Kammer in ihrer denkwürdigen Sitzung vom 30. Juni 1865 auf Anregung des Abgeordneten

Crämer beschloss, die Regierung um Ausarbeitung und Vorlage eines vollständigen Eisenbahnnetzes anzugehen, was die Bildung einer besonderen *Bauabteilung* bei der kgl. Generaldirektion unter Leitung des seitherigen Vorstandes des Telegraphenwesens, v. Dyck, zur Folge hatte; ferner wurde ein eigenes *Projektierungsbureau* unter Führung des damaligen Bezirksingenieurs Alois Röckl errichtet. Wie bedeutend die Aufgabe dieses Bureaus gewesen ist, erhellt aus der Thatsache, dass dasselbe bis zum November 1867 nicht weniger als 29 generell ausgearbeitete Bahnprojekte für eine Gesamt-Bahnlänge von 1600 km abgeliefert hatte, und dass hiezu über 4000 Steuerkatasterblätter und gegen 200 topographische Karten verwendet wurden.

Der im Januar 1868 vor das Plenum der Kammer gebrachte Gesetzentwurf über Ausdehnung und Vervollständigung der Staatseisenbahnen nahm den Bau von 19 Bahnen in Aussicht, von welchen sieben, nämlich Regensburg—Donauwörth, München—Grafing—Rosenheim, München—Buchloe, Mühldorf—Vilshofen, Nürnberg—Hersbruck—Bayreuth, Aschaffenburg—Miltenberg und die Sinnthalbahn Gemünden—Elm, im Kostenbetrage von 60 000 000 fl. zunächst zur Ausführung bestimmt waren. (Der Bau einer Bahn von Schweinfurt nach Kissingen war bereits durch Gesetz vom 28. April 1867 beschlossen worden.) Ausserdem wurden im Art. 2 Bestimmungen über Herstellung von sog. Vizinalbahnen getroffen, und im Art. 4 ein Postulat für Vervollständigung bereits bestehender Einrichtungen gestellt. Die Kammer bildete für die Beratung dieser Vorlage einen besonderen Eisenbahnausschuss mit den Referenten Crämer und Bischoff. Vorerst wurden nur das Postulat des Art. 4 mit 10 000 000 fl. einschliesslich der Bahn München—Grafing—Rosenheim durch *Gesetz vom 16. Mai 1868,* der Rest des Entwurfes aber erst im folgenden Jahre, und zwar mit namhaften Änderungen, durch *Gesetz vom 29. April 1869* zur Ausführung genehmigt. Neu hinzugefügt erscheinen in letzteren die Fichtelgebirgsbahn und die Bayerische Waldbahn, die Linien Ingolstadt—Augsburg, Buchloe—Memmingen, Donauwörth—Neuoffingen und Rosenheim—Mühldorf.

Von den in diesem grössten, je im Lande erlassenen Gesetze aufgenommenen 22 neuen Bahnen waren 10 Bahnen mit der bedeutenden Baukapitalssumme von 92 772 000 fl. zunächst auszuführen; zu diesen zählten ausser den schon oben erwähnten ferner die Linien Nürnberg—Ansbach—Crailsheim, Schweinfurt—Meiningen und Nördlingen—Dinkelsbühl.

Für die bereits grundsätzlich genehmigten Fichtelgebirgsbahnen Schnabelwaid—Redwitz—Oberkotzau und Redwitz—Eger, für die Linien Gemünden—Schweinfurt, Miltenberg—Amorbach, Kaufering—Bobingen (Lechfeldbahn), dann für Verlegung der Bahnhöfe Donauwörth und Hof, gewährte das *Gesetz vom 27. Juli 1874* des weiteren die namhafte

Dotation von 52 147 700 fl., nachdem bereits durch ein früheres Gesetz vom 28. April 1872 beträchtliche Kredite für den Ausbau der Bahnhöfe Nürnberg, München C.-B. und Augsburg, sowie für den Neubau des Bahnhofes Rosenheim und eines Centralbahnhofes in Ingolstadt geschaffen waren.

Der bayerische Staatsbahnbau hatte hiedurch eine solche Ausdehnung erlangt, dass beispielsweise im Jahre 1873 der Bauaufwand einschliesslich der im Entstehen begriffenen Vizinalbahnen gegen 70 Millionen Mark bezifferte; im Jahre 1875 gelangten fast 300 km Staatsbahnen in Betrieb, es bestanden 62 Bausektionen, welche im Sommer an 25 000 Arbeiter beschäftigten, und das gesamte Personal der Bauabteilung der Centralstelle betrug etwa 800 Beamte und Bedienstete. Das letztgenannte Jahr bildet in Ansehung des weit vorgeschrittenen Ausbaues des Bahnnetzes, aber auch infolge der Erwerbung der Ostbahnen, einen denkwürdigen Abschlusspunkt in der Eisenbahngeschichte Bayerns.

Die Folgezeit ist nunmehr der

Vollendung und Vervollständigung des Hauptbahnnetzes

gewidmet. Im Jahre 1876 wurden zwar von den durch frühere Dotationsgesetze beschlossenen Hauptbahnen 179 km, i. J. 1877 selbst 251 km vollendet und dem Verkehre übergeben, allein es begann die Neubauthätigkeit und damit auch die Zahl der Bausektionen sich stetig zu vermindern, welche von 44 i. J. 1877 auf 31 i. J. 1880 und auf 18 i. J. 1882 sank. Auf Grund der Gesetze vom 14. Februar 1878 bezw. vom 1. Februar 1880 wurden nur noch die wenigen Linien: Lohr—Wertheim, Wiesau—Redwitz, Dinkelsbühl—Feuchtwangen, Stockheim—Ludwigsstadt—Landesgrenze, Neumarkt a. R.—Landshut und Gemünden—Hammelburg als Hauptbahnen genehmigt, wodurch das Hauptbahnnetz als nach Massgabe des wirtschaftlichen Bedürfnisses des Landes ausgebaut zu erachten war; die Linie Dinkelsbühl—Feuchtwangen kam jedoch nach den Normen der Vizinalbahnen, die Linie Gemünden—Hammelburg bereits nach den Normen der Lokalbahnen zur Ausführung. Nicht unerwähnt sei an dieser Stelle das Gesetz vom 3. August 1879, gemäss welchem die $4\frac{1}{2}$ prozentige Eisenbahnschuld im Anlehenswege in eine 4 prozentige umgewandelt wurde.

Die am Schlusse unserer Gedenkschrift angefügte Tabelle lässt die Eröffnungszeiten und Eigentumslängen aller bayerischen Hauptbahnen entnehmen; hinsichtlich der Baubeschreibung der einzelnen Linien, des bei den Bahnbauten thätig gewesenen höheren bauleitenden und des bauausführenden Personals u. s. w. sei auf das im Quellen-Ausweis citierte Werk von Kosmas Lutz verwiesen.

Seit dem Jahre 1885 beschränkt sich die Neubauthätigkeit der Staatseisenbahnverwaltung auf die Herstellung von Lokalbahnen und auf

Erweiterungs- und Ergänzungsarbeiten an den bestehenden Haupt- und Nebenbahnen. Erhebliche Aufwendungen geschahen im letztverflossenen und im laufenden Jahrzehnt für die Umgestaltung der grösseren Bahnhöfe Würzburg, München Ostbahnhof, Aschaffenburg, Lindau, Kempten, München Centralbahnhof, Passau, Augsburg, Regensburg, Neuenmarkt und Eger, für die Vervollständigung der Betriebseinrichtungen durch neue Perron-, Sperr- und Vorsignale, elektrische und telephonische Verbindungen, für Erweiterungen oder Umbauten zahlreicher kleinerer Stationen, für die Centralisierung der Weichen und Signale, sowie für den doppelgeleisigen Ausbau wichtigerer Bahnlinien. Im Bau begriffen steht zur Zeit ein Central-Rangierbahnhof in Nürnberg und eine vierte Centralwerkstätte in Weiden, auch die Centralwerkstätten in München und Regensburg erfahren eine Vergrösserung. Die Namhaftmachung aller mehr oder minder belangreichen Neubauten in Bahnhöfen und auf freier Strecke, welche auf Grund gesetzlicher Kredite zur Ausführung gelangen, würde zu weit führen; hingegen dürfte es gerechtfertigt erscheinen, hier jener umfassenden Bauarbeiten mit einigen Worten zu gedenken, welche mit der jüngsten und im wesentlichen vollendeten *Erweiterung des Centralbahnhofes München* verknüpft gewesen sind.[20])

Nachdem die umfangreichen, in den Jahren 1868 mit 1888 bethätigten Erweiterungs- und Umbauten dieses Bahnhofes, wodurch dessen Länge von 1650 m auf fast 3000 m gestiegen war, bereits die ansehnliche Summe von 13 144 000 M. gekostet hatten, drängte der intensiv wachsende Verkehr im Bahnhofe, in welchem täglich 250 bis 300 regelmässige Züge aus- und einfuhren, zu einer vollständigen Trennung des Transitverkehrs vom Lokalgüterverkehre mittelst Anlage eines eigenen, beinahe 5 km vom Hauptbahnhofgebäude entfernten *Transitgüter- und Rangierbahnhofes bei Laim;* dessen Längenerstreckung und hinausgeschobene Lage ermöglichte eine Rampenentwicklung zum Heben der Personenzugsgeleise und zum Senken der Güterzugsgeleise derart, dass alle Gütergeleise *unter* den ersteren hindurchgeführt werden konnten. In Verbindung hiemit wurde die Herstellung eigener Gütergeleise vom Rangierbahnhof nach den nächsten Stationen der einzelnen Bahnstrecken beschlossen. Für diese bedeutsame Bahnhoferweiterung samt den damit zusammenhängenden Neubauten bewilligte das Gesetz vom 5. Mai 1890 einen besonderen Kredit von 12 574 000 M. Der auf S. 42 beigefügte schematische Lageplan gibt ein ungefähres Bild der ganzen Anlage.

Während eine besondere Besprechung der Weichen- und Signalcentralisierung dem vierten Abschnitt vorbehalten sei, möchten wir an diesem Orte der

Doppelbahnbauten

eingehender gedenken.

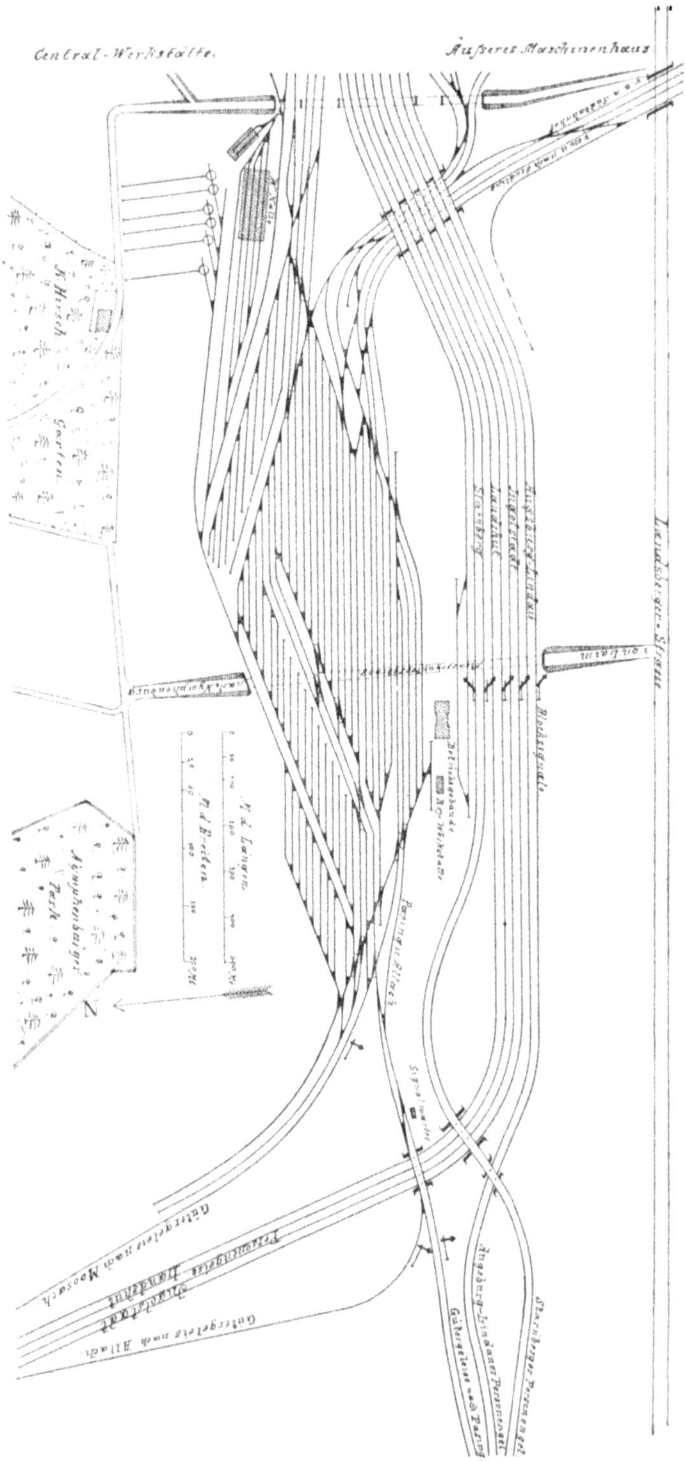

Übersichtsplan des neuen Rangierbahnhofes München bei Laim.

Die erste Anlage der staatlichen wie privaten Eisenbahnen Bayerns war eingeleisig, da man von der berechtigten Ansicht ausging, dass die eingeleisige Anlage für den zunächst zu erwartenden Verkehr genügen werde. In der Voraussicht aber, dass es bei derselben nicht für alle Zeiten endgiltig verbleiben könne, wurde schon bei den ältesten Linien Grund und Boden sofort für die zweigeleisige Anlage erworben; ausgenommen blieben nur die Neben- und Lokalbahnen, sowie einzelne Linien mit minderer Verkehrsbedeutung. Aber auch die belangreicheren Kunstbauten, deren Verbreiterung auf Doppelbahn später umständlich gewesen wäre, sowie Felseinschnitte in einzelnen Fällen, kamen sofort für das zweite Geleise, und lediglich die eisernen Brückenüberbauten für einfache Bahn zur Ausführung. Die ehemaligen Ostbahnen waren konzessionsgemäss gehalten, Grunderwerb, Erdarbeiten und Kunstbauten ausnahmlich der eisernen Überbauten durchgängig für die Doppelbahn zu bethätigen.

Die ursprüngliche Annahme, dass zwischen dem Bau der Bahn und dem Ausbaue des zweiten Geleises nur ein mässig langer Zeitraum liegen werde, erwies sich nicht als richtig; auf Grund dieser Erfahrung wurden bei den in den siebziger Jahren und später gebauten Bahnen die Kunstbauten in der Regel für einfache Bahn angelegt und kamen nur ausnahmsweise bei schwierigen Bauverhältnissen auf Terrainhöhe oder bis zu einer gewissen Höhe über dem Boden auf Doppelbahn zur Ausführung. Für Neben- und Lokalbahnen, wie früher auch bei verschiedenen Pachtbahnen, z. B. bei der München—Starnberger und bei der in neuerer Zeit durch ihre Fortsetzung nach Probstzella zur Hauptbahn gewordenen Linie Hochstadt—Stockheim, beschränkte man selbst die Grunderwerbungen auf einfache Bahn.

Auf den grossen durchgehenden Verkehrsrouten hatten bis zum Jahre 1889 bloss die Linien München—Augsburg, Neuoffingen—Ulm, Untersteinach—Hof, Würzburg—Aschaffenburg, und von letzteren zuerst die Steilstrecken Neuenmarkt—Marktschorgast und Laufach—Heigenbrücken, das zweite Geleise erhalten. Ausserdem wurden die vorzugsweise dem Vergnügungsverkehre dienenden Bahnstrecken Pasing—Starnberg, München—Grosshesselohe und Nürnberg—Mögeldorf, dann die kleine Teilstrecke Lichtenfels—Hochstadt (als Lichtenfels der Ausgangspunkt für die Verbindung nach Probstzella geworden war), weiters — und zwar lediglich im strategischen Interesse, ohne dass die gewöhnlichen Verkehrsrücksichten dies erfordert hätten — die Linien Nürnberg—Ansbach—Grenze gegen Crailsheim und Heidingsfeld—Grenze gegen Lauda, unter reichsseitiger Beisteuerung von 75% der Baukosten, mit dem zweiten Geleise ausgerüstet; endlich wurde die Strecke Rothenkirchen—Probstzella kurze Zeit nach der Inbetriebnahme zweigeleisig ausgebaut. Bei einer Gesamtlänge aller Doppelbahngeleise der bayerischen Staatsbahnen von 411 km und bei einer gesamten Eigentumslänge der letzteren von 4705 km betrug i. J. 1889 der Prozentsatz der Doppelbahnen 8,7 %, welcher hinter jenem aller grösseren Bahnnetze Deutschlands allerdings weit zurückblieb.

Mit der Zunahme der Frequenz und namentlich mit Rücksicht auf den Durchgangsverkehr konnte sich die Staatsbahnverwaltung angesichts der sich wieder hebenden finanziellen Verkehrsergebnisse der Aufgabe nicht mehr entschlagen, einer Vermehrung der Doppelbahnen auf den internationalen Durchgangslinien, und zunächst auf den Strecken mit schwierigeren Betriebsverhältnissen zum Behufe der Erleichterung des Betriebes und Steigerung der Leistungsfähigkeit der Bahnen im allgemeinen, zweckmässigerer und ökonomischer Gestaltung des Fahrplanes, Sicherung der Regelmässigkeit im Zugsverkehre und damit Erhöhung der Betriebssicherheit überhaupt, besserer Ausnützung des Fahrmaterials u. s. w. im besondern, näher zu treten.

Mit Herstellung der Doppelbahnen wurde vorerst auf den Linien Fürth—Rottendorf, Fürth—Bamberg—Lichtenfels, Hochstadt—Untersteinach, München—Treuchtlingen, Augsburg—Neuoffingen und München—Landshut, mit zusammen etwa 470 km Länge, begonnen, wofür das *Gesetz vom 8. Dezember 1889* die nötigen Geldmittel gewährte. Des Weiteren dotierte das *Gesetz vom 29. Dezember 1891* den doppelgeleisigen Ausbau der Linien Treuchtlingen—Nürnberg, München Ostbahnhof—Landesgrenze vor Salzburg, Rosenheim—Landesgrenze vor Kufstein, Landshut—Regensburg—Schwandorf und Treuchtlingen—Ansbach—Heidingsfeld mit einer Gesamtlänge von wiederum 470 km, endlich das jüngste *Gesetz vom 8. März 1894* jenen der Linien Irrenlohe—Oberkotzau, Nürnberg—Regensburg und Obertraubling—Passau mit 337 km Gesamtlänge.

Für die Vordringlichkeit der Ausführung zweiter Geleise waren die jeweilige Stärke des Verkehrs und die tägliche Zugszahl, die Steigungsverhältnisse, die Stationsentfernungen, sowie die Häufigkeit der Zugskreuzungen entscheidend.

Hand in Hand mit dem Doppelbahnbaue ging, weil durch den Doppelbahnbetrieb benötigt, die Herstellung neuer Überholungs-, Zugs- und Hinterstellgeleise, das Umlegen bestehender Geleise und Weichen, wie überhaupt eine zweckmässige, den Anforderungen des zweigeleisigen Betriebes und der, dem Doppelbahnbaue nachfolgenden, Weichen- und Signalcentralisierung entsprechenden *Umgestaltung der Stationen*, wobei den bestehenden Bedürfnissen nach Erweiterung der Ladegeleise, Ladeplätze u. s. w. Rechnung getragen wurde. In den Doppelbahnprojekten fanden ferner zahlreiche W e g - U n t e r - u n d Ü b e r f ü h r u n g e n zur Beseitigung von gefährlichen, betriebsstörenden oder besondere Bewachung erfordernden schienengleichen Wegübergängen Aufnahme.

Was in den berührten Richtungen geleistet werden musste, geht daraus hervor, dass bei Beginn der Sommerfahrordnung 1894 bereits 1183 km Doppelbahnen in Betrieb standen, wonach seit Ende 1889, also in kaum 4½ Jahren, nicht weniger als 772 km Doppelbahnen samt ihren Stationen betriebsfähig ausgebaut wurden, deren Prozentsatz nunmehr etwa 27 % der dermaligen Länge aller eigentlichen Staatsbahnlinien beziffert. Dieses Verhältnis wird nach Vollendung der jüngst genehmigten Doppelbahngeleise, welche i. J. 1897 zu erhoffen steht, auf 34 % steigen.

Hiemit ist der zweigeleisige Ausbau des bayerischen Staatsbahnnetzes in der Hauptsache als vorläufig abgeschlossen zu erachten, und wird es sich für absehbare Zeit nur noch um die Legung des zweiten Geleises auf kurzen, einem intensiven Lokalverkehre dienenden Strecken handeln können.

---

2. Die Pachtbahnen.

Als im Frühjahre 1850 die Landesvertretung sehr wenig geneigt erschien, weitere Mittel für Eisenbahnbauten zu bewilligen, und eine förmliche Stockung im Bahnbaue einzutreten drohte, da ward die Regierung auf Antrag des Referenten der Kammer der Abgeordneten, des Staatsrates Dr. v. Hermann, zu dem Aushilfsmittel ermächtigt, »von Privaten an Staatseisenbahnen gebaute Zweigbahnen zu pachten und auf Staatsrechnung zu betreiben«. Mit der an der Herstellung einer neuen Linie zunächst interessierten Stadt oder mit einem sonstigen Interessenten sollte nämlich ein Vertrag dahin abgeschlossen werden, dass die Stadt die Bahn zu bauen und das Baukapital aufzubringen habe, der Staat dagegen die Bahn nach Vollendung des Baues zum Zwecke der Verwaltung und des Betriebes pachte; die zur Verzinsung und Tilgung des Anlagekapitals an die bauende Partei zu zahlende 5%ige Rente sollte in der Form eines fixen jährlichen Pachtschillings erfolgen, die Bahn selbst nach Umfluss einer bestimmten Pachtzeit unentgeltlich dem Staate anheimfallen. Das Fahrmaterial hatte der Staat zu stellen.

Hiernach kamen 8 sog. *Pachtbahnen* zu stande, und zwar:

1. Neuenmarkt—Bayreuth, gebaut laut Pachtvertrag mit der Stadtgemeinde Bayreuth vom Januar 1852, eröffnet in einer Baulänge von 21 km i. J. 1853;
2. München—Starnberg, dem kgl. Baurat Himbsel gleichzeitig mit einer Dampfschifffahrt auf dem Würmsee unterm 25. September 1849 konzessioniert, gebaut laut Vertrag vom November 1853, eröffnet in einer Länge von 20 km i. J. 1854; [21])
3. Gunzenhausen—Ansbach, gebaut laut Vertrag mit der Stadtgemeinde Ansbach vom August 1856, eröffnet in einer Länge von 28 km i. J. 1859;

4. Holzkirchen—Miesbach, gebaut laut Vertrag mit der Miesbacher Steinkohlengewerkschaft vom Februar 1860, eröffnet in einer Länge von 17 km i. J. 1861;
5. Hochstadt—Stockheim, gebaut laut Verträgen mit der Stadtgemeinde Kronach vom Februar 1860 bezw. April 1862, eröffnet in einer Länge von 25 km i. J. 1863;
6. Ulm—Memmingen—Kempten (Illerbahn), gebaut laut Vertrag mit der Stadtgemeinde Memmingen vom September 1861, eröffnet in einer Länge von 85 km i. J. 1863;
7. Starnberg—Penzberg und Tutzing—Peissenberg, gebaut laut Vertrag mit der Stadtgemeinde Weilheim vom Mai 1863, eröffnet in einer Gesamtlänge von 54 km in den Jahren 1865 bezw. 1866;
8. Oberkotzau—Eger, gebaut laut Vertrag mit der Stadtgemeinde Hof vom August 1863 und Staatsvertrag zwischen Bayern und Österreich vom Juni 1863, eröffnet in einer Länge von 55 km i. J. 1865.

Für alle diese Pachtbahnen hatte die kgl. Bank in Nürnberg das Baukapital beschafft. Zwei derselben, die Miesbacher und die Peissenberger Bahn, wurden nachmals auf Staatskosten verlängert. Zu den Pachtbahnen gehören übrigens auch jene Strecken, welche zwar von der bayerischen Staatsbahnverwaltung pachtweise betrieben werden, jedoch sich im Eigentum fremder Eisenbahnverwaltungen befinden und in den Nachbarländern liegen; es sind dies die kurzen Grenzstrecken bei Wertheim (Baden), Probstzella (Preussen), Meiningen und Ludwigsstadt (Sachsen-Meiningen), Salzburg (österreichische Staatsbahn) und Kufstein (österreichische Südbahn), mit zusammen 39 km Bahnlänge.

Die Baukosten der oben aufgeführten acht Pachtbahnen mit 305 km Gesamtlänge beziffern rund 34 028 000 M., wovon zu Ende 1892 fast 10 016 000 M. amortisiert waren. Das zu verzinsende Baukapital für die vorerwähnten gepachteten Grenzstrecken beläuft sich auf mehr denn 13 234 000 Mark.

---

3. Die Ostbahnen.

Weit wichtiger als die vorbehandelten Pachtbahnen war für den Privatbahnbau in Bayern die Entstehung der Ostbahngesellschaft. Bereits das Gesetz vom 4. Mai 1851 ermächtigte, in Würdigung der seitherigen stiefmütterlichen Behandlung des östlichen Landesteiles hinsichtlich der Schaffung von Schienenwegen, das Handelsministerium zu den nötigen Einleitungen zum Bau einer Staatsbahn von Nürnberg über Amberg nach Regensburg. Im Jahre 1855 hatte die kgl. Eisenbahnbaukommission Projekte für 4 Linien in Ostbayern: Nürnberg—Amberg—Regensburg, München—Landshut—Donau, Schwandorf—Cham—Furth i. W. und

Regensburg—Passau, zusammen 122 Stunden lang, in Arbeit, da dieselben längst allgemein als dringendes Bedürfnis erachtet worden waren. Die Ansicht der massgebenden Faktoren, dass es aus Erwägungen finanzieller Natur besser sei, den Bahnbau Privaten zu überlassen, bewog die Regierung auf Grund des Gesetzes vom 20. Juni 1855 »die Erbauung von Eisenbahnen betr.«, wegen Bildung einer Privatgesellschaft, welcher der Bau obiger Gruppe von Bahnen übertragen werden sollte, Verhandlungen einzuleiten. Eine diesbezügliche Regierungsvorlage fand bei beiden Kammern des Landtags geradezu einstimmige Annahme und wurde als Gesetz vom 19. März 1856 veröffentlicht. Ein von dem Abgeordneten Graf von La-Rosée und Genossen gestellter Antrag, die Verpachtung sämtlicher bislang vom Staate in Regie betriebener Bahnen zu erwirken, wurde seitens der Kammer der Reichsräte verworfen. Es konstituierte sich nun die »Ostbahngesellschaft« aus bayerischen und ausländischen Finanzgrössen mit einem Anlagekapital von 60 000 000 fl. (rund 102 857 000 M.), und schon unterm 12. April 1856 erhielt dieselbe als »*kgl. privilegierte Aktiengesellschaft der bayer. Ostbahnen*« die Allerhöchste Konzession zum Baue und Betriebe oben genannter vier Linien auf die Dauer von 99 Jahren mit staatlicher Gewährleistung eines jährlichen Zinsertrages von 4½% aus dem gesamten Bau- und Einrichtungskapitale auf 35 Jahre bewilligt. Die Gesellschaft erhielt das Recht zur Anwendung des Expropriationsgesetzes; die Bauzeit war auf 7 Jahre festgesetzt (sie betrug jedoch in Wirklichkeit nur 5½ Jahre). Die Regierung behielt sich die Herstellung von Telegraphenleitungen längs der Ostbahnlinien, die Bestimmung der Maximal-Tarifsätze, die Benützung der Bahnen seitens der Post und eine gewisse Anteilnahme an den Überschüssen der Unternehmung bei mehr als 5% reiner Bahnrente, vor.

Die staatlicherseits schon ausgeführten generellen Projekte und Kostenanschläge gingen käuflich an die Gesellschaft über, auch die zu jenen Projektierungen verwendet gewesenen Ingenieure traten zumeist in den Dienst der Unternehmung, welche den Altmeister Paul v. Denis als ihren Direktor und Bauleiter gewann. Im Jahre 1857 waren die Bauarbeiten auf den meisten Punkten in vollem Gange, und es fand die Inbetriebnahme der Einzelstrecken in folgender Reihe statt: München—Landshut i. J. 1858, Nürnberg—Schwandorf—Regensburg, Landshut—Regensburg und Geiselhöring—Straubing i. J. 1859, Straubing—Passau i. J. 1860 und Schwandorf—Furth i. W. i. J. 1861. Mit der Eröffnung der letzteren Linie begann die Zinsgarantie des Staates.

Auf Grund weiterer Konzessionsurkunden entstanden teils noch unter v. Denis, teils unter den nachfolgenden Ostbahn-Direktoren Gustav Schlör und Heinrich Badhauser, in dem Zeitraume von 1863 bis 1875, chronologisch geordnet, noch die Linien Weiden—Bayreuth, Schwandorf—Weiden—Eger, Nürnberg—Neumarkt i. O.—Regensburg, die Abkürzungslinien Sünching—Straubing und Neufahrn—Regensburg, dann Weiden—Vilseck—Neukirchen und Plattling—Mühldorf. Um 1875 besassen sämtliche Ostbahnlinien einschliesslich der Vizinalbahn Wiesau—Tirschenreuth eine Länge von 904 km; die Linien Landshut—Landau und Plattling—Eisenstein befanden sich in Vorbereitung, einige andere generell projektierte Routen wurden wieder aufgegeben.

Die Baukosten der Linien Weiden—Bayreuth und Schwandorf—Weiden—Eger konnten noch aus dem ursprünglichen Anlagekapital von 60 000 000 fl. bestritten werden; die Kapitalsbeschaffung für die übrigen vorbenannten sog. »neuen Ostbahnlinien« erfolgte teils durch Stammaktien, teils durch Aufnahme von Prioritätsanlehen nach Massgabe des Bedürfnisses. Unter den 36 Privatbahnen des deutschen Reiches nahmen die bayerischen Ostbahnen hinsichtlich ihrer Längenausdehnung die siebente Stelle ein.

In Ansehung der sehr günstigen finanziellen Ergebnisse der Ostbahnen suchte der Staat in der Folge durch entsprechende Tarifmassnahmen wenigstens einen Teil des seitherigen Ostbahnverkehrs für sich zu gewinnen. Diese Massnahmen, im Vereine mit den entstandenen ausserbayerischen Konkurrenzrouten der Ostbahn verursachten i. J. 1874 erstmalig eine Herabdrückung der Ostbahn-Rente unter den garantierten Zinsfuss.

Das in allen Ländern auftretende Bestreben überhaupt, die Eisenbahnen zu verstaatlichen, im besonderen der Wunsch, die beiden Teilen schädliche Tarif-Konkurrenz zwischen Staats- und Ostbahn zu beseitigen, führte noch i. J. 1874 nach vorausgegangenem Initiativantrag des Abgeordneten v. Schlör zu einem

die Verstaatlichung der Ostbahnen

bezielenden Kammerbeschlusse und zu dem hierauf bezüglichen Gesetze vom 15. April 1875, durch welches das Staatsbahnprinzip zum zweiten Male voll zur Geltung gekommen ist. Nach Massgabe des über die Erwerbung mit der Ostbahngesellschaft abgeschlossenen Vertrages fand mit Schluss des Jahres 1875 die Vereinigung der Staats- und Ostbahnen statt, nachdem in der Zwischenzeit die Direktion der Ostbahnen eine besondere Abteilung der Generaldirektion der kgl. bayer. Verkehrsanstalten mit der Benennung »Abteilung für den Betrieb der Ostbahnen« gebildet und als solche den Betrieb geführt hatte.

Übernommen wurden 772 km in Betrieb stehender Linien samt allen Zugehörungen, Inventarien und Vorräten, ausserdem die teils nahezu vollendeten, teils im Bau begriffenen Strecken Neukirchen—Weiden und Mühldorf—Plattling—Eisenstein. Im Kaufvertrage war auch die Erwerbung der seit 1866 im Betrieb der Ostbahnen stehenden, einer eigenen Aktiengesellschaft gehörigen kurzen Strecke Plattling—Deggendorf (8 1/2 km) mit inbegriffen, welche jedoch i. J. 1877 zum Abbruche kam. An Fahrmaterial gingen 187 Lokomotiven und 4300 Wagen von der Ostbahn über.

Die Geschäfte des Ostbahn-Neubaues wurden mit jenen der Bauabteilung der Centralstelle vereinigt. Das zu verzinsende Baukapital der älteren und neueren Ostbahnlinien betrug bei der Übernahme 86 564 000 fl. Die Aktionäre erhielten staatlicherseits für je eine Aktie zu 200 fl. älterer Emission eine Vergütung von 420 M. Reichswährung, für je eine Aktie der jüngeren Emission 410 M.; das gesamte Aktien- und Prioritätenkapital ward der kgl. Staatsschuldentilgungsanstalt überwiesen.

Nach erfolgter Erwerbung der Ostbahnen betrug die Betriebslänge der Staatseisenbahnen Ende 1875 3649 km und deren Anlagekapital 670 Millionen Mark.

---

4. Die Vizinalbahnen.

Das Dotationsgesetz vom 29. April 1869 enthält im § 2 folgende Bestimmung: »Bahnen von lokaler Wichtigkeit, welche vom Staate oder durch Privatunternehmung hergestellt werden, sollen nur unter der Voraussetzung Aussicht auf Unterstützung haben, wenn für dieselben die Grunderwerbung und die Herstellung der Erdarbeiten ohne Inanspruchnahme von Staatsfonds gesichert ist.«

Zur Förderung des Zustandekommens solcher Bahnen von lokaler Bedeutung, der sog. *Vizinalbahnen,* wurde aus Überschüssen der Staatsbahnen-Rente, sowie aus den Ertragsanteilen der Staatskasse an den Überschüssen der kgl. priv. Ostbahnen ein »Vizinaleisenbahn-Baufond« gebildet, und dessen Verwaltung der Eisenbahnbau-Dotationskasse überwiesen. Für alle Vizinalbahnen ward gesetzlich bestimmt, dass aus den Roheinnahmen ihres Betriebes zunächst die 4½ %igen Zinsen des staatlichen Bauaufwandes, dann die Betriebskosten zu decken seien. Letztere wurden ein- für allemal gleich 9% des staatlichen Bauaufwandes festgestellt, der allenfallsige Einnahmerest sollte zur Verzinsung und Amortisation des für Grunderwerb und Erdarbeiten aufgewendeten Kapitals bis zu 5% dienen. Nach erfolgter Erwerbung der Ostbahnen flossen auch deren Reservefonds-Bestände in den Vizinalbahn-Baufond.

Die staatlichen Baukosten fanden Deckung zur Hälfte aus dem ebengenannten Baufond, zur Hälfte aus gesetzlichen Dotationen. Die interessierten Gemeinden verzichteten ausnahmslos auf Selbstdurchführung der Grunderwerbungen und der Erdarbeiten, überliessen dies vielmehr den Organen der Staatsbahnverwaltung gegen Rückersatz der diesfälligen Ausgaben.

In technischer Beziehung wurden für die Vizinalbahnen grössere Steigungen, strengere Krümmungen, eine geringere Breite des

Planums und leichtere Schienen bezw. ausrangierte Hauptbahnschienen zugelassen, wobei sich erst nach und nach, von Bahn zu Bahn, weitere Bauvereinfachungen ergaben. Vornehmlich aber kennzeichnet die Vizinalbahnen, welche den Übergang von den Hauptbahnen zu den heutigen Lokalbahnen darstellen, eine vereinfachte Betriebsweise, insbesondere gemässigte Fahrgeschwindigkeit und leichteres Fahrmaterial, ohne dass jedoch auf eine Bahnbewachung nebst Schrankendienst Verzicht geleistet werden kann.

Auf Grund der Dotationsgesetze vom 29. April 1869, 10. Juli 1870, 18. Februar 1871, 27. Juli 1874 und 29. Juli 1876 kamen nun nach Massgabe der erwähnten Grundsätze 14 staatliche Vizinalbahnen mit rund 157 km Baulänge zu stande, welche sämtlich vom Staate betrieben wurden, nämlich: Siegelsdorf—Langenzenn (als erste eröffnet 1872), Georgensgmünd—Spalt, Schwaben—Erding, Steinach—Rothenburg a. T., Immenstadt—Sonthofen, Holzkirchen—Tölz, Sinzing—Alling, Dombühl—Feuchtwangen, Biesenhofen—Oberdorf, Neustadt a. A.—Windsheim, Prien—Aschau, Senden—Weissenhorn, Feucht—Altdorf und Weilheim—Murnau, ausserdem die der vormaligen Ostbahngesellschaft unterm 10. November 1870 konzessionierte, 11 km lange Vizinalbahn Wiesau—Tirschenreuth.

Nachdem die Gesamteinnahmen aller 15 Vizinalbahnen seit dem Jahre 1880 merklich gestiegen waren, schloss i. J. 1882 nur eine einzige mit einem Passivrest ab, gleichwohl aber verzinste sich ihr Gesamtanlagekapital von rund 15 453 000 M. nur mit 1,5 %; die höchste Einnahme erzielte noch die Bahn Immenstadt—Sonthofen.

Erfahrungsgemäss erschienen die Interessenten der Vizinalbahnen übermässig belastet, zumal dieselben — abgesehen von zwei vereinzelt gebliebenen Fällen bei der Murnauer und Tölzer Bahn — nach dem bisherigen Modus der Ertragsverteilung gänzlich leer ausgegangen waren. Deshalb wurde auf Grund des zweiten Vizinalbahngesetzes vom 28. April 1882 über »die Behandlung der bestehenden Vizinalbahnen und den Bau von Sekundärbahnen« den betreffenden Gemeinden bezw. Privaten die Hälfte des von ihnen für Erd- und Dammarbeiten wirklich bestrittenen Aufwandes aus den Beständen des Vizinalbahn-Baufonds zurückvergütet; zugleich sprach sich jenes Gesetz dahin aus, dass das System der Vizinalbahnen für immer zu verlassen sei.

Für den Fall, dass die Interessenten auf ihre Ansprüche auf Überlassung von Einnahmsüberschüssen verzichteten, sollte ihnen auch die zweite Hälfte obigen Aufwandes zurückerstattet werden, von welcher Bestimmung auch sämtliche beteiligten Gemeinden Gebrauch machten mit einziger Ausnahme der Marktgemeinde Sonthofen hinsichtlich der Bahn Immenstadt—Sonthofen, deren Prosperität wegen des dort gelegenen kgl. Hüttenamtes Burgberg im Wachsen begriffen war. Die Rückvergütungssumme für die übrigen Beteiligten betrug rund 1583000 M.; der verfügbare Rest des Baufonds wurde an die Eisenbahnbaukasse zur ferneren Förderung des Sekundärbahnbaues abgeführt, und es steht mithin die Staatsbahnverwaltung bloss noch zur Gemeinde Sonthofen in einem Vertragsverhältnisse.

Nach dem Abschlusse des Betriebsjahres 1892 erforderten die bayerischen Vizinalbahnen bei 168 km Länge einen Gesamtbauaufwand von rund 15 455 600 M., wovon 1 570 500 M. seitens der Interessenten bestritten wurden; die Reineinnahme betrug 348 650 Mark.

5. Die Lokalbahnen.

Bereits i. J. 1869 hatte der deutsche Eisenbahnverein durch seine Techniker allgemeine »Grundzüge für die Gestaltung sekundärer Eisenbahnen«, d. h. normal- oder schmalspuriger Bahnen untergeordneter, mehr oder minder rein lokaler Bedeutung mit langsam fahrenden Zügen, festgestellt und i. J. 1876 neu redigiert, welche — ohne für die Bahnverwaltungen bindend zu sein — bei Ausführung der ältesten deutschen Sekundärbahnen massgebend waren. Die Zahl der ausserbayerischen Kleinbahnen, wie sie zuerst in Oldenburg, Thüringen und Sachsen entstanden, war keineswegs gross, und es wurden diese älteren Lokalbahnen überdies fast ausnahmslos als Schmalspurbahnen hergestellt.

Schon während des Ausbaues des bayerischen Hauptbahnnetzes brach sich die Erkenntnis Raum, dass für den rein lokalen Verkehr der ganze Apparat der Vollbahnen noch ein viel zu schwerer sei, um eine gesunde Entwicklung des Sekundärbahnwesens herbeizuführen, ferner dass für Bayern Schienenwege für den grossen Verkehr und im allgemeinen Landesinteresse nur mehr in beschränkter Zahl in Frage kommen könnten. Man suchte deshalb durch die im vorigen Kapitel besprochenen sog. Vizinalbahnen, welche viel einfacher ausgestattet und daher auch weit billiger als die Hauptbahnen gebaut wurden, dem Kleinverkehr mehr Rechnung zu tragen. Immerhin waren jedoch auch diese Bahnen bei einem durchschnittlichen Kostenpreise von 92 400 M. auf den Kilometer noch viel zu teuer, um den ganzen von solchen Kleinbahnen zu erwartenden wirtschaftlichen Vorteil zu bieten. Man musste daher trachten, für die eigentlichen *Lokalbahnen* noch einfachere Typen und Normen zu schaffen, und dies geschah mit dem *Lokalbahngesetze vom 21. April 1884*, dessen Motive in ausführlicher Weise die Grundsätze für die neue Bahntype darlegten, nachdem schon das *Gesetz vom 28. April 1882* neue Grundlagen hinsichtlich der finanziellen Beteiligung der Interessenten geschaffen hatte.[22])

Während nämlich bei den Vizinalbahnen die Interessenten alle Kosten der Grunderwerbung *und* der Erdarbeiten übernehmen mussten, dagegen aber auch an der Bahnrente, freilich unter erschwerten, praktisch vielfach nicht erfüllten Bedingungen, teilzunehmen berechtigt waren, haben bei den Lokalbahnen die Interessenten als Mindestleistung bloss die kostenlose Beistellung des nötigen Grundes und Bodens, jedoch ohne jede Anteilnahme an der Bahnrente, zu bethätigen.

Hiemit trat die Fortentwicklung des bayerischen Eisenbahnnetzes in eine neue Phase, und wenngleich anderwärts, so vornehmlich in Preussen, Sachsen und Österreich, nach dem Prinzip finanzieller Mitwirkung der Interessenten, spärlichstem Bauaufwande und einfachstem Betriebe seit Beginn der achtziger Jahre lokale Bahnverbindungen entstanden, so darf angesichts der systematisch über das ganze Land ausgebreiteten Lokalbahnen Bayerns, wie die am Schlusse angefügte Netzkarte darthut, dennoch behauptet werden, dass sich Bayern mit an der Spitze der Entwicklung staatlichen Lokalbahnbetriebes bewegt.

Im Gegensatz zu den fast allgemein als durchgehende Linien angelegten Hauptbahnen erscheinen die in Rede stehenden Verkehrswege in der Regel als Sackbahnen, welche ein thunlichst grosses, verkehrsärmeres Gebiet mit kleineren Städten und Märkten aufzuschliessen, sowie gleichsam als Saugwurzeln der Hauptbahn neuen Verkehr zuzuführen vermögen; unter der Voraussetzung vollständigster Individualisierung in Bau und Betrieb stellen deren Einnahmen nicht nur eine Deckung der Betriebskosten, sondern auch eine, wenngleich mässige, Verzinsung des Baukapitals in Aussicht. Für die finanzielle Beteiligung der Interessenten hat, wie gesagt, die kostenfreie Bereitstellung des nötigen Grundareals die gesetzliche Mindestleistung zu bilden, doch erfolgten weitere Leistungen der Beteiligten mehrfach durch Übernahme von Wegebauten, Überlassung von Steinbrüchen, Baarzuschüsse à fonds perdu u. s. w. Zu privaten Lokalbahn-Unternehmungen zeigte sich früher verhältnismässig wenig Geneigtheit, und es hat sich auch die Landesvertretung einer Subventionierung solcher Lokalbahnen aus Staatsmitteln sehr ablehnend gegenübergestellt, weshalb die Regierung sich zum Baue einer grösseren Zahl von Lokalbahnen auf Staatskosten entschloss.

Die am 1. Juli 1884 eröffnete Linie von *Gemünden* nach *Hammelburg* ist die erste, ziemlich streng als solche ausgeführte und betriebene, daher für die weitere Entwicklung typisch gewordene Lokalbahn Bayerns. Dieselbe war schon durch Gesetz vom 1. Februar 1880 mit einem auf 3 800 000 M. veranschlagten Kostenaufwand nach den Normen der früheren Vizinalbahnen bearbeitet und zur Ausführung genehmigt, schliesslich aber wegen ihres voraussichtlich geringen Verkehrs nach den Lokalbahn-Grundsätzen mit einem bloss 1 330 000 M. beziffernden Kostenaufwande gebaut worden.

Die in den Motiven zum Lokalbahngesetze v. J. 1884 erörterten, im wesentlichen noch heute geltenden *Grundsätze für Projektierung und Bau* dieser Art von Sekundärbahnen bezielen hauptsächlich das völlige Anpassen an die örtlichen Verhältnisse, d. h. gänzliche Individualisierung und möglichste Vereinfachung im Bau und Betrieb etwa nach dem Vorbilde der Dampftramways. Hinsichtlich der Horizontal- und Vertikalprojektion wird gegenwärtig zwar der Vermeidung von Grundstück-Durchschneidungen keine so grosse Wichtigkeit mehr beigelegt als früher, ja man ist von der Mitbenützung bestehender Strassen für das Bahngeleise für die Regel wieder abgegangen und sucht das Zusammenfallen scharfer Krümmungen mit der Meist-Steigung (40 ‰) thunlichst zu umgehen, immerhin aber wird auf möglichstes Anschmiegen der Trace an das Terrain bezw. an nebenliegende Strassen, wo nötig ausgiebigste Anwendung scharfer Kurven und starker Steigungen, selbst mit Anwendung von Gegensteigungen, auf geringste Erd- und Bettungsarbeiten, sowie Umgehung

Normal-Querprofil für Lokalbahnen.

aller die Bahn verteuernden Hindernisse Bedacht genommen. Die Bau- und Unterhaltungskosten trachtet man bei den Kunstbauten durch einfachste, doch dauerhafte Konstruktionen in Stampfbeton, Bruchstein und Eisen, bei dem Unter- und Oberbau durch Vorherrschen des billigen zweiteiligen Systems eiserner Langschwellen bezw. eiserner Querschwellen in strengen Kurven, durch leichte, nur dem Raddruck der Hauptbahn-Güterwagen genügende Schienen und durch Beschaffung eigener leichter Tenderlokomotiven und Wagen zu verringern.

Die Stationsanlagen werden zumeist nach dem Typus der Haltestellen mit Güterabfertigung in einfachster, aber solider Bauweise, die Halteplätze ohne jegliche Gebäulichkeit, lediglich aus einem Perron und einer Haltetafel bestehend, errichtet. Die Vereinfachung der Zwischenhaltestellen ist durch Übertragung des Abfertigungsdienstes an ortsansässige Agenten auf Dienstvertrag wesentlich erleichtert; die Herstellung und Unterhaltung von Zufuhr- und Ladestrassen an den Stationen und Haltestellen, dann von Unterstandshütten und Ladevorrichtungen an Halteplätzen wird den Interessenten überlassen. Die Stationen und Haltestellen werden mit Fernsprech-Einrichtungen ausgerüstet.

Die Frage der *Spurweite* der bayerischen Lokalbahnen ward in der Art gelöst, dass bei geringem Kostenunterschiede zwischen normal- und schmalspuriger Bahn die erstere den Vorzug erhielt. Thatsächlich hat sich herausgestellt, dass in den allermeisten Fällen die Kosten der normalspurigen Anlage nur um 20—30% höher sich berechneten als jene der schmalspurigen, und bei allen bis heute ausgeführten normalspurigen Lokalbahnen hat diese Differenz 50% nicht überschritten. Nur die Bahn von Eichstätt—Bahnhof nach Eichstätt—Stadt würde normalspurig etwa 100% mehr, also das Doppelte der schmalspurigen Anlage, gekostet haben und ist deshalb schmalspurig gebaut worden. An diesen Grundsätzen wird wohl auch ferners festgehalten werden, nachdem die Kosten für normalspurige Anlage auf ein anderwärts noch nirgends erreichtes Mass herabgedrückt werden konnten. Es sei hier eingeschaltet, dass auf die ebenerwähnte Schmalspurbahn die Güterwagen der Hauptbahn auf vierachsigen, mit Drehgestellen versehenen Rollbühnen nach System Langbein unmittelbar und anstandslos übergehen. Langholztransporte verbieten sich wegen der scharfen Krümmungen dieser Lokalbahn von selbst.

Unter den gegenwärtig vorhandenen Lokalbahnen sind 4, deren kilometrische Anlagekosten unter 40 000 M. herabgehen, und 5 mit kilometrischen Kosten zwischen 40 000 und 45 000 M.; für die billigste normalspurige Lokalbahn (Neumarkt i. O.—Beilngries) betragen diese Kosten nach Ausweis der offiziellen Nachweisungen pro 1893 nur 33 200 M. und für eine andere nur 35 400 M. Bedenkt man, dass in diesen Summen alle und jede Ausgaben für die Bahn enthalten sind, also auch die vollen Kosten der Grunderwerbung, die Anschaffung der nötigen Lokomotiven und Wagen, die gesamte betriebsfertige Ausrüstung aller Stationen, dass ferner diese Bahnen, wie die meisten staatlichen Lokalbahnen in Bayern, durchweg eisernen Oberbau besitzen, so wird anerkannt werden müssen, dass billigere und daher auch wirtschaftlichere Lokalbahnen, als jene der bayerischen Verwaltung, bis zur Stunde keine andere Bahnverwaltung in Deutschland, weder eine Staats- noch eine Privatverwaltung, hergestellt hat.

Der *Betrieb der Lokalbahnen* unterscheidet sich wesentlich von dem auf Hauptbahnen üblichen; die Betriebseinrichtungen sind auf das jeweils Nötigste beschränkt. Da die normale Fahrgeschwindigkeit in der Regel auf 20 km, die grösste auf 25 km in der Stunde festgesetzt ist, so bedarf nur eine sehr geringe Anzahl von Überfahrten, die stark frequent und vom Lokomotivführer nicht übersehbar sind, der Abschrankung und Bedienung, wie auch jede Bahnbewachung durch eigene Wärter und jede Einfriedigung entbehrlich erscheint. Die Zwischenhaltestellen mit Güterabfertigung werden nur mit einem einzigen Bediensteten oder einem Agenten, die Endstationen mit einem Expedienten und dem Fahrpersonale besetzt. Die Betriebseinrichtungen und das Expeditionsverfahren entsprechen der Einfachheit und Individualisierung des Betriebes. Das Zugspersonal besteht zumeist aus einem Lokomotivführer, einem fahrberechtigten Heizer, einem Hilfsheizer und zwei Bediensteten für die Zugsbegleitung und den Ablösedienst, welche auch den Verkauf der Fahrkarten im Zuge, die Behandlung des Reisegepäcks, sowie die Abfertigung von Viehsendungen zu besorgen haben.

Die Ökonomie in den Personalausgaben verbietet eine strenge Ausscheidung der Funktionen, weshalb sich jeder Lokalbahnbedienstete auch zu jenen Dienstleistungen bereit finden zu lassen hat, die anderwärts hiefür besonders bestimmten untergeordneten Arbeitskräften übertragen werden.

Die Anordnung und Überwachung des Gesamtbetriebes einschliesslich der Bahnunterhaltung liegt in den Händen eines mit den entsprechenden Befugnissen ausgestatteten »Lokalbahn-Betriebsleiters«, der bei längeren Linien gleichzeitig als Vorstand der Endstation bestellt ist. An Lokalbahnen von geringerer Bedeutung und Ausdehnung hat der Vorstand der Anschlussstation die Betriebsleitung mit zu übernehmen.

Was das Tarifwesen der staatlichen Lokalbahnen betrifft, so stimmen die Tarife für den Personen-, Gepäck- und Viehverkehr mit jenen der Hauptbahnen überein; auf Lokalbahnen von nicht mehr als 10 km Länge kommen nur einfache (Hinfahrt-) Karten zur Ausgabe. Für den Güterverkehr gelten die Normaltarife der Hauptbahnen zuzüglich eines festen Zuschlags, welcher für Eilgut 12 Pf., für Stückgut 10 Pf. und für Wagenladungsgut 6 Pf. pro 100 kg beträgt. Die Lokalbahnen sind in den internen bayerischen Güterverkehr und insofern erforderlich auch in die direkten Verkehre einbezogen; im allgemeinen bildet auf der Lokalbahnstrecke der Frachtbrief das einzige Begleitpapier jeder Gütersendung, da das Kartierungsgeschäft nicht den Lokalbahnstationen, sondern den Anschlussstationen obliegt, und auch die von auswärts nach jenen Stationen abgefertigten direkten Karten von den letzteren eingezogen werden.

Durch das Gesetz vom 21. April 1884 erhielten 13 staatliche Lokalbahnen mit zusammen 293 km Länge die Sanktion zur Ausführung nach erfolgter kosten- und lastenfreier Überweisung des nötigen Areals. Bei allen hatte die Bauverwaltung deren Rentabilität aufs genaueste nachgewiesen, wobei die Grösse des zu erwartenden Verkehrs wie auch die voraussichtlichen Betriebsausgaben teils auf direktem, teils auf indirektem Wege formelmässig ermittelt, und der Vizinalbahntarif zu Grunde gelegt wurde.

Einen Beweis, wie sehr von den verschiedensten Seiten auf den Weiterbau von Lokalbahnen gedrängt wird, bieten die zahlreichen einschlägigen Petitionen und Projekte von Interessenten, welche je nach dem Stande der Sache und den verfügbaren technischen Kräften mehr oder minder eingehend untersucht werden; so sind z. B. die in das Gesetz vom 26. Mai 1892 aufgenommenen 18 Lokalbahnen aus der engeren Wahl von nicht weniger als 80 angestrebten Projekten hervorgegangen.

Die Gesetze vom 21. April 1884, 13. Januar und 29. Mai 1886, 30. April 1888 und 26. Mai 1892 dotierten im ganzen 44 Lokalbahnen von annähernd 886 km Gesamtlänge, von welchen 29 Bahnen mit 631 km Gesamtlänge bei Beginn der Sommerfahrordnung 1894 in Betrieb standen, während die übrigen bis zum Jahre 1896 vollendet sein werden; hiezu kommen noch die Lokalbahn Gemünden—Hammelburg (28 km), dann die beiden auf Kosten der Sachsen-Meiningen'schen Regierung vom bayerischen Staate gebauten und auch pachtweise betriebenen Lokalbahnen Ludwigsstadt—Lehesten (8 km) und Rentwertshausen—Römhild (11 km), endlich die durch Gesetz vom 11. Juni 1894 mit einem Staatsaufwande von 2 454 000 M. zur Ausführung genehmigte Lokalbahn Mühldorf—Burghausen (29 km). Die Privat-Lokalbahn Röthenbach—Weiler (6 km) wurde ebenfalls vom Staate auf Kosten der Marktgemeinde Weiler gebaut, ihren Betrieb führt jedoch die Gemeinde selbst. Die von einer Privatbahngesellschaft gebaute Lokalbahn von Kötzting nach Lam (18 km) ist seit 1. August 1893 vom Staate pachtweise übernommen und gemeinsam mit der anschliessenden Lokalbahn Cham—Kötzting betrieben.

Das vom Staate aufgewendete Anlagekapital für die Ende 1893 im Betriebe und im Staatseigentum befindlichen 27 Lokalbahnen mit zusammen 612 km Länge beziffert 32 012 090 M. oder für den Kilometer rund 52 310 M. Eine namentliche Aufführung der betriebenen, im Bau begriffenen und genehmigten Lokalbahnen findet sich im Anhange vorliegender Schrift.

Ausser den voraufgeführten, vom Staate gebauten bezw. betriebenen Lokalbahnen ist auch eine Reihe von

Privat-Lokalbahnen

unter selbsteigener Verwaltung und Betriebsführung nach Massgabe der Bahnordnung für die Nebeneisenbahnen entstanden, von welchen die erste zwischen Schaftlach und Gmund am Tegernsee i. J. 1883 und die zweite zwischen Prien und Stock am Chiemsee i. J. 1887 zur Eröffnung gelangte. Im Februar 1887 konstituierte sich die »Lokalbahn-Aktiengesellschaft München«, deren Unternehmungen sich übrigens nicht bloss auf Lokalbahnen innerhalb Deutschlands, sondern auch auf Dampfstrassenbahnen, sowie auf den Mitbesitz von Lokalbahnen in Österreich-Ungarn erstrecken. Die Konzessionsdauer der bayerischen Linien beträgt 99 Jahre. Von jener Gesellschaft wurden nun in den Jahren 1889 bis mit 1892 die 5 normalspurigen Linien Sonthofen—Oberstdorf, Oberdorf—Füssen, Murnau—Partenkirchen, Fürth—

Zirndorf—Cadolzburg und die Isarthalbahn München—Wolfratshausen, dann die schmalspurige Walhallabahn Stadtamhof—Donaustauf, zusammen 117 km lang, erbaut. Weiters stehen dermalen noch die Privat-Lokalbahnen Gotteszell—Viechtach und Deggendorf—Metten in Verkehr.

Nach Obigem beträgt zur Zeit die Gesamtlänge der 33 vom bayerischen Staate betriebenen Lokalbahnen 695 km, jene der 16 genehmigten bezw. in Ausführung begriffenen Lokalbahnen 284 km, und jene der selbstbetriebenen 11 Privat-Lokalbahnen einschliesslich der Linie Röthenbach—Weiler 163 km. Von den staatlichen Lokalbahnen liegen 24 km auf gewöhnlichen Strassen. Zu Beginn des Jahres 1894 bestanden 19 Stationen, 37 Haltestellen, 84 Halteplätze und 88 Bahnagenturen; die Zahl der Beamten und Bediensteten belief sich auf 465, und es trafen somit auf 1 km Lokalbahn 0,72 Angestellte.

6. Die Industriebahnen.

Die hohe Entwicklung der Industrie im rechtsrheinischen Bayern spiegelt sich gleichsam in der Ausbreitung und in der Bestimmung der an das Bahnnetz des Landes angeschlossenen, nicht dem öffentlichen Verkehre dienenden Schienenstränge; denn es bestanden zu Ende des Jahres 1892 im Bereiche der Staatsbahnen 302 Privat-Anschlussbahnen mit einer Gesamtlänge von 189 km, und zwar:

12 Montanbahnen, worunter sich die Bahnen zum bergärarialischen Erzbergwerke in Amberg und nach dem neuen Amberger Hochofen, dann die Zechengeleise der Kohlengewerkschaft in Miesbach befinden;

258 Industriebahnen nach Spinnereien, Maschinenfabriken, Glashütten, Eisengiessereien, Lagerplätzen von Holz- und Kohlenhandlungen u. s. w. und nach den beiden bahnärarialischen Schwellenfabriken;

7 land- und forstwirtschaftliche Bahnen, zumeist Waldbahnen;

25 sonstige zu militärischen Zwecken angelegte Anschlussbahnen, dann die in Zollhallen, städtische Transitlagerhäuser, Schlacht- und Viehhöfe, städtische Brunnenwerke, Gasanstalten und andere Etablissements führenden Anschlussgeleise.

29 Bahnen schliessen auf der freien Strecke und 273 in Bahnhöfen oder Stationen an. Von jenen 189 km Anschlussbahnen stehen 15 km im Eigentum der Bahnverwaltung, und es werden 53 km von der letzteren selbst betrieben. Weiters sind von der Gesamtlänge 145 km normal- und 44 km schmalspurig; 114 km werden mit Dampfkraft, 75 km mit Pferdekraft betrieben.

Die Anlagekosten, insoweit dieselben zuverlässig bekannt sind, betrugen für die mit Lokomotiven betriebenen Bahnen rund 46 800 M. und für die mit Pferdekraft betriebenen 14800 M. auf 1 km Bahnlänge.

Von den Industriebahnen Bayerns verdient eine besondere Hervorhebung

die Augsburger Ringbahn,

welche die im Umkreise der Stadt Augsburg liegenden zahlreichen industriellen Etablissements durch Vermittlung von Flügel- und Fabrikhofgeleisen mit der Staatsbahn in Verbindung setzt und seit dem Jahre 1891 in Betrieb steht. Diese, bereits i. J. 1872 angeregte Ringbahn

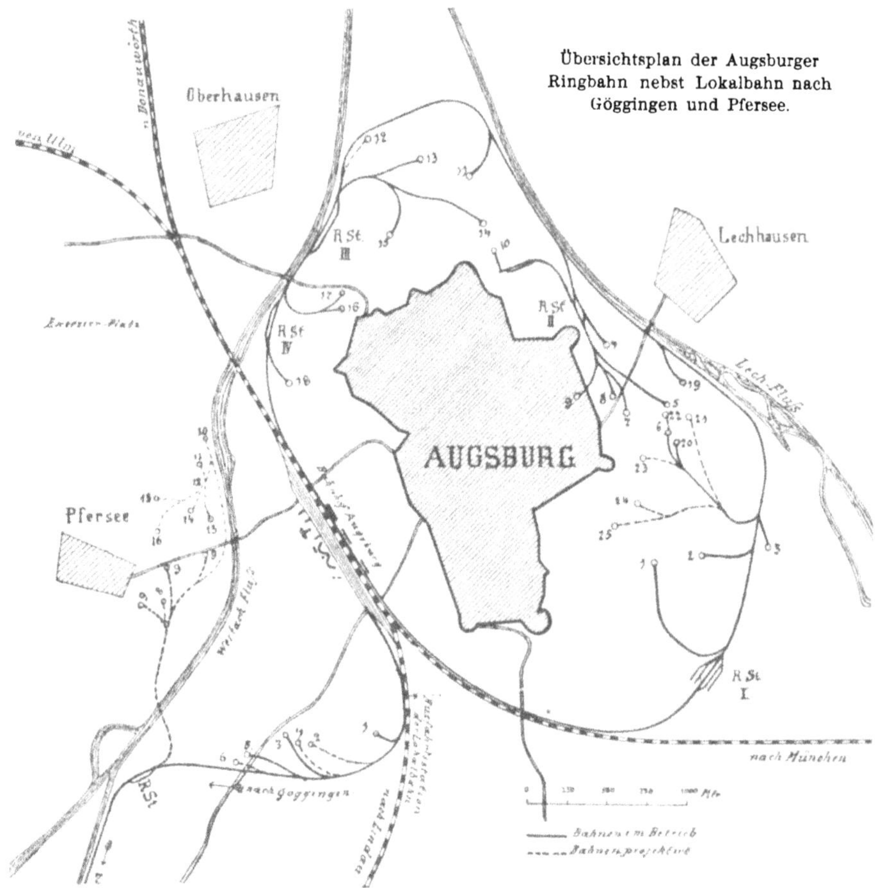

Übersichtsplan der Augsburger Ringbahn nebst Lokalbahn nach Göggingen und Pfersee.

wurde auf Rechnung der unterm 24. Januar 1889 mit einem Grundkapital von 1 800 000 M. konzessionierten »Augsburger Lokalbahn-Aktiengesellschaft« vertragsgemäss von den Organen der Staatsbahnverwaltung gebaut, welch' letztere auch den Betrieb der Ringbahn gegen bestimmte Vergütungen seitens der Gesellschaft für Gestellung des Personals und der Betriebsmittel besorgt.

Die mit 4 Rangierstationen versehene Stammlinie der Ringbahn ist 10,9 km lang und es zweigen von derselben gegenwärtig etwa 18 km Flügel- und Fabrikhofgeleise zu 24 Etablissements, zum städtischen Baumagazin und zum städtischen Viehhofe ab; ferner ist im Bahnhofe Augsburg eine eigene Sammelguthalle behufs Durchführung des Stückgutverkehrs auf der Lokalbahn errichtet worden.

Eine weitere, i. J. 1891 konzessionierte Lokalbahn kam auf Antrag obengenannter Aktiengesellschaft zwischen dem Bahnhofe Augsburg und Göggingen mit einer 4,6 km langen Stammlinie, einer Rangierstation und verschiedenen Flügel- und Fabrikhofgeleisen i. J. 1893 zur Vollendung. An dieselbe sind z. Z. 3 Etablissements, sowie das Proviantamt Augsburg angeschlossen; eine Zweigbahn nach Pfersee ist gegenwärtig im Bau begriffen.

Die Gesamtkosten der Augsburger Ringbahn belaufen sich bis jetzt auf 1 600 000 M., während die Baukosten für die Lokalbahn nach Göggingen und Pfersee zu 600 000 M. veranschlagt sind.

7. Bau-Normen.

In Ergänzung der geschichtlichen Darstellung des bayerischen Eisenbahnbaues sollen im Nachstehenden jene Normen in Kürze gekennzeichnet werden, welche bei der Projektierung und bei dem Baue der Staatsbahnen vorherrschend zur Geltung gekommen sind.

Es galt von Anfang, wie schon gesagt, als Grundsatz, zwar die Grunderwerbung durchgehends für die Doppelbahn zu vollziehen, sowie auch grössere Kunstbauten und die Durchlässe für ständig fliessendes Wasser, streckenweise selbst, wo es ohne Mehrkosten anging, die Dämme und Einschnitte sofort für zwei Geleise auszuführen, im übrigen jedoch die Bahn nur für das einfache Geleise herzustellen. Grosse Brücken suchte man in der ersten Zeit geflissentlich zu vermeiden und wählte dafür lieber in vielen Fällen, so auf der Strecke zwischen Kempten und Lindau, riesige Dämme. Als Schienenunterlagen dienten zumeist in Bahnhöfen, auf Brücken und höheren Aufdämmungen Holzschwellen, sonst Steinwürfel aus Granit oder Sandstein. Die Bahnhofgebäude gelangten teils als Provisorien, teils endgiltig zur Ausführung.

Bei der Tracierung war anfänglich das Baukostenminimum massgebend, die Kurvenwiderstände wurden fast gänzlich ausser Betracht gelassen und auch die damals allerdings noch ziemlich unbekannten Betriebskosten wenig berücksichtigt; hinsichtlich der Erdarbeiten strebte man die thunlichste Ausgleichung der Damm- und Einschnittsmassen an, welche wesentlich erleichtert ward durch ein von dem bayerischen Sektionsingenieur Bruckner in Lindau im Jahre 1844 ausgedachtes Verfahren einer graphischen Darstellung der zu bewegenden Erdabgleichung und der Transportweiten, durch das sog. *Massennivellement.*

F. A. Pauli hatte schon anlässlich der Projektierung des Donau-Main-Kanals eine aus der französischen Schweiz stammende, von dem

Genfer Ingenieur Ducarla i. J. 1782 ersonnene Terraindarstellung durch Coten- und Höhenschichtenpläne mittelst sog. *Horizontalkurven* (äquidistante Niveaukurven) und zwar erstmalig in Deutschland benützt, auch in seinen 1840/1841 im Ingenieurkurs der polytechnischen Schule zu München gehaltenen Vorträgen seinen Zuhörern dringend zur Anwendung empfohlen. Im Jahre 1843 nun gelangte diese Methode zunächst durch den jungen Ingenieur Friedrich v. Lössl in Immenstadt gelegentlich der Tracierung der Algäu-Bahn zu Ehren, und es wurde dieselbe bald darauf als allgemein obligatorisches Tracierungsmittel beim bayerischen Eisenbahnbaue eingeführt. Seit 1872 liess die Bauabteilung der Centralstelle Höhenmessungen zu Generaltracierungen, namentlich in Unterfranken, auch mittelst des Naudet'schen *Aneroidbarometers* und korrespondierender Beobachtung eines entfernten Standbarometers bethätigen, wobei die gewonnenen Höhenzahlen zur Konstruktion der Horizontalkurven mit 10 m Höhenabstand auf Generalstabskarten dienten; die mittlere Fehlergrösse innerhalb der beobachteten Höhen von 130—700 m über Meer betrug nur 1,0 bis 1,5 m.

Die gesteigerten Anforderungen an die Lokomotiven und hienach an den Oberbau hatten ausserordentliche Fortschritte in der Technik des Bahnbaues zur Folge, namentlich verdrängten solide Eisenkonstruktionen die seitherigen hölzernen Brückenfahrbahnen. Wasserdurchlässiges Unterbaumaterial, wie Kies, Sand, Kleingeschläge, ersetzte bald die anfangs üblichen Erdbanquette mit Sickerdohlen, hingegen wurden durch 1½malige Anlage der Damm- und Einschnittsböschungen, nachdem sich diese steileren Böschungen gegenüber den früheren mit 2maliger Anlage als ausreichend erwiesen, die Kosten der Erdarbeiten namhaft verringert. Das Mindestmass der Krümmungshalbmesser war ursprünglich zu 1200 Fuss, innerhalb der Stationen zu 600 Fuss, vorgeschrieben, bei Unvermeidlichkeit 500 Fuss zugelassen.

Schon seit 1846 entstanden unter Paulis Meisterhand im Schoosse der Eisenbahnbaukommission hunderte lithographierter Normalzeichnungen über alle Gegenstände des Eisenbahnbaues: Pläne, welche teilweise noch heute in Geltung sind. Die ersten zusammengefassten Normen für die Anlage und bauliche Unterhaltung der kgl. bayer. Staatseisenbahnen datieren vom 8. November 1856.

Während vor dem Jahre 1865 bei der Projektierung neuer Bahnlinien auf die Betriebsverhältnisse zu wenig, hingegen hauptsächlich auf niedere Baukosten Rücksicht genommen wurde, wodurch sich häufig Bahnen mit sehr kostspieligem Betriebe ergaben, gelangten durch das neugeschaffene Projektierungsbureau nunmehr Projektierungsgrundsätze zur Ausarbeitung und praktischen Anwendung, welche unter vorzugsweiser Berücksichtigung der Betriebsverhältnisse bezw. der kapitalisierten Betriebskosten, wobei nicht bloss die Steigungen, sondern auch die Widerstände der Bahnkrümmungen förmlich in Rechnung zu ziehen waren, zu Bahnen mit geringen Umwegen und Steigungen, aber auch mit wohlfeilerem Betriebe führten. Man hat dieses System treffend als das System des billigsten Transportes bezeichnet. In diesem Sinne ausgearbeitet erschienen i. J. 1869 die »*Normen für Verabfassung genereller Projekte*«.[23])

Es wurden damals behufs Berechnung des Gesamtwiderstandes an irgend einer Bahnstelle für die Kurven nach Frhr. v. Weber's Versuchen äquivalente Steigungen substituiert. Da aber Frhr. v. Weber die von ihm ermittelten Widerstandskoeffizienten selbst als nicht ausreichend genau erklärt hatte, so veranstaltete Eisenbahnbaudirektor Alois v. Röckl, als eine weitere Serie neuer Bahnen in Aussicht stand, in den Jahren 1876—1878 weitgehendste praktische *Versuche über die Widerstände der Eisenbahnfahrzeuge bei ihrer Bewegung in den Geleisen,* unter Beiziehung der elektrischen Zeitmessung. Die aus 3670 Versuchen und aus fast 5000 Widerstandskoeffizienten ermittelten Relationen für Lokomotiven und für Wagen finden sich im Jahrgange 1880 der »Zeitschrift für Baukunde« erstmalig veröffentlicht.

Eine anerkannt ökonomische Bedeutung besassen die im März 1876, also zur Zeit der starken Bauthätigkeit, an sämtliche Eisenbahnbausektionen erlassenen »*Vorschriften über Ersparungen im Eisenbahnbau*«, welche hinsichtlich der Erdarbeiten und Kunstbauten vornehmlich die thunlichste Deckung der Aufträge aus Füllgruben zur Vermeidung weiter Erdtransporte, die Ersparung der seit vielen Jahren üblich gewesenen sog. Bermen an Damm- und Einschnittsböschungen, die Anwendung von Stützmauern und dabei steileren, 5/4 maligen Böschungen in Einschnitten, die Ausführung kleinerer Kunstbauten lediglich für eingeleisige Bahn, Bedachtnahme auf Erweiterungsfähigkeit von Brücken, Sparsamkeit im Quadermauerwerk u. s. w. bezweckten; in dem Werke von Kosmas Lutz »Der Bau der bayerischen Eisenbahnen« finden sich obige Vorschriften wörtlich wiedergegeben.

Um jene Zeit entstanden neue, lithographisch vervielfältigte *Normal-Konstruktionspläne* für die Haupt- und Sekundärbahnen, sodann für sämtliche ausgeführten Linien *Übersichtspläne* in Steindruck zum Zwecke der Katastrierung und zum Gebrauche für den Bahnunterhaltungsdienst, welche in zahlreichen Bänden die in topographischer Manier ausgeführten Lagepläne, die zugehörigen Höhenpläne nebst betriebstechnischen Angaben, sowie die Bahnhofs- und Stationspläne der einzelnen Staatsbahnlinien enthalten.

Für die Konstruktion und Ausrüstung der bayerischen Eisenbahnen wurden in den Jahren 1878 bezw. 1886 allgemeine, mit den bezüglichen Normen für die Eisenbahnen Deutschlands übereinstimmende Vorschriften erlassen, an deren Stelle ab 1. Januar 1893 die »*Normen für Bau und Ausrüstung der Haupteisenbahnen Bayerns*« — im Einklange mit den einschlägigen Direktiven der »Technischen Vereinbarungen«, wie dieselben letztmalig in der Technikerversammlung des deutschen Eisenbahnvereins zu Konstanz i. J. 1888 beschlossen worden sind, — traten. Eine für die bayerischen Bahnen untergeordneter Bedeutung im März 1882 aufgestellte Bahnordnung ist seit 1. Januar 1893 ersetzt durch die »*Bahnordnung für die Nebeneisenbahnen Bayerns*«, welche sowohl eine Anzahl sekundär betriebener Vollbahnen, als auch sämtliche Vizinalbahnen und Lokalbahnen in sich begreift.

Anschliessend an das durch die europäische Gradmessung veranlasste und von Dr. Karl Max v. Bauernfeind vollzogene bayerische »Präzisionsnivellement«[24]) kam in den Jahren 1881 mit 1883 ein *Nivellement des bayerischen Bahnnetzes* auf 1942 km Länge mit 1051 Fixpunkten (Höhenmarken) II. und III. Ordnung, bezogen auf Normal-Null d. h. auf den Nullpunkt des Amsterdamer Pegels, seitens der Staatsbahnverwaltung zur Ausführung. Es möge an dieser Stelle erwähnt sein, dass der tiefste Punkt der bayerischen Staatsbahnen mit 120 m über dem Meeresspiegel bei Kahl unweit Aschaffenburg, ihr höchster Punkt in der Station Günzach auf der Strecke Buchloe-Kempten mit 840 m über Meer gelegen ist.

Schliesslich seien hier noch die durchschnittlichen Bau- und Anlagekosten der bayerischen Haupt- und Nebenbahnen mitgeteilt; dieselben betragen nach dem offiziellen statistischen Berichte für das Betriebsjahr 1892 für 1 Kilometer Bahn in ganz runden Summen:

bei den eigentlichen Staatsbahnen	250 000 M.
» » gepachteten Bahnen	112 000 »
» » Vizinalbahnen	92 000 »
hingegen	
bei den (normalspurigen) Lokalbahnen	58 000 »
bei der Eichstätter Schmalspurbahn	70 000 »
und im grossen Durchschnitt auf sämtliche Staatsbahnen bezogen	215 000 »

8. Die Entwicklung des Bahnoberbaues.

Wie ausserordentlich der stetige Aufschwung des Verkehrs auch die Anforderungen an die Leistungsfähigkeit der im Betriebe stehenden Schienenwege steigerte, das zeigt sich am augenscheinlichsten bei einer Betrachtung der Fortschritte des Bahnoberbaues einschliesslich der Schienenunterlagen, insbesondere aber jener der

Eisenbahnschienen.

Auf der i. J. 1835 eröffneten ersten deutschen Lokomotivbahn zwischen Nürnberg und Fürth hatte Denis englische gewalzte einköpfige

Parallelschienen pilzförmigen Querschnitts, mit dem von Robert Stephenson (dem Sohne des Erfinders der ersten brauchbaren Personenzugslokomotive) um 1830 auf der London—Birmingham-Eisenbahn erstmals eingeführten Profile — die Bahn zwischen Liverpool und Manchester besass noch die sog. Fischbauchschienen — und zwar mit 14½ kg Gewicht auf den Meter Länge, zur Anwendung gebracht. Das gleiche Profil, doch schon wesentlich höhere Tragfähigkeit, besassen die Stuhlschienen der ursprünglichen Privatbahn München—Augsburg, welche durch Vermittlung des Augsburger Handelshauses Isidor Obermayer ebenfalls aus England bezogen und über Rotterdam, Ludwigshafen und Cannstatt zu Schiff, dann zu Lande verfrachtet wurden.

Bei Gründung der staatlichen Eisenbahnbaukommission in Nürnberg i. J. 1841 ging deren Vorstand Pauli sofort zu der *zweiköpfigen, symmetrischen Stuhlschiene* über in der Absicht, diese Schienen dreimal nach Abnützung je einer Kopfseite wenden zu können. Es wurden aber diese auf der Ludwigs-Süd-Nordbahn verlegten Schienen meist eher unbrauchbar, bevor sie nur einmal gewendet werden konnten, oder sie mussten wegen stark eingedrückten Kopfenden abgeschnitten werden. Diese und andere Mängel der damaligen zweiköpfigen Stuhlschienen waren hauptsächlich dem dazu verwendeten sehnigen Holzkohleneisen zuzuschreiben (aus Flussstahl gewalzt sind doppelköpfige Stuhlschienen bekanntlich noch heute in England vorherrschend). Das Bedürfnis eines kräftigeren Schienenprofils machte sich sehr bald geltend, und man trug demselben durch Erhöhung des oberen Schienenkopfes Rechnung. Es kamen so in den Jahren 1848 bis 1851 die Michiels- und sächsischen Schienen, erstere von Michiels & Co. in Eschweilerau, letztere von der Königin Marienhütte bei Zwickau bezogen, dann in den Jahren 1852 bis 1854 sog. starkköpfige Stuhlschienen aus den Werken der Firma Hösch & Söhne in Düren zur Einlage.

Bei Projektierung der Süd-Nord-Bahn war ein Schienengewicht von 22,6 kg auf den Meter Länge und ein Lokomotivgewicht von 12 ts in Aussicht genommen, aber bei der ersten Vergebung der Schienenlieferung i. J. 1842 bestimmte man das Schienengewicht schon zu 24,0 kg, und die ein Jahr später bestellten Lokomotiven besassen bereits 14 ts Gewicht. Bei den nächsten Schienenlieferungen i. J. 1847 hatte sich das Gewicht der Schienen auf 27,7 kg, jenes der Lokomotiven auf 16 ts gehoben, und die späteren Maschinen zum Gütertransport wogen nebst Wasser und Kohlen 18 ts, der sog. »Remorqueur« im Fichtelgebirge 22 ts, weshalb bei den 1851er Schienenlieferungen das Schienengewicht auf 34,3 kg für den Meter erhöht wurde.

Im ebengenannten Jahre wurde das System der Doppelkopfschienen verlassen, und es kamen aus doppeltgeschweisstem Eisen gewalzte breitbasige oder »*Vignoles-Schienen*« (so genannt, weil Vignoles gewalzte

Schienen mit breitem Fusse i. J. 1836 von Amerika nach England verpflanzt hatte), zunächst mit birnförmigem, seit 1857 mit unterschnittenem Kopfe, zur Einführung, deren Gewicht für den laufenden Meter bereits 36,8 bezw. 37,2 kg betrug; der letzteren Profilgattung gehörten auch die Schienen der ehemaligen Ostbahnen mit 36,0 kg Einheitsgewicht an.

Packettype für Bessemer-Stahlkopfschienen.

Die mehr und mehr zur Geltung gelangenden theoretischen Prinzipien, welche vordem, als die Ansprüche an die Leistungsfähigkeit der Bahnen noch mässige waren, wenig Beachtung fanden, wie aus der grossen Menge von ganz verschiedenartigen Profilformen hervorgeht, beeinflussten seit Mitte des sechsten Jahrzehnts nicht nur das Profil und Gewicht, sondern auch die Fabrikationsweise der Schienen, welche wiederum auf deren Tragkraft und Dauer zurückwirkte. Schon das Dotationsgesetz vom 19. März 1856 bestimmte eine hohe Summe für Auswechslung der älteren leichten Schienen gegen schwerere.

Zur ausgedehntesten Verwendung kamen seit dem Jahre 1867 breitbasige Eisen-, Stahlkopf- und Ganzstahlschienen von 6 m Länge, 0,125 m Höhe und 37,4 bis 38,0 kg Einheitsgewicht (Profil I). Der Maximilianshütte bei Haidhof gelang die Fabrikation von Schienen, deren Steg und Fuss aus körnigem bezw. sehnigem Eisen, deren Kopf jedoch aus widerstandsfähigerem Bessemerstahl bestand; solche *Stahlkopfschienen* wurden zwei Jahrzehnte hindurch von der bayerischen Staatsbahnverwaltung bezogen, und es ist heute etwa der dritte Teil aller Staatsbahnen noch damit versehen.

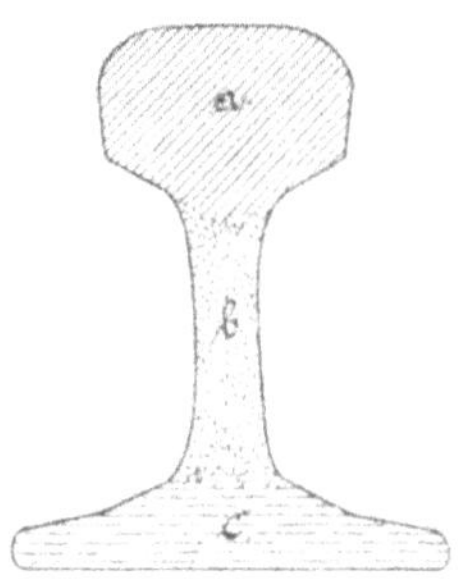

Walzprofil der Stahlkopfschiene: a) Bessemerstahl, b) körniges Eisen, c) sehniges Eisen.

Seit dem Jahre 1883 wurde die Erzeugung von Eisenschienen völlig verlassen, hingegen kamen für die Hauptbahnen 9 m lange *Stahlschienen* von 31,2 kg (Profil IIa), sowie Stahlkopfschienen von 34,3 kg Einheitsgewicht in Aufnahme, welchen seit 1893 Stahlschienen von 12 m Normallänge, 0,135 m Höhe und 34,9 kg Einheitsgewicht (Profil IX) gefolgt sind. Für den auf längeren Strecken der bayerischen Hauptbahnen verlegten eisernen Langschwellenoberbau genügten schwächere Schienen mit 25,5 kg, auf den Vizinal- und Lokalbahnen solche mit 15,6 bis 26,7 kg Einheitsgewicht.

Seit 1889 werden in Bayern ausschliesslich Schienen aus Stahl, dessen Flussmaterial zum Teil nach dem Bessemer-, ausgedehnt nach dem Thomas-Verfahren und nur in beschränkter Weise nach dem Martin-Prozess hergestellt wird, zufolge der inzwischen hinsichtlich Homogenität und Zähigkeit des Materials sehr ausgebildeten und auch verbilligten

Flussstahlerzeugung, sowohl für Bahnneubauten als auch für die Bahnunterhaltung beschafft; wie bekannt, werden die Stahlschienen — entgegen den aus Packeten erzeugten Eisen- und Stahlkopfschienen — aus dicken gegossenen Stahlblöcken, sog. Ingots, gewalzt. Wegen des grossen neuzeitlichen Bedarfs mussten zur Lieferung der Stahlschienen ausser den beiden bayerischen Walzwerken Maximilianshütte und Gebr. Krämer in St. Ingbert verschiedene fremde, selbst englische Schienenfabriken herangezogen worden.

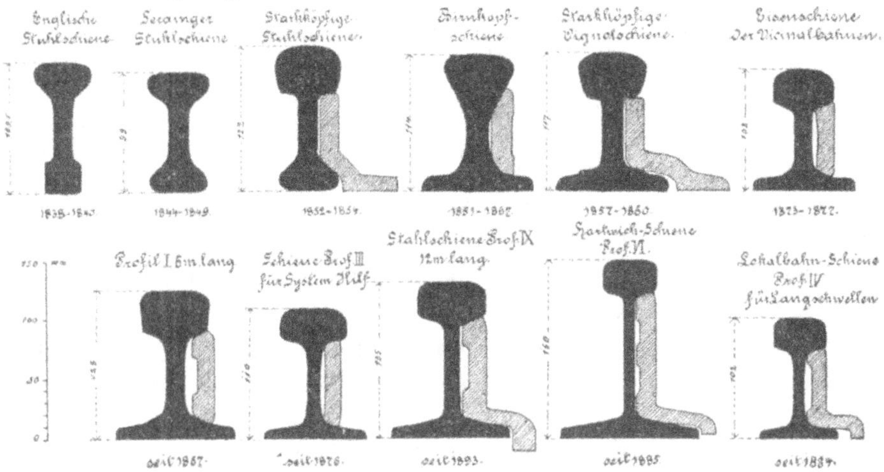

Einige Schienenprofile der kgl. bayer. Staatsbahnen.

Bedeutenden Schwankungen unterlagen im Laufe der Zeit die *Schienenpreise;* so stieg der Preis der Tonne Eisenschienen von 226 M. i. J. 1868 auf 325 M. i. J. 1873 und fiel von da ab bis zum Jahre 1877 auf 150 M.; die Stahlkopfschienen kosteten i. J. 1868 die Tonne 290 M., i. J. 1872 dagegen 345 M. und i. J. 1887 nur mehr 117 M.; Stahlschienen wurden i. J. 1883 mit 168 M. und i. J. 1894 mit nur 110 M. die Tonne geliefert.

Betrachten wir nun die Entwicklung der

Schienenunterlagen.

Wie schon auf der deutschen Erstlings-Eisenbahn Nürnberg–Fürth, so dienten auch auf der staatlichen Ludwigs-Süd-Nord-Bahn und Ludwigs-West-Bahn den ein- und zweiköpfigen Stuhlschienen und teilweise auch den Vignolschienen vorwiegend *Steinwürfel* als Unterlage; auf höheren, noch nicht genügend gefestigten Dammstrecken kam vorsichtshalber der leichter zu regulierende Holzschwellenbau grundsätzlich zur Verwendung. Die Anzahl der verlegten, zum grösseren Teile aus Granit und im übrigen aus Sandsteinen zugerichteten Steinwürfel nahm langsam zu bis zum Jahre 1873, um dann rasch zu fallen, so dass Ende 1892 nur mehr 445 000 Stück, zumeist in Nebengeleisen, gegenüber 7 Millionen hölzernen und 770 000 eisernen Querschwellen, in Bayern vorhanden waren.

Zu den Querschwellen wurde in den ersten Jahren des Bahnbaues zu fast gleichen Teilen Eichen- und Föhrenholz, in geringer Zahl Fichten- und Tannenholz verwendet, später traten imprägnierte Föhrenschwellen sowie Lärchenschwellen hinzu. Zur besseren Verwertung der grossen Buchenwaldbestände Bayerns kommen seit 1881 Buchenschwellen, zumeist getränkt, in bedeutenden Mengen erfolgreich zur Verlegung.

Die *Tränkung der Bahnschwellen* für die Staatsbahnen mit fäulniswidrigen Stoffen fand bisher statt mittelst:

Kupfervitriol	Methode	Boucherie,	seit 1853,
Quecksilberchlorid (Ätzsublimat)	»	Kyan,	» 1869,
Kreosot	»	Bethell,	» 1869,
Zinkchlorid	»	Burnett,	» 1877.

Mit Kupfervitriol getränkte Schwellen wurden zuerst auf den Linien Kaufbeuren—Lindau und Augsburg—Ulm verlegt, auch die Ostbahngesellschaft errichtete bald nach 1856 an 11 verschiedenen Orten provisorische Imprägnieranstalten nach der Methode Boucherie, so in Schwandorf, Weiden und Mitterteich.

Zum Zwecke der Fabrikation und Tränkung der für Neubau und Unterhaltung der Staatsbahnen nötigen Bahnschwellen in Staatsregie wurde eine den kgl. Bausektionen gleichgeordnete Schwellenfabrik bei Kirchseeon, mitten in ausgedehnten Staatsforsten an der Linie München—Grafing—Rosenheim gelegen, gegründet, mit einer Dampf-Sägmühle und Imprägnieranstalt ausgerüstet und i. J. 1869 in Betrieb genommen, seit welcher Zeit die Tränkung von Nadelholzschwellen und später auch von Buchenschwellen mit Ätzsublimat, Chlorzink oder Kreosot in grossem Massstabe vor sich ging. Schon damals war die Fabrik im stande, jährlich eine halbe Million Bahnschwellen zu produzieren, und es besteht unseres Wissens keine zweite Anstalt von solchem Umfange in Deutschland. Nach ihrem Geschäftsberichte für das Jahr 1892 wurden in der Anstalt rund 26 000 cbm Rundhölzer teils im Wege der Verdingung, teils aus Staatswaldungen beschafft und verarbeitet, 175 000 Stück Bahnschwellen geschnitten, 419 000 Stück Schwellen und 1400 cbm Weichenhölzer getränkt. Die Nebenprodukte, wie Bretter, Schwartlinge und Pflasterstöckeln, werden verkauft. Das umständliche und sehr kostspielige Kreosotirverfahren war i. J. 1880 wieder aufgegeben worden.

Für die billigste Schwellentränkung mittelst Kupfervitriol bestanden staatliche Anstalten in Mitterteich und Schwandorf unter einer Leitung und nach gleichem System betrieben, doch wurde die erstgenannte, weil für die Folge nicht mehr vorteilhaft, i. J. 1881 endgiltig aufgelassen. Die Schwandorfer Anstalt verarbeitete im Betriebsjahre 1892 fast 19 000 cbm Rundhölzer und tränkte über 112 000 Stück Bahnschwellen.

Die Zahl der gegenwärtig auf den bayerischen Staatsbahnen liegenden nicht getränkten Querschwellen (grösstenteils Eichenschwellen) verhält sich zu jener der getränkten (zumeist Nadelholzschwellen) wie 9 : 16.

Indem wir auf die eisernen Querschwellen weiter unten zurückkommen, wenden wir uns nun zur

Entwicklung des Geleisebaues.

Lange Jahre hindurch, seit dem Baue der München—Augsburger Bahn i. J. 1838 bis zur Einführung der Vignolesschiene, geschah die Verbindung der 4,7 m bis 6,2 m langen ein- und zweiköpfigen Schienen unter sich und mit ihren Unterlagen dadurch, dass die Schienenenden, welche versuchsweise zum Teil stumpf abgeschnitten oder auch ausgelappt wurden, eine feste Lagerung in *gusseisernen Stühlen* (chairs) mittelst hölzerner oder gegossener Keile erhielten. Diese Schienenstühle wurden mit Holzdübeln und Nägeln auf den Steinwürfeln bezw. nur mit Nägeln auf den Holzschwellen befestigt; die anfänglich zwischen Stuhl und

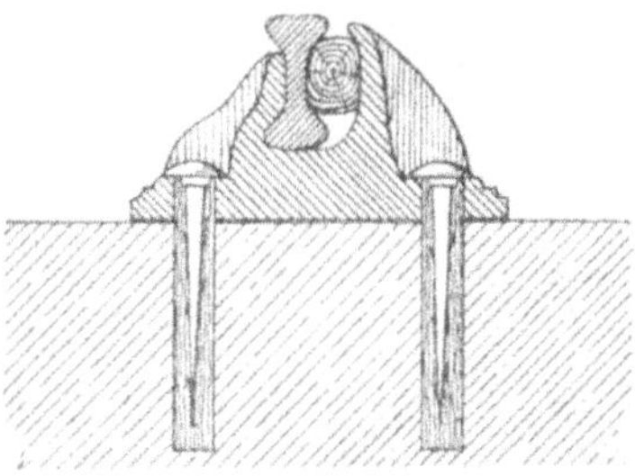

Querschnitt eines Schienenstuhls auf Steinunterlage v. J. 1844.

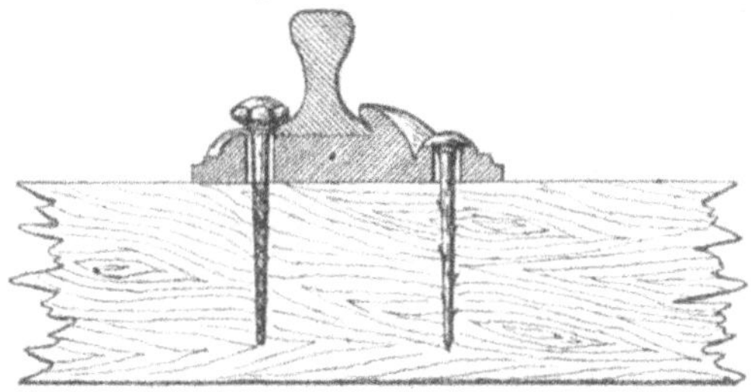

Querschnitt eines Schienenstuhls auf hölzerner Schwelle v. J. 1852.

Würfel gelegten Filzplatten bewährten sich nicht, sondern wurden durch geteerte und gepresste Pappen ersetzt. Bei den i. J. 1852 auf der Ludwigs-Westbahn verlegten starkköpfigen Stuhlschienen erfolgte die Verbindung durch Winkellaschen an den Stössen, mittelst Stühlen auf den Zwischenunterlagen.

Mit der Einführung der breitbasigen Birnkopfschienen kam auch die *Laschenverbindung* der Schienen in Aufnahme, und zwar erstmalig i. J. 1852 auf der Bahnlinie Augsburg—Lindau, wobei aber die Schienenenden noch auf je zwei flachen, gusseisernen Stühlen ruhten, während die Schienenbefestigung auf den Zwischenunterlagen, gleichviel ob auf Steinwürfeln oder Holzschwellen, lediglich durch Schrauben oder Hakennägel stattfand. Zum Zwecke einer tragfähigeren Verlaschung des Schienenstosses wurden die Schienenköpfe — zuerst in Bayern — »unterschnitten«, und zwar seit 1856 bei den Lieferungen für die Maximiliansbahn München—Salzburg (wo übrigens Winkellaschen zur Verwendung gelangten), seit 1858 auf den Ostbahnen. Behufs Erzielung grösserer Elastizität lagerte man später beim Steinwürfeloberbau die Schienenstösse auf Eichenholzschwellen und verwandelte seit 1861 die

Plattstühle in Unterlagbleche. Mit Einführung des 1867er Schienenprofils trat an die Stelle der festen Unterstützung der Schienenenden der freiliegende oder »schwebende« Stoss.

Weitere Verbesserungen im Gestänge der Hauptbahnen brachte die Aufnahme eines neuen Schienenprofils Mitte der achtziger Jahre insofern mit sich, als statt der bisherigen Unterlagbleche, welche sich als zu schwach erwiesen hatten, kräftigere und mit Ansätzen versehene sog. *Nasenplatten,* sodann statt der früheren geraden Eisenlaschen nunmehr *Stahlwinkellaschen* in Gebrauch kamen, welche den Schienenstoss, diese Achillesferse des Geleises, kräftig versteifen und, indem sie die Unterlegplatten mittelst Ausschnitten umfassen, auch dem sog. Wandern der Schienen entgegenwirken.

Der *eiserne Langschwellenoberbau* fand im bayerischen Bahnnetze, und zwar nach dem System Hilf, erstmals auf der i. J. 1876 eröffneten Linie Aschaffenburg—Miltenberg Eingang. Hier waren die Schienenstösse durch eiserne, nach der üblichen Schienenneigung gebogene Stossquerschwellen gleichen Querschnitts wie die Langschwellen unterstützt, Spurbolzen dienten zur Erhaltung der Spurweite. Unter teilweiser Modifizierung des Systems kam der Langschwellenoberbau auf weiteren Linien zur Anwendung, bis der Übergang zu dem auf Hauptbahnen in mehrfacher Hinsicht vorteilhafteren *eisernen Querschwellenbau* erfolgte und nach einigen Versuchen mit den Oberbausystemen Roth & Schüler und Haarmann i. J. 1884 zur Annahme des seither bewährten, von dem Oberingenieur Heindl erfundenen Systems der Schienenbefestigung auf eisernen, 63 kg schweren Querschwellen führte, welches vornehmlich zu den Doppelbahngeleisen ausgedehnte Anwendung fand.

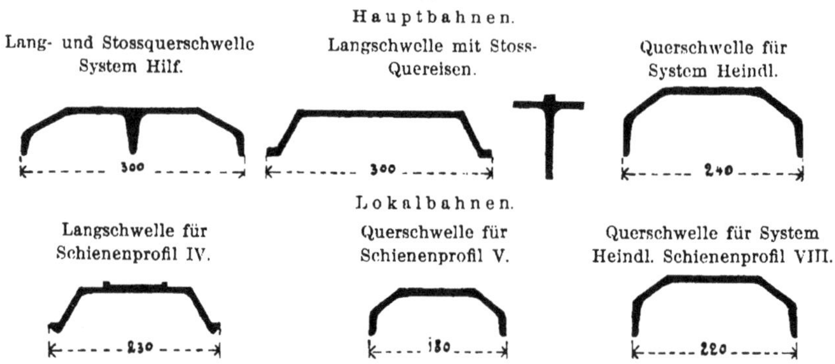

Profile eiserner Lang- und Querschwellen.

Für die *Lokalbahnen* wählte man aus technischen und ökonomischen Gründen hauptsächlich den eisernen Oberbau und zwar in der Regel das Langschwellensystem, seltener aber, so bei thonigem oder lehmigem Untergrunde, das Querschwellensystem. Auf einzelnen Lokalbahnen kam ein stärkerer Oberbau für 6 ts Raddruck teils mit Holz-, teils mit Eisenquerschwellen zur Einlage, letztere mit Heindl'scher Schienenbefestigung. Ausserdem fand das einteilige System des Langschwellenoberbaues mit 0,15 m hohen Hartwich-Schienen aus Stahl von 29 kg Gewicht für 1 Meter versuchsweise auf den Lokalbahnen Neustadt a. S.—Bischofsheim und Erlangen—Gräfenberg, sodann für die Fabrikhofgeleise der Augsburger Industriebahnen, Eingang.

Am Schlusse des Jahres 1892 lagen von den etwa 6700 km Geleisen der Staatsbahnen annähernd 10% auf eisernen Querschwellen und 12% auf eisernen Langschwellen; auf den Lokalbahnen waren Ende 1893 von allen Haupt- und Seitengeleisen 63,0% mit eisernen Langschwellen, 10,7% mit eisernen Querschwellen und 1,3% mit Hartwichschienen versehen.

Seit 1880 erfolgten aus Mitteln des Bahnunterhaltungsetats umfassende und über das ganze Hauptbahnnetz verteilte *Geleiseumbauten* unter Ersatz der alten Stuhl- und Vignolesschienen durch neue Stahlkopf- oder Ganzstahlschienen, der alten Steinwürfel und Holzschwellen durch neue Holz- oder Eisenschwellen, deren Zahl überdies auf frequenten Strecken und in strengen Krümmungen zur Verstärkung der Gestänges eine Vermehrung erfuhr.

---

9. Bemerkenswerte Bauwerke.

Ingenieurbauten.

Die bayerischen Eisenbahnen durchziehen vorwiegend Hügel- und Gebirgsland, weshalb sie vielfach umfangreichere

Erd-, Stein- und Felsarbeiten

verursachten. Von den grössten Bahndämmen mögen erwähnt sein:

der Rentershofener Damm an der Linie Immenstadt—Lindau mit 525 m Länge, 53 m Höhe und 2 200 000 cbm Füllmaterial, einer der höchsten Bahndämme Deutschlands überhaupt;

der Bibersbach-Damm unweit Wunsiedel, 800 m lang und 32 m hoch;

die Dämme über das Sensenbachthal an der Linie Bamberg—Aschaffenburg und bei Steinbach zwischen Gunzenhausen und Ansbach mit 32 bezw. 30 m Höhe;

der 44 m hohe Graflinger Damm mit Steinböschungen an der Linie Deggendorf—Eisenstein;

die Steindämme auf der schiefen Ebene bei Marktschorgast mit bis zu 30 m Höhe;

der 550 m lange Bahndamm durch den Bodensee bei Lindau mit 90 000 cbm Stein- und Kiesfüllung;

die Inn-Korrektionsbauten zwischen Neuötting und Marktl, zu denen 1/4 Million cbm Bruchsteine mit Hilfe einer eigenen Rollbahn 16 km weit beizufahren waren.

Erhebliche Füllmassen erforderte die Aufdämmung der Bahnhöfe Eisenstein mit 250 000 cbm, Landshut mit 450 000 cbm und Ingolstadt Centralbahnhof mit 800 000 cbm. Des geschichtlichen Interesses wegen sei hier des seinerzeit neuen Verfahrens gedacht, welches bei den Dammbauten der München—Augsburger Bahn innerhalb des Haspelmoores erfolgreich zur Anwendung gelangte und darin bestand, dass in dem

Hilfsgerüste für den Bibersbach-Damm bei Wunsiedel.

breiigen Moor nach möglichster Entwässerung desselben konische Gruben in schachbrettartiger Gruppierung ausgehoben und mit Lehm ausgestampft wurden, wodurch der Bahnkörper eine feste Grundlage erhielt.

Von sehr langen und tiefen Bahneinschnitten wären zu nennen:

die Einschnitte bei Kaufering und Metsies an der Linie München—Memmingen, bei Unterhausen an der Linie Ingolstadt—Donauwörth, bei Effeldorf an der Linie Nürnberg—Würzburg, bei Dinkelscherben an der Linie Augsburg—Ulm und bei Walpertskirchen an der Linie München—Simbach, von 1300 bis 1700 m Länge und 15 bis 21 m Tiefe;

der Durchstich bei Harbatzhofen an der Lindauer Route, der Faulenberg-Einschnitt bei Rottendorf, die Einschnitte im Pegnitzthale und der Mirskofener Einschnitt an der Linie Landshut—Geiselhöring, von 22 bis 31 m Tiefe;

der 21 m tiefe Einschnitt bei Wintersreuth in der Nähe von Wunsiedel, welcher mittelst des sog. englischen Betriebes, d. h. mit Hilfe von Arbeitsstollen und Trichterschächten ausgehoben wurde und 470 000 cbm Masse lieferte;

die Einschnitte bei Ascholzhausen an der Strecke Neufahrn—Obertraubling und bei Aichhofen an der Linie Regensburg—Nürnberg (ersterer 27 m, letzterer 36 m tief), welche durch Rutschungen wiederholt in Bewegung gerieten, endlich die Felseinschnitte bei Zachenberg an der Eisensteiner Linie (28 m tief) und bei Längenfeld an der Nürnberg—Crailsheimer Bahn (800 m lang und 30 m tief).

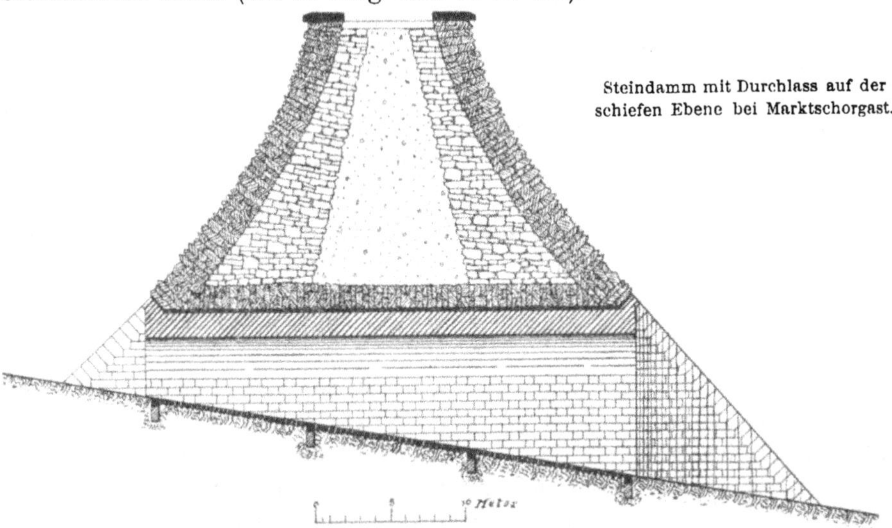

Steindamm mit Durchlass auf der schiefen Ebene bei Marktschorgast.

Bedeutende Felssprengungen veranlassten u. a. die Bahnführungen an der Donau zwischen Vilshofen und Passau, dann die Anlage des Bahnhofes Eichstätt; hier wurden am 27. September 1869 nicht weniger als 7200 cbm Kalkfels mittelst gleichzeitiger elektrischer Entzündung von 7500 kg Pulver in sieben Minenkammern zu Thal geworfen.[25])

Auch einige bemerkenswerte

Tunnelbauten

haben die bayerischen Staatsbahnen zu verzeichnen. Den ersten kurzen Tunnels bei Erlangen, Donauwörth und Staufen auf der Ludwigs-Süd-Nord-Bahn folgten zunächst der Schwarzenkopfberg-Tunnel bei Heigenbrücken auf der Ludwigs-West-Bahn mit 925 m Rohrlänge (der längste in Bayern überhaupt), der Hagenacker-Tunnel auf der Altmühlthalbahn mit 633 m Länge, sodann sieben Tunnels im Pegnitzthale mit zusammen 1500 m Länge. Beträchtliche Schwierigkeiten hinsichtlich der Entwässerung und

Auszimmerung bereiteten die beiden durch zersetztes Gebirge der Phyllitformation getriebenen Tunnels der Fichtelgebirgsbahn bei Langentheilen (760 m lang) und bei Oberwappenöst (840 m lang) infolge starken Gebirgsdruckes und Wasserzudranges; im erstgenannten Tunnel erfolgte der Vollausbruch innerhalb einer druckreichen Strecke mit Verwendung eiserner Rahmen und Bühnenträger nach dem System Ržiha.[26]) Hingegen boten die Durchbohrungen des Ulrichberges und des Hochbühls auf der bayerischen Waldbahn mit 475 bezw. 570 m Länge wegen des festen Gebirges der Gneissformation nur mässige Hemmnisse. Die Gesamtlänge der 32 Tunnels, von denen 11 nur eingeleisig ausgebrochen wurden, beträgt 9380 m, wovon 8830 m vollständig ausgemauert sind.

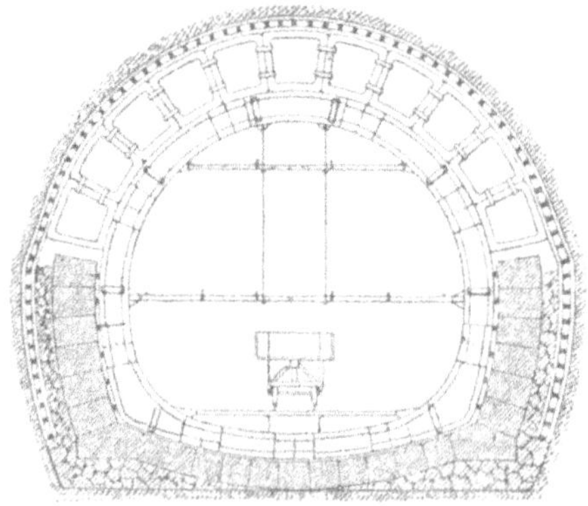

Eiserne Tunneleinrüstung.

In der ersten Zeit der Eisenbahnära war man bei der noch unvollkommenen Ausbildung der Eisenbau- und Walztechnik hauptsächlich auf massiv gewölbte und auf hölzerne Brücken angewiesen. Schon auf den ältesten Eisenbahnlinien kamen

Holzbrücken

mehrfach und in ansehnlichen Spannweiten zur Ausführung, und zwar in den Jahren 1840 bis 1850 in der Form von Bogenhängwerken mit gekrümmten oberen Gurtungen bis zu 18 m Lichtweite, in den zwei nächsten Jahren hingegen als Fachwerkträger mit parallelen Gurtungen nach dem System des Amerikaners Howe, so auf der Linie Augsburg—Lindau die 33 m hohe Illerbrücke bei Kempten mit zwei Feldern zu je 34 m und einem Feld zu 51 m Weite, die Leiblachbrücke mit einem Mittelfeld zu 40 m Weite, die Brücke über den Waltenhofer Bach 33 m hoch und 53 m weit, und die Brücke über den Ellhofer Tobel mit einer Mittelöffnung zu 40 m Weite. Sämtliche grösseren Holzbrücken sind nachmals durch Eisenkonstruktionen ersetzt worden ausnahmlich der Illerbrücke bei Kempten, deren Mittelfeld i. J. 1880 durch ein eisernes Hängwerk verstärkt wurde. Aus jüngerer Zeit stammt eine noch benützte Howe'sche gedeckte Brücke von 54 m Lichtweite, mittelst welcher die Vizinalbahn Immenstadt—Sonthofen den Illerfluss überschreitet.

Zu den beachtenswerteren

Steinbrücken

sind zu zählen:

der Egerviadukt auf der Pachtbahn Oberkotzau—Eger mit 22 m Höhe und 18 Öffnungen bis zu 22 m Lichtweite;

die 24 m hohe Egerbrücke bei Marktleuthen sowie die gleich hohe Traunbrücke bei Traunstein, jene mit 4, diese mit 5 weitgespannten Halbkreisbögen;

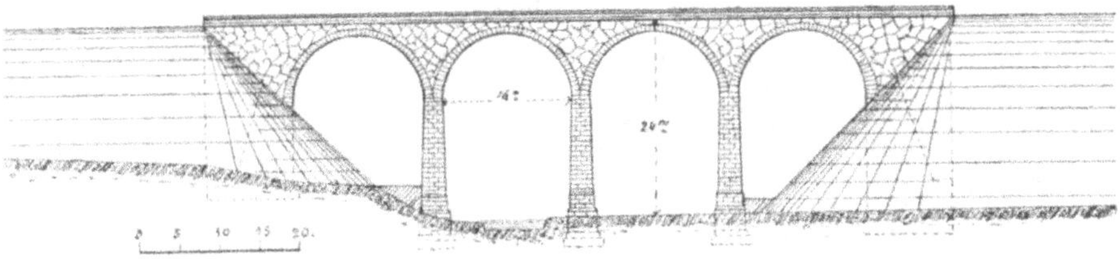

Egerbrücke bei Marktleuthen.

der 30 m hohe Sinnthalviadukt mit 5 je 16 m weiten Halbkreisgewölben und grossen Hohlräumen in der Übermauerung der Gewölbe;

der 26 m hohe Viadukt bei Unterkotzau mit 8 Spitzbögen zu je 13 m Weite;

die mehrbögigen Brücken über die Saale bei Gemünden und über den Main bei Bamberg mit 20 bezw. 18 m weiten Gewölben.

Das Streben nach möglichster Ökonomie, die Vervollkommnung des Steinbaues an sich und die ausgiebigste Verwertung der neuzeitlichen Bindemittel ermöglichte nach und nach eine derartige Abminderung der Baukosten massiver Brücken, dass sie erfolgreich mit den eisernen in Konkurrenz zu treten vermochten. Erstmals war dies der

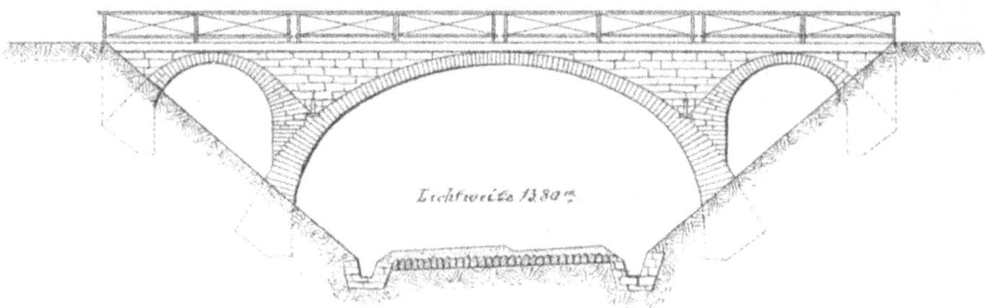

Rennsteig-Wegbrücke auf der Bahnlinie Stockheim-Ludwigsstadt.

Fall bei den zahlreichen Brücken der Teilstrecke Stockheim—Ludwigsstadt, welche fast ausschliesslich mit Bruchstein-Gewölben, deren äussere parabolische oder korbbogenartige Formen genauest den Gewölbe-Drucklinien entsprechen, zur Ausführung kamen.[27]) Als Beispiel eines solchen Bauwerks ist hier die Ansicht der Rennsteig-Wegbrücke auf genannter Linie beigefügt.

Seitdem entstanden, insbesondere auf den Lokalbahnen, zahlreiche nach den Grundsätzen der neuen Mauerungstechnik gewölbte Brücken und Durchlässe. Als das bedeutendste neuere Objekt in dieser Beziehung möge hier die Mainbrücke bei Kitzingen auf der Lokalbahn

Kitzingen—Gerolzhofen, welche 6 Öffnungen bis zu 36 m Lichtweite besitzt, hervorgehoben sein.

Die ersten in den Jahren 1845 bis 1860 errichteten wichtigeren

Eisenbrücken

waren kontinuierliche Blechträger mit versenkter Fahrbahn, so die nachmals abgebrochene Donaubrücke bei Donauwörth mit 6 Feldern zu je 20 m Weite, und die Naabbrücke bei Schwandorf von ähnlichen Dimensionen.

Die erste Fachwerkbrücke in Bayern erbaute F. A. Pauli i. J. 1851 bei Günzburg. In verbesserter Konstruktion und Form erschien dieses, nach dem Namen seines Urhebers benannte Pauli'sche System schmiedeiserner Träger mit gekrümmten Zug- und Druckgurtungen von gleichem Widerstande zum erstenmal an der i. J. 1857

Isarbrücke nächst Grosshesselohe.

vollendeten Isarbrücke nächst Grosshesselohe, welche bei 30 m Höhe zwei Felder zu je 54 m und zwei Felder zu je 29 m Weite besitzt, angewendet, kam jedoch später in grösseren Abmessungen auch an der 43 m hohen Aurachbrücke bei Emskirchen und an der Mainbrücke bei Kitzingen, beide auf der Route Nürnberg—Würzburg gelegen, mit Öffnungen zu je 37 m Weite zur Ausführung.

Von den in den Jahren 1858 mit 1862 aufgestellten *Gitterbrücken* wurde die Lechbrücke bei Hochzoll mit zwei Feldern zu je 50 m Weite als achtfaches, und die seitens der Ostbahngesellschaft erbaute Donaubrücke bei Walhallastrasse mit 5 Feldern zu je 47 m Weite als sechzehnfaches System ausgeführt; letzteres Objekt gewährt mit seinen stilvollen Portalen und den 15 anschliessenden massiven Flutbögen einen prächtigen Anblick. Die mit einer einzigen Öffnung den Inn bei Passau übersetzende Gitterbrücke der vormaligen Ostbahn zeichnet sich aus durch die grösste überhaupt in Bayern vorkommende Brücken-Spannweite von 90 m.

Doppelt symmetrische Fachwerkbrücken mit kastenförmigem Obergurt, Doppelzugbändern und obenliegender Fahrbahn entstanden in den Jahren 1860 bis 1880 mit Spannweiten bis zu 33 m auf den neueren Ostbahnlinien.

Portal der Donaubrücke bei Walhallastrasse.

Überbauten nach den *einfach und doppelt unsymmetrischen Zugbandsystemen* mit versenkter Fahrbahn erhielten in den Jahren 1865 bis 1875:

die Donaubrücke bei Ingolstadt mit 3 Feldern zu je 53 m Weite;

die Isarbrücke bei München;

die Innbrücke bei Simbach mit 6 Feldern zu je 60 m Weite, deren Pfeiler i. J. 1870 erstmalig in Bayern auf pneumatischem Wege, d. h. mittelst Versenkung eiserner Caissons, wie das nebenstehende Schema zeigt, fundiert wurden, welche Methode später für die Bahnbrücken bei Kaufering, Rain und Grossprüfening in ähnlicher Weise erfolgreich zur Anwendung kam;

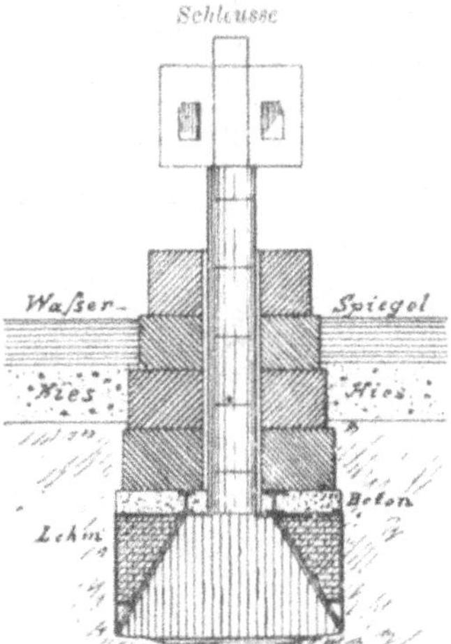

Pneumatische Pfeilergründung.

die Donaubrücke bei Mariaort mit 3 Feldern zu je 63 m Weite, und

die Lechbrücke bei Rain mit 3 Feldern zu je 61 m Weite.

In den siebziger Jahren wurden mit *doppelt und vierfach symmetrischen Fachwerken* versehen:

die Bahnbrücken über die Donau bei Poikam, Donauwörth und

Rüstung der Innbrücke bei Königswart.

Deggendorf, die Lechbrücke bei Kaufering und die Rednitzbrücke bei Stein, sämtlich mit Felderweiten von 52 bis 60 m;

die 39 m hohe Fichtelnaabbrücke bei Riglasreuth, die Laaberbrücken bei Beratzhausen und Deining, dann die Innbrücke bei Königswart, mit Spannweiten von 60 bis 70 m;

die 48 m hohe Ohebrücke bei Regen mit 73 m weiten Öffnungen;

die Donaubrücke bei Grossprüfening mit 3 Feldern zu je 80 m Weite, endlich

die 280 m lange und 50 m hohe Innbrücke bei Königswart mit 3 Feldern zu je 68 m, deren Mittelöffnung von den beiden Strompfeilern aus frei montiert ward, wie unsere Abbildung auf voriger Seite zeigt.

Einfach symmetrische Fachwerke mit Gelenkverbindungen nach Patent Gerber, welche die starre Vernietung der Knotenpunkte ersetzen, gelangten in den Jahren 1880 mit 1885 wiederholt zur Ausführung, u. a. an der

Isarbrücke bei Landshut.

Isarbrücke bei Landshut mit 8 Feldern zu 32 m bezw. 52 m Weite, dann an der Bahn- und Strassenbrücke über den Main bei Wertheim mit Feldern zu je 66 m Weite.[28])

Als einfach symmetrische Fachwerke mit Pfosten oder Hängestäben wurden aufgestellt die Donaubrücke bei Neuoffingen, sämtliche grösseren Brückenüberbauten der Lokalbahnen, ausserdem zahlreiche anlässlich der Herstellung des zweiten Geleises mit einem weiteren Überbau zu versehenden Brücken der Doppelbahnstrecken, insoweit nicht die Konstruktion des neuen Überbaues mit der älteren übereinzustimmen hatte.

Von den *Bogenbrücken* sei noch die i. J. 1891 erbaute Hackerbrücke im Centralbahnhofe München mit 6 Feldern zu je 29 m Weite hervorgehoben, deren Fahrbahn- und Fusssteig-Konstruktionen einbetoniert wurden.

Am Schluss 1892 befanden sich auf den bayerischen Staatsbahnen 91 gewölbte und 245 eiserne Brücken von 10 bis 30 m Lichtweite der Einzelöffnungen, dann 2 Holz- und 61 Eisenbrücken von mehr als 30 m Lichtweite der Einzelöffnungen; die Gesamtlichtweite aller Öffnungen dieser 399 Brücken betrug 20 722 m. An der Lieferung der grösseren eisernen Brücken-Überbauten waren seither beteiligt die Fabrik-Firmen J. W. Späth in Dutzendteich, Klett & Co. in Nürnberg, J. W. Maffei in Regensburg und Hirschau, sowie G. Nöll in Würzburg, dann die Maschinenfabrik Augsburg, die Süddeutsche Brückenbau-Aktiengesellschaft und die Maschinenbau-Aktiengesellschaft Nürnberg (Filiale Gustavsburg).

Hochbauten.

Unter den hervorragenderen Bahnhof-Hochbauten, mit welchen sich die nachfolgenden Zeilen beschäftigen, steht obenan das

Hauptgebäude des Centralbahnhofes München,

dessen wechselvolle Baugeschichte zuvörderst einer mehr eingehenden Besprechung gewürdigt werden soll.

Bereits das Direktorium der ehemaligen München—Augsburger Eisenbahngesellschaft hatte die Errichtung eines monumentalen Bahnhofgebäudes in unmittelbarster Nähe der Hauptstadt anscheinend noch während des Baues der Privatbahn ins Auge gefasst, das beweisen zahlreiche und flott gezeichnete Pläne aus der Hinterlassenschaft der Gesellschaft, welche vor nicht langer Zeit dem Russ und Staub ihres finsteren Aufbewahrungsortes entrissen wurden. Jene Pläne betreffen zwei Bauprojekte, welche leider den Namen ihres Urhebers nicht ersehen lassen, doch vermutlich von Himbsel und Pertsch entworfen sein dürften.

Nach dem einen Projekte sollte das Münchener Bahnhofgebäude in halbkreisförmiger Grundform an die Stelle der heutigen Frauenklinik in der Sonnenstrasse, dabei die strahlenförmig angelegten Einsteighallen und Geleise ein Stockwerk hoch zu liegen kommen; das Hauptgeleise hatte auf hohem Damme die Mathilden-, Sing- und Heustrasse zu überkreuzen und sodann auf einem langen massiven Viadukte die Theresienwiese zu überschreiten. Die Perrons der Einsteighallen sollten nach englischen Vorbildern in Höhe der Wagen-Böden liegen, die Bahnhofgeleise durch Schleppweichen verbunden werden.

Nach dem zweiten Projekte war als Bahnhofplatz die Schiessstätte des damaligen Schützenhauses an der Spatzenstrasse in Aussicht genommen, auch hier sollten die Geleiseanlagen erhöht über dem Strassenzugange angelegt, die Geleise aber durch ein System von Drehscheiben mit einander verbunden werden. Die einfahrenden Züge hatten nach diesem Projekte am Bahnhofende ein im Festungsstile gedachtes Thor zu passieren, das gleichzeitig zur Aufnahme von Wasserreservoirs bestimmt war. Die noch vorhandenen, von Köhler, Himbsel, Ertel u. A. sauber gezeichneten Pläne und Details zu Wagen, Weichen und Drehscheiben, welche aus den Jahren 1837 und 1838 stammen, verraten eingehendes Studium englischer und amerikanischer Muster.

Keines dieser beiden merkwürdigen Bahnhofprojekte kam zur Ausführung, denn bei Eröffnung der ersten einspurigen Teilstrecke

München—Lochhausen am 1. September 1839 bestand der nur 300 m lange Bahnhof München lediglich aus einem bretternen Gebäude nebst hölzerner Halle mit zwei Geleisen und nur wenigen Nebenanlagen, und zwar war derselbe, wie schon früher erwähnt, am äussersten Burgfrieden der Stadt errichtet. Die Unternehmer müssen sich dieses primitiven Bahnhofes bald selbst geschämt haben; denn schon nach wenigen Jahren gelangten drei Alternativ-Projekte zu einem neuen Bahnhofe — ob von der Privatgesellschaft oder staatlicherseits veranlasst, konnte nicht erhoben werden, — durch die Generalverwaltung der kgl. Eisenbahnen zur Vorlage an die Allerhöchste Stelle. Wie aus dem im Eisenbahnmuseum zu München aufbewahrten bezüglichen Originalentwurfe des berühmten

Façade des Münchener Bahnhofes im Jahre 1848.

Architekten *Friedrich v. Gärtner* zu einem gutachtlichen Berichte an König Ludwig I. über die Erbauung des Bahnhofes München aus dem Jahre 1843 erhellt, sollte das eine Projekt (Platz der Schiessstätte) 637 000 fl., das zweite (Platz auf dem Marsfelde) 650 000 fl., und das dritte (Platz in der Mitte zwischen diesen Orten) 603 000 fl. kosten; v. Gärtner entschied sich in seinem Gutachten für das erstgenannte Projekt. Als dann der Staat am 1. Oktober 1844 die Privatbahn von München nach Augsburg übernahm, ging er sofort an die Erbauung eines definitiven Bahnhofes in grösserer Nähe der Hauptstadt, zu welchem Behufe die Generalverwaltung der kgl. bayer. Eisenbahnen ein »kgl. Bauamt für den Ausbau der München—Augsburger Bahn« in München errichtete, an dessen Spitze der Architekt der Baukommission Nürnberg und nachmalige Generaldirektionsrat *Friedrich Bürklein* trat. Nach langen Verhandlungen glückte i. J. 1846 die Erwerbung des seit Kurfürst Max Emanuel bestandenen Schiessplatzes der alten Münchener Schützengesellschaft vor dem Neuhauserthore für Zwecke des Bahnhofbaues um die Kaufsumme von 150 000 fl., und am 2. Mai 1847 schlossen sich nach einem solennen Abschiedsschiessen die nicht bloss allen Schützen, sondern allen Münchnern lieb gewordenen Räume des Schiesshauses. Bereits i. J. 1848 gelangte das stilvolle Hauptgebäude nebst seiner originellen, fünf Geleise aufnehmenden Einsteighalle in Benützung; der Bahnhof selbst erstreckte sich damals bei einer Länge von 650 m bis an die Bierkeller zunächst

Façade des alten Bahnhofgebäudes in München seit dem Jahre 1860.

der Herbststrasse. Im Jahre 1857, nachdem schon die Starnberger und die Holzkirchen—Rosenheimer Bahnen in die Kopfstation mündeten, wurde der *Bahnhof der Ostbahngesellschaft* an jenen der Staatsbahn auf der nördlichen Seite mit einer eigenen, von Hügel entworfenen Einsteighalle nebst Wartelokalitäten angeschlossen, während gleichzeitig das Hauptgebäude der Staatsbahn die inzwischen nötig gewordene Erweiterung durch Flügel- und Arkadenbauten erfuhr.

Das so *i. J. 1860 vollendete Bahnhofgebäude*, dessen langgestreckte Ostfront jetzt noch in Benützung ist, indessen in nicht allzuferner Zeit der stetigen Entwicklung des Eisenbahnwesens zum Opfer fallen muss, zeigt in dem von Fr. Gärtner gepflegten Rundbogenstil jenes feine architektonische Gefühl, welches sein Erbauer Fr. Bürklein — ein Schüler

Gärtner's — entfaltete, als er sich noch nicht, durch fremde Einwirkungen veranlasst, der Erfindung eines sog. »neuen Stils« hingegeben hatte. Obwohl die ganze Front zu verschiedenen Zeiten und in mehreren Bauperioden entstand, wusste Bürklein ihr dennoch ein einheitliches und den Charakter eines Bahnhofgebäudes verleihendes Gepräge zu geben. Die Überdachung der ersten, aus dem Jahre 1848 stammenden, 20 m hohen Einsteighalle mit ihren halbkreisförmigen Rippen, von welchen jede aus etwa 1000 Brettstücken zusammengefügt worden ist, galt als ein Meisterstück der Holzkonstruktion. An der unberührt gebliebenen Querwand dieser teilweise noch heute als Vestibül dienenden Halle befinden sich die bekannten beiden prächtigen Gemälde von Echter »der Dampf« und »die Telegraphie«.

Die Erwerbung der Ostbahnen und das Bedürfnis zur Einführung aller acht Bahnlinien in eine gemeinschaftliche Halle nötigte zu einem neuerlichen Umbau des Bahnhofgebäudes nach dem umstehenden Grundplane, welcher in den Jahren 1876 bis 1884 zur Ausführung gelangte, während die Empfangshalle der Ostbahn verschwand.

Das neue, von Generaldirektionsrat *Jacob Graff* im Renaissancestil entworfene Gebäude mit seinen geräumigen Vestibül-, Wartsaal- und Korridorbauten, dessen überbaute Fläche 8300 qm und einschliesslich der Einsteighalle fast 30 000 qm beträgt, kann in seiner schönen, aber durch die alte Bürklein'sche Front verdeckten und gestörten Façade zur Zeit nicht zur vollen Geltung kommen, zumal der geplante Mittelbau noch der Durchführung harrt. Das Eisenwerk der vierschiffigen, 150 m langen und 140 m breiten Einsteighalle, dessen besondere Anordnung von Oberbaurat *Gerber* entworfen ist, dürfte an Leichtigkeit und Eleganz wohl selbst jenes des neuen Frankfurter Bahnhofes übertreffen; die eisernen Hallendächer werden von je 14 Sichelträgern obigen Profils getragen. Zur Zeit ihrer Errichtung galt die Münchener Einsteighalle, welche 16 Geleise aufnimmt, als die grösste der Empfangshallen Europa's.

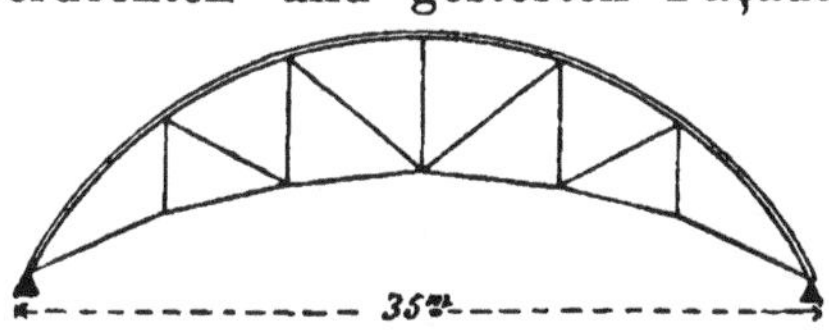

Profil der Sichelträger.

Von den übrigen hervorragenden Bahnhofgebäuden verdient zunächst das älteste der Staatsbahnen, nämlich jenes in *Nürnberg*, Erwähnung, welches von Generaldirektionsrat Rüber i. J. 1844 in gothischem Stile ausgeführt und später durch niedrige Anbauten verlängert wurde; doch entsprechen die kleinen Fenster, wie auch die Zugänge und die Vorhalle dem heutigen Bedürfnis nicht mehr.

Das Betriebsgebäude des alten, nunmehr verlassenen Bahnhofes *Hof* ward nach dem Entwurfe von G. v. Neureuther im Rundbogenstil aus Hausteinen erbaut und mit einer offenen hölzernen Einsteighalle

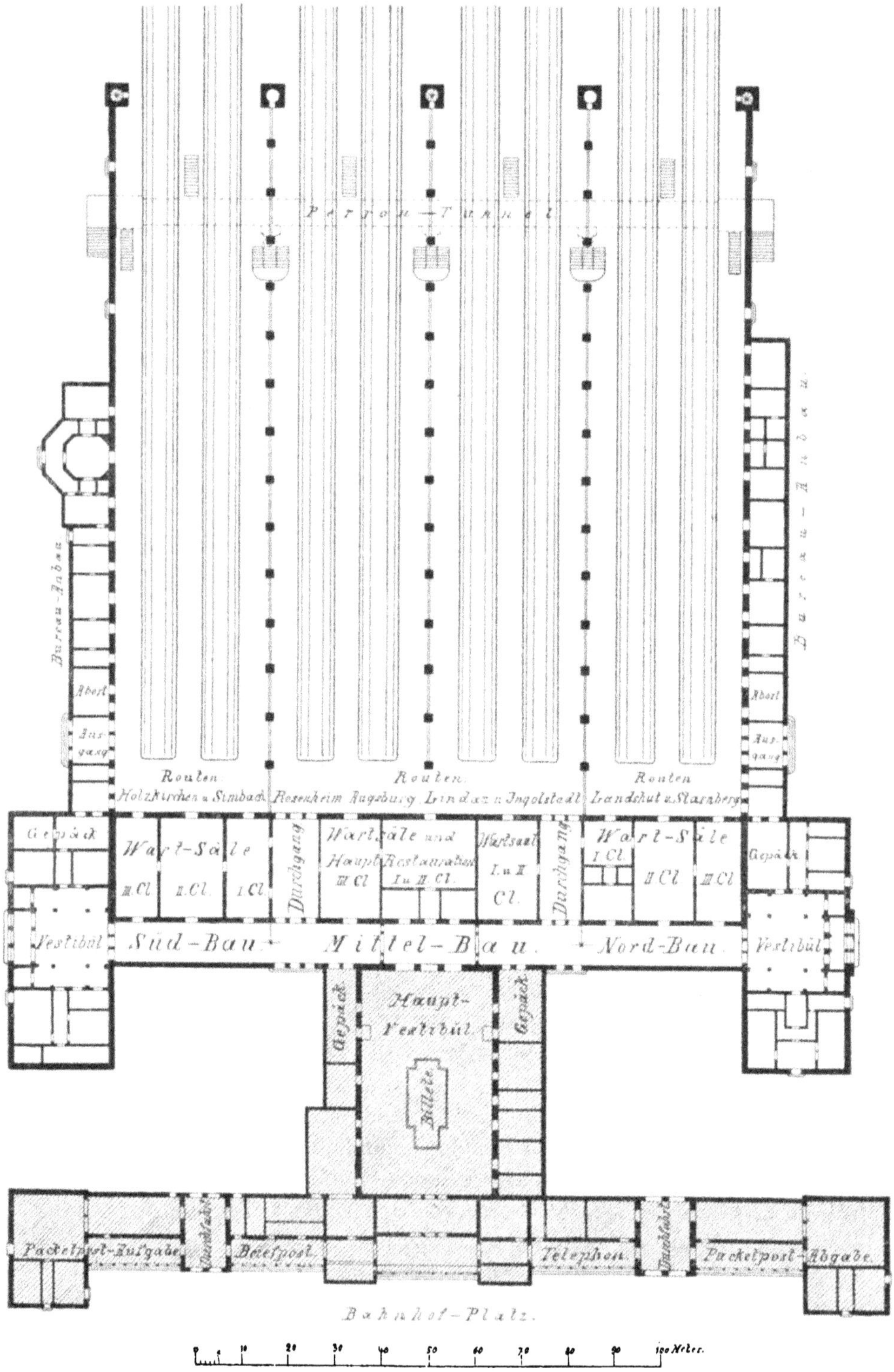

Grundplan des neuen Aufnahmsgebäudes des Centralbahnhofes München.

versehen. Infolge der Verkehrszunahme, und da der Bahnhof keine Erweiterung zuliess, musste Ende der siebziger Jahre ein neuer Bahnhof am Südende der Stadt angelegt werden.

Der ursprüngliche Kopfbahnhof in *Würzburg* erhielt durch Neureuther ein in geschmackvoller Renaissance entworfenes Betriebsgebäude, dessen Einsteighalle Pauli mit einer zierlichen, aus weitgespannten eisernen Tragbogen gebildeten Überdachung versah. Als dann nachmals sich die Notwendigkeit ergab, den eingeengten Bahnhof ausserhalb der Stadt an seine dermalige Stelle zu verlegen, da wurde

Betriebshauptgebäude des Bahnhofes Hof.

das neue Bahnhofgebäude durch Bürklein in dem durch hochgestreckte Verhältnisse gekennzeichneten sog. Maximiliansstil entworfen und von Trient ausgeführt.

Ebenfalls von Neureuther stammt das Hauptgebäude des Bahnhofs *Aschaffenburg,* welches, in einfachem Rundbogenstil mit der diesem Meister eigentümlich gewesenen Eleganz der Massverhältnisse errichtet, gleich vielen anderen Bahnhofgebäuden später Erweiterungsbauten erhielt, die auch jetzt noch keineswegs abgeschlossen sind.

Mehrere ältere Betriebsgebäude der Süd-Nord-Bahn, wie z. B. jenes in *Bamberg,* verloren im Lauf der Zeit durch Umbauten ihre einstigen charakteristischen Eigentümlichkeiten und erscheinen heute nur mehr als stattliche Gebäude im sog. »Eisenbahnstil«; andere haben durch Erweiterungen ästhetisch gewonnen, so jenes in *Lichtenfels* unter Graff's

Leitung. Der Bahnhof *Augsburg* erhielt sein gegenwärtiges, trotz wiederholter An- und Umbauten immerhin repräsentationsfähiges Betriebsgebäude mit der langgestreckten, den Zweck des letzteren kennzeichnenden eisernen Vorhalle, welche der Stadtseite vorgelegt ist, durch Bürklein.

Zahlreiche, zumeist in Ziegelrohbau unter mehr oder minder reicher Verwendung von Hausteinen, aber auch ganz aus Quadern im Renaissancestil ausgeführte Bahnhofhauptgebäude entstanden in der neueren Zeit nach den Entwürfen und unter der Oberleitung der Generaldirektionsräte Graff, Seidel, Trient und Zenger; besonderer Hervorhebung wert erachten wir die mit geräumigen Wartesälen ausgestatteten Hauptgebäude in Ingolstadt Central und Rosenheim (beide von Graff), in Hof (von Seidel), in Schweinfurth Central und Bayreuth (beide ebenfalls von Seidel), sowie in Landshut und Regensburg (beide von Zenger). Von *mittelgrossen Bahnhofgebäuden* wären noch zu erwähnen jene in Ansbach, Buchloe, Fürth, Gemünden, Kempten, Lindau, Neuulm und Simbach.

Wohl am frühesten unter allen deutschen Bahnen brachte die bayerische Staatsbahnverwaltung die zur Sicherung des reisenden Publikums wichtigen *Perrontunnels,* welche die Perrons mittelst unterirdischer Treppenanlagen unter einander verbinden und ein Überschreiten der Bahnhofgeleise verhüten, erstmals in den siebziger Jahren auf den Bahnhöfen Augsburg und Rosenheim, seitdem in zahlreichen andern Bahnhöfen, zur Ausführung, wobei gleichzeitig die Perrons mit Pult- bezw. Stulpdächern versehen wurden.

Noch wäre der

elektrischen Beleuchtung

der Bahnhöfe und Betriebsgebäude in Kürze zu gedenken.

Nachdem bereits i. J. 1879 die Einsteighalle des neuen Centralbahnhofes München teilweise, seit 1884 vollständig und zwar durch 50 Bogenlampen in 10 selbstständigen Gruppen mittelst Wechselstrom von 180 Volt beleuchtet wurde, gewährten seit 1888 besondere gesetzliche Dotationen und genehmigte Baukredite namhafte Geldmittel zur Versorgung grösserer Bahnhofkomplexe und Werkstätten mit elektrischem Licht aus *bahneigenen elektrischen Centralstationen* in den Bahnhöfen Nürnberg, Regensburg (einschliesslich der Centralwerkstätte), Bamberg, Würzburg, München (Rangierbahnhof bei Laim und Centralwerkstätte), Aschaffenburg, Gemünden, dann in der Schiffswerfte Lindau; ferner gelangt noch i. J. 1894 ein grösseres staatliches Elektrizitätswerk nächst der Centralwerkstätte München in Betrieb, von welchem aus der Centralbahnhof westlich der Hackerbrücke und der Rangierbahnhof elektrisch beleuchtet wird.

An ***private bezw. städtische Elektrizitätswerke*** angeschlossen sind bereits die Bahnhöfe Reichenhall, Berchtesgaden, Bruck und Erding; für die elektrische Beleuchtung der Bahnhöfe Eger, Augsburg, Oberkotzau, Schwandorf und Weiden in Staatsregie, für eine Erweiterung der schon bestehenden Beleuchtungsanlage in Nürnberg, sowie für vermehrte Anschlüsse kleinerer Bahnhöfe an private Elektrizitätswerke steht ein besonderer gesetzlicher Kredit von 1 Million Mark zur Verfügung.

Die Einrichtung sämtlicher vorgenannten Anlagen einschliesslich der im Bau begriffenen und projektierten erstreckt sich auf 1294 Bogenlampen zu 16, 12 und 5 Ampère, sowie 8953 Glühlampen zu 50 Watt oder 16 Normalkerzen; die zum Antrieb der Dynamomaschinen benötigten Dampf- bezw. Gasmotoren entwickeln insgesamt über 2900 Pferdestärken. Ihrem Elektrizitätsverbrauche nach kommen jene Beleuchtungskörper zusammengenommen etwa 21 000 Glühlampen gleich. Die mit Ausführung der Beleuchtungsanlagen betrauten Firmen Siemens & Halske in Berlin, Schuckert & Co., die Allgemeine Elektrizitätsgesellschaft und die elektrotechnische Fabrik in Bamberg verwenden hauptsächlich Gleichströme von 110 Volt nach dem Zweileitersystem, aber auch Wechselströme primär mit 2000 Volt, sekundär mit 110 Volt; in den staatlichen Anlagen zu Bamberg, Regensburg und Würzburg besteht nebenbei auch ***Akkumulatoren-Betrieb*** zur Ergänzung und Ausgleichung der Maschinenleistung, sowie für den Lichtbedarf während der Tageszeit.

Die elektrische Bahnhofbeleuchtung, und im besondern die Verwendung des Bogenlichtes im Freien für die nächtlichen Rangiergeschäfte, hat sich bisher als in jeder Beziehung vorteilhaft erwiesen.

Vierter Abschnitt.

Der Eisenbahnbetrieb.

1. Signal- und Bahntelegraphenwesen.

Wohl kein technischer Zweig des Eisenbahnbetriebes lässt einen solchen Unterschied zwischen einst und jetzt erkennen, als jener, welcher sich mit den zur An- und Abmeldung, richtigen Leitung und Sicherung der Bahnzüge, sowie zur Verständigung der Betriebsorgane unter sich selbst erforderlichen optischen, akustischen oder elektrischen Einrichtungen befasst.

Schon vor dem Jahre 1840 bestanden die Signale für das Zugs- und Bahnbewachungspersonal der München—Augsburger Privatbahn in verschiedenartigen Fahnen, Lichtern und in Hornstössen, deren Handhabung umsomehr Aufmerksamkeit erforderte, als die Einhaltung der Stationsdistanz für aufeinanderfolgende Züge noch nicht vorgeschrieben war, und optische oder elektrische Telegraphen noch fehlten.

Auch die Signale der Bahnwärter auf den ersten Staatsbahnlinien bestanden lediglich in Zeichen mit dem Horn, dann mit grün-weissen und rot-weissen Fahnen bezw. mit weiss, grün oder rot leuchtenden Laternen, welche Zeichen von Posten zu Posten bis zur Endstation fortgepflanzt wurden. Die Hornsignale dienten nicht bloss zur Anmeldung der Züge, sondern auch als Achtungssignale, um die Nachbarwärter zum Ausstecken eines Langsamfahr- oder Haltsignals zu veranlassen; das Schwingen einer rot-weissen Fahne bedeutete »Hilfslokomotive soll kommen«. Um 1851 kam man zu den Flügel- und Laternsignalen an hohen, bei den Wärterhäusern aufgestellten zweiarmigen Masten, den »*optischen Telegraphen*«, von welchen i. J. 1853 bereits über 800 Stück bestanden; mittelst der verschiedenen Stellungen der beiden Arme, Aufziehen einer schwarzen Scheibe bei Tage und einer bezw. zweier Laternen bei Nacht konnten jetzt die Signale »Zug ist von der vorletzten Station ab« (erstes Zeichen), »der Zug kommt« (zweites Zeichen), »Kreuzung ist verlegt« und »Hilfsmaschine soll kommen« fortgepflanzt werden, wobei die aufgezogene Scheibe »Richtung von München« bedeutete. Die *Signale der Wagenzüge* und Leermaschinen, welche übrigens im März 1870 in einigen Punkten Änderungen erfuhren, wurden mittelst grüner und gelber Fahnen, grün und rot leuchtender Laternen, sowie mit der Tenderglocke gegeben, die im Notfalle von den Zugsinsassen mit Hilfe einer über den ganzen Zug hinweglaufenden Leine zum Ertönen gebracht werden konnte. Die Stationssignale bestanden damals bloss in einer grün-weissen und rotweissen Fahne als Zeichen zum Langsamfahren bezw. Halten.

Auf einigen Strecken, insbesondere längs der Donau, konnten die Zeichen der optischen Telegraphen wegen anhaltender Nebel nicht immer fortgepflanzt werden, weshalb 1856 auf der Strecke Ulm—Burgau versuchsweise *galvanische Läutapparate* bei den Wärterposten neben den Armtelegraphen zur Aufstellung kamen; letztere verschwanden erst in den siebziger Jahren allmählich mit allgemeinerer Einführung elektro-magnetischer Läutwerke.

Dr. Carl August Steinheil.

Die Geschichte der elektrischen Bahntelegraphen in Bayern beginnt mit *Steinheils Schreib- und Kontroltelegraph.*

Im Jahre 1842 hatte Ministerialrat *Dr. C. A. Steinheil* in München, der Entdecker der Erdrückleitung (1838), der Erfinder des allerersten elektromagnetischen Schreibtelegraphen (1837), der Blitzplatten (1846) u. s. w., auf der Teilstrecke Olching—Maisach der München—Augsburger Privatbahn die Verwendbarkeit des durch grosse, in den Boden versenkte Metallplatten an den Enden einer Drahtleitung erzeugten »Erdstromes« für telegraphische Zwecke erfolgreichst geprüft, zu welchem Behufe in der Station Olching eine Beobachtungsbude aufgestellt war. Im J. 1845 kam ein von Steinheil »verbesserter galvanischer Telegraph«, auf den er ein königliches Privileg für den Zeitraum von 5 Jahren erhalten hatte, durch die Generalverwaltung der kgl. Eisenbahnen im Zusammenwirken mit dem Privilegiumsträger auf der nun verstaatlichten Bahn und zwar zwischen München und Nannhofen, auf welcher Strecke übrigens damals nie zwei Züge zu gleicher Zeit verkehrten, zur Ausführung. Steinheil verwendete den durch eine oberirdische Kupferdrahtleitung geführten und durch Daniell'sche Batterien erzeugten sog. Ruhestrom; zum Zwecke der Erdleitung war als Leitungsanfang ein zusammengerolltes Kupferblech in den Münchener Bahnhofsbrunnen, als Leitungsende eine Zinkplatte in den Maisachfluss versenkt, zur Isolierung der Leitung dienten mit Filz umwickelte Stiften. In die Leitung waren nun 6 Stromunterbrechungsklappen auf den 6 Stationen und weitere 42 Klappen bei den Bahnwärterhäusern eingeschaltet. Der (einzige) in München aufgestellte Kontrolapparat bestand nach untenstehendem Schema, welches dem Verfasser Dieses von einem inzwischen verstorbenen bayerischen Eisenbahn-Veteranen gütigst angegeben wurde, aus einem Elektromagnet, dessen Anker als Hammer an eine Glocke schlug und zugleich auf einer in Zeitminuten geteilten, durch ein Uhrwerk in gleichmässige Drehung versetzten Papierscheibe mittelst eines Tuschgefässes einen Punkt markierte, sobald der Strom von einem Bahnwärter bei Passieren eines Zuges unterbrochen ward; ferner hatten die Stationsbeamten die Leitungskette während des Anhaltens der Züge zu unterbrechen, wobei nun auf der Papierscheibe ein Strich erschien. Fehlte ein Punkt, so war der betreffende Wärter nicht an seinem Posten. In solcher Art kontrolierte Steinheil's sinnreicher Telegraph die Anwesenheit des Bahnpersonals, die jeweilige Fahrgeschwindigkeit des Zuges, den vom Zuge zurückgelegten Weg und die Aufenthaltszeit des Zuges auf den Stationen.

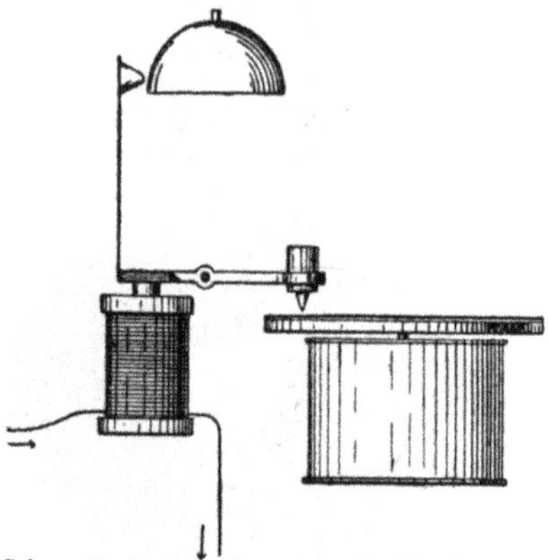

Schematische Anordnung des Steinheil'schen Kontrolapparates.

Durch die Stromunterbrechungen war es ferner den Stationen, Bahnwärtern oder bei Unfällen den Zugführern ermöglicht, an die Hauptstation München telegraphische Mitteilungen zu geben, welche in Gruppen von Glockenschlägen nach Steinheil's Alphabet (hoher Ton, tiefer Ton, hier einfacher Schlag, Doppelschlag) bestanden; jedoch erschien diese Art des Depeschierens, wie Steinheil berichtet, den Bahnbeamten durchaus nicht sympathisch. Thatsächlich wurde dieser älteste Bahntelegraph in Deutschland nur einmal, im Spätsommer 1846, gelegentlich der Rückreise des Königs Ludwig I. zu einer eigentlichen Depesche von Nannhofen aus benützt, welche lautete »Extrazug Sr. Majestät des Königs hier, geht sofort ab«: die allererste amtliche Depesche, welche in Bayern mittelst des galvanischen Telegraphen abgesendet worden ist. Unvollkommenheiten in der Leitung und in den Stromschlüssen, sowie öftere Entwendungen langer Stücke Kupferdrahtes verursachten, dass der Telegraph häufig nicht in Ordnung war; hiezu traten Störungen durch den Blitz, welche Steinheil zum Ersatz der Klappen durch Schnurauslösungen und zur Erfindung der sogenannten »*Blitzplatten*« veranlassten.

Über ein Jahr lang stand der Telegraph in Gebrauch, als der Kontrolapparat bei dem Brande des Münchener Bahnhofes am Ostersonntag 1847 mit verbrannte und nicht wieder ersetzt ward, da bereits damals mehrere Züge gleichzeitig verkehrten und er seinem Hauptzwecke: Überwachung des Stationspersonales und Zugsverkehrs, nicht mehr entsprochen hätte. Vier Jahre später erhielt die Linie München—Augsburg einen Bahntelegraphen unter Verwendung von Induktions-Zeigerapparaten.

Dem Gedanken der Herstellung elektrischer Staatstelegraphen mit Sprech- und Druckapparaten und zwar zunächst längs der Staatseisenbahnen, verlieh unterm 18. Januar 1848 eine an die kgl. Eisenbahnbaukommission ergangene Ministerialverfügung, welche bezügliche Vorarbeiten anordnete, den ersten offiziellen Ausdruck. Der Vorstand der Kommission, Direktor v. Pauli, und deren Oberingenieur Karl Dyck, erkannten mit Scharfblick die Bedingungen zu einer gedeihlichen Lösung der gestellten Aufgabe, welche durch ein von der Regierung eingefordertes Gutachten der Akademie der Wissenschaften vom März 1849, sowie durch die Ergebnisse einer von Steinheil im April 1849 zufolge höchsten Auftrages bethätigten Besichtigung aller bereits und zumeist für Bahnbetriebszwecke bestehenden Telegraphen-Anlagen Deutschlands, Bekräftigung fanden; hienach sollte für die Staatsleitungen der Morse-Apparat (Doppelstiftapparat von Stöhrer in Leipzig), für die Bahnleitungen Stöhrer's Induktions-Zeigerapparat, in beiden Fällen mit Anlage oberirdischer Leitungen, zur Anwendung kommen.[29])

Der Bau der ersten Staatstelegraphenlinie München—Salzburg begann im November 1849 und wurde infolge der politischen Ereignisse mit solcher Beschleunigung zum Anschluss an die österreichischen Linien betrieben, dass schon am Weihnachtstage 1849 die feierliche Inbetriebsetzung derselben in Gegenwart des Ministers Frhrn. von der Pfordten und des österreichischen Gesandten, Grafen von Thun, vor sich gehen konnte. Gleichzeitig war Oberingenieur Dyck zum Vorstand des Telegraphenwesens und des neugebildeten kgl. Telegraphenamtes ernannt worden. Der geschichtlichen Erinnerung halber fügen wir bei, was Bayerns erster Telegraphist, der damalige Ingenieurassistent und spätere Telegraphendirektor Heinrich von Gumbart, über die erste telegraphische Korrespondenz zwischen München und Salzburg berichtete: »Ein Gefühl vollster Befriedigung durchdrang damals alle Anwesenden, als die einzelnen Zeichen, die sich dem kleinen Apparate entrangen, zur ehrfurchtsvollen Anzeige des in Salzburg anwesenden bayerischen Telegraphenamtsvorstandes sich gruppierten, dass die räumliche Entfernung nunmehr kein Hindernis des Gedankenaustausches zwischen Wien und München mehr bilde.«

Bereits 1850 kamen die Telegraphenlinien München—Bamberg—Hof und Bamberg—Aschaffenburg in Betrieb, und Ende 1852 bestanden

9 Hauptleitungen von 1280 km Länge mit 17 Stationen. Die von Dyck wesentlich verbesserten Stöhrer'schen Doppelstiftapparate der Staatstelegraphen wichen i. J. 1858 den einfacheren Morse-Stift- oder Reliefschreibern, bis um 1867 die Morse-Farbschreiber Eingang fanden; auch wurde die anfänglich benützte Bunsen'sche Zinkkohlenbatterie durch Meidinger's Batterie verdrängt.

Hand in Hand mit der Herstellung von Staatstelegraphen ging jene der *Telegraphen für Bahnbetriebszwecke,* von welchen Ende 1852 bereits über 500 km mit 32 Stöhrer'schen Induktions-(Rotations-)Zeigerapparaten neben den 499 optischen Telegraphen in Betrieb standen. Die verzinkten Eisendrähte waren um Thonknöpfe geschlungen, die wiederum an hölzernen Querarmen auf den Telegraphenstangen hafteten; Isolationsglocken aus Porzellan kamen erst später in Gebrauch. Seit 1860 wurden die hölzernen Tragstangen imprägniert. Sämtliche Stöhrerschen Rotationszeigerapparate wurden wegen mangelhafter Beschaffenheit angesichts des gesteigerten Betriebsdienstes i. J. 1856 beseitigt und durch Magnetzeigerapparate von Siemens & Halske ersetzt; aber auch diese fielen, nachdem ihre Zahl auf etwa 500 gestiegen war, ihrer flüchtigen Zeichen und schwierigen Bedienung halber allmählich den Morse-Schreibapparaten zum Opfer und stehen heute nur noch auf Nebenbahnen in sehr geringer Zahl in Gebrauch.

Um die Telegrapheneinrichtungen gemeinnütziger zu machen, wurden ab 1. Oktober 1857 die bis dahin ausschliesslich für den Betriebsdienst bestimmten Bahntelegraphen sowohl der Beförderung von Staatsdepeschen, als auch der Benützung durch das Publikum, und zwar zu den bei den Staatstelegraphenstationen üblichen Taxen, zugänglich gemacht, und es bildet diese wohlthätige, gegenwärtig bei mehr als 600 Eisenbahnstationen bestehende Einrichtung einen wesentlichen Teil des bayerischen Telegraphenverkehrs. Gleichzeitig wurde den Privatbahn-Gesellschaften die Beförderung von Staats- und Privatdepeschen mittelst ihrer Bahnbetriebsapparate in grösseren, nicht in das Staatstelegraphennetz aufgenommenen Orten gestattet; auch die Ostbahntelegraphen beförderten seit 1864 Staats- und Privatdepeschen, doch durften Stationen am Sitze von Staatstelegraphenstationen Depeschen nur nach Ostbahnstationen aufgeben. Die internationale Telegraphen-Konvention von Paris und der Schweriner Telegraphenvereins-Vertrag, beide vom Jahre 1865, nötigten zu einer Revision der seitherigen Bestimmungen über die telegraphische Korrespondenz auf den Bahntelegraphenlinien, deren Morse-Schreibapparate übrigens seit dem Jahre 1867 mit Batterie-Ruhestrom betrieben wurden.

Welch' hohe Anforderungen der Betriebsdienst an den Bahntelegraphen stellt, erhellt schon aus der hohen Zahl gebührenfreier Bahndienstdepeschen, welche beispielsweise i. J. 1892 über 15000 betrug.

Wenden wir uns nunmehr wieder den Signalvorrichtungen zu! Seit 1865 wurden die Wärterposten der Staatsbahnlinien nach und nach mit Siemens'schen

induktionselektrischen Läutewerken

zum Ersatz der optischen Telegraphen ausgerüstet, da dieselben den letzteren gegenüber in drei Beziehungen grosse Vorteile boten: Signalgebung durch Glockenschläge von Station zu Station ohne Mitwirkung der Wärter, Kostenersparnis durch Verminderung des Wärterpersonals und Unabhängigkeit der Signalisierung von Witterungsverhältnissen.

Das Gesetz vom 18. Februar 1871 gewährte die nötigen Geldmittel für Herstellung elektromagnetischer Läutewerke auf der Linie Neuenmarkt—Hof, und ein weiteres Gesetz vom 7. Februar 1874 dehnte diese Einrichtung auf die übrigen Bahnlinien aus. Damit verschwanden auch die optischen Signalmaste bei den Bahnwärtern bis Ende 1879 vollständig aus dem Bereiche der Staatsbahnen.

Ein Nachteil jener Läutewerke, nämlich die Unmöglichkeit, Zugsstörungen auf freier Strecke vom nächsten Wärter aus der nächsten Station zu melden, was ja bei den optischen Telegraphen thunlich war, führte den Oberingenieur Frischen des Etablissements Siemens & Halske in Berlin i. J. 1877 zu der sinnreichen Verbesserung der Läutewerke durch Beifügung *automatischer Zeichengeber,* welches System nach einem ausgedehnten Versuche zur allgemeinen Einführung auf den bayerischen Staatsbahnen gelangte und sich bis jetzt vorzüglich bewährt hat. Der automatische, mit dem Glockenwerk in einer Blechbude vereinigte Apparat gestattet es, ohne besondere Vorkenntnisse zu erfordern, mittelst aufsteckbarer Zeichengeberscheiben von jedem Bahnwärterhause aus in wenigen Minuten fünf verschiedene Notsignale:

Hilfsmaschine soll kommen,
Hilfsmaschine mit Arbeitern soll kommen,
Hilfsmaschine mit Arzt und Arbeitern soll kommen,
Bahn unterbrochen, und
Schlusssignal fehlt,

in die nächste Station hineinzugeben.

Es sei hier ausdrücklich darauf hingewiesen, dass für den Betriebsdienst der bayerischen Staatsbahnen besondere Drahtleitungen, sämtlich für Betrieb mit Ruhestrom d. h. durch Stromunterbrechungen, gespannt sind, und zwar

die *direkten Leitungen* zur Vermittelung des Verkehrs zwischen den Hauptstationen ohne Beiziehung der kleineren Stationen;

die sog. *Omnibusleitungen* für den Verkehr zwischen sämtlichen Stationen ausnahmlich der Haltestellen ohne Ausweichgeleise, wobei in den etwa 60 km langen Schliessungsbogen ungefähr 10 Zwischenstationen mit je einem Morse-Apparat eingeschaltet sind; sodann die *Läutewerksleitungen* für den Verkehr zwischen je zwei Nachbarstationen sowie für die Signalgebung zu und von den zwischenliegenden Wärterposten.

In diese Läutewerksleitung sind eingeschaltet einerseits die Läutebuden aller Bahn- und Wechselwärter, dann in den Stationen der Läuteinduktor, die Stations- oder Perronläutewerke und ein zur Kontrole des richtigen Abläutens der Züge dienender Registrierapparat (die gewöhnlichen Fahrtsignale, das Ruhe-, Verständnis- und Alarmsignal werden von der Station mittelst des Induktionsstromes gegeben); andererseits alle dem Systeme Frischen zugehörenden Apparate, nämlich die automatischen Zeichengeber in den Läutebuden der Bahnwärter und die Morseschreiber mit Wecker, Batterie und sonstigem Zubehör in den Stationen. Der in der Läutewerksleitung ständig kreisende konstante Batteriestrom übermittelt nicht nur die auf freier Strecke gegebenen Notsignale, sondern

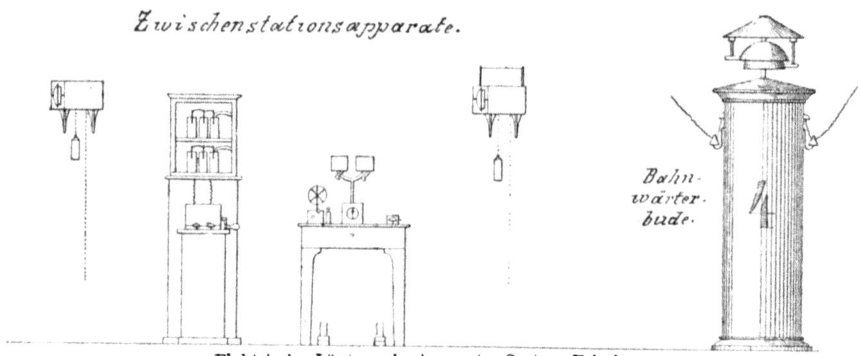

Elektrische Läutewerks-Apparate, System Frischen.

kann auch zur telegraphischen Korrespondenz zwischen einem Wärterposten und der Nachbarstation mit Hilfe eines im Zeichengeberapparate angebrachten Tasters benützt werden.[30])

Der Vervollständigung der *Stationssignale* widmete die Staatsbahn-Verwaltung seit 1887 eine weitgehende Fürsorge. Es wurde die überwiegende Mehrzahl der bayerischen Stationen nach Massgabe des jeweiligen Bedürfnisses mit den hochwichtigen, übrigens schon seit 1876 verwendeten, *Bahnhofdeckungs- oder Sperrsignalen* versehen, soweit solche nicht ohnedies infolge der Centralisierung, welche den Gegenstand des nächsten Kapitels bildet, zur Aufstellung gelangten; die hohen Scheibensignale, welche auf den früheren Ostbahnstationen seit 1873 in der Nähe der Endweichen standen, sind sämtlich beseitigt. Überall, wo es die örtlichen und Betriebs-Verhältnisse erforderten, wurden *Vorsignale* in automatischer Verbindung mit den Sperrsignalen, an letzteren selbst aber *elektrische Rückmelder* (Kontakte) angebracht, welche die Stellung der Flügel in den Betriebsbureaus erkennen lassen. Die bestehenden kleinen Scheiben-Perronsignale werden allmählich und nach Bedarf durch *Flügel-Perron-*

signale ersetzt. Für die Sperrsignalwärter ist eine Verständigung mit dem Betriebsbureau auf elektrischem Wege, und zwar bei lebhaftem Stationsdienst mittelst Telephon, andernfalls mittelst Klingelwerken, welche durch Induktionsströme betrieben werden, hergestellt; letztere Verständigungsweise besteht dermalen auch auf grösseren bayerischen Bahnhöfen von den Zwischenperrons nach den Telegraphenbureaus.

Von den in Bayern ausser den Läutewerken der Bahnwärter noch bestehenden elektrischen Strecken-Signalvorrichtungen sind vorerst die auf der Steilstrecke Rothenkirchen—Ludwigsstadt angewendeten *Radtaster* für elektrischen Kontaktschluss zu erwähnen, welche mit Hilfe genauer, in den Endstationen aufgestellter Siemens'scher Registrieruhren die Kontrole der Zugsgeschwindigkeit ermöglichen. Dem gleichen Zwecke dienen auf den Steilstrecken Heigenbrücken—Laufach, Neuenmarkt—Marktschorgast und Hallthurm—Reichenhall Siemens'sche *Durchbiegungskontakte* und Registrieruhren, und mittelst Siemens'scher *Pausenläutewerke* in Verbindung mit Durchbiegungskontakten werden auf Lokalbahnstrecken, dermalen bei Berchtesgaden, sowie zwischen Pfarrkirchen und Pocking, an unbewachten Überfahrten automatische Warnsignale gegeben. Das anderwärts behufs Erzielung rascherer Aufeinanderfolge der Züge vielfach gebräuchliche Blocksignalsystem ist auf den bayerischen Staatsbahnen seither nur insoferne zur Anwendung gekommen, als die Anhaltestellen mit Telegraphendienst als Blockposten gelten, jedoch steht die baldige Einführung von elektrischen Streckenblocks, vorerst versuchsweise, in Aussicht.

Das *Telephon* in Bayern hat sich seit seiner erstmaligen Anwendung bei der Centralanlage des Ostbahnhofes München i. J. 1882 nicht bloss im Verkehre zwischen den Stationsbeamten mit benachbarten Wechsel- oder Signalwärtern bezw. mit den Weichenturmwärtern, sondern auch auf Lokalbahnen an Stelle der Telegraphen eingebürgert, woselbst die Sprechtelephone hintereinander in eine Drahtleitung geschaltet werden, indes ein zweiter Draht die dazu nötigen Glockenzeichen vermittelt; die Sprechstellen sind mit mehrkontaktigen Mikrophonen und je zwei Hörtelephonen nebst Hilfsapparaten, nach Bedarf auch mit Umschaltern ausgerüstet. Auf einigen Lokalbahnen werden z. Z. Versuche mit Neherschen »Stationseinzelanrufern« angestellt, welche es ermöglichen sollen, jede Station des Schliessungskreises anzurufen, ohne dass auf den übrigen Stationen ein Klingelsignal ertönt.

Da mittelst der Läutewerkslinien und Frischen-Apparate von den Stationen zu den Bahnwärterposten nur bei Einschaltung eines tragbaren Morseschreibers in das Läutewerk telegraphiert werden kann, so stellte das Gesetz vom 26. Mai 1892 Mittel bereit zu *telephonischen Verbindungen zwischen den Wärtern und ihren Nachbarstationen* auf besonders verkehrsreichen Strecken, wodurch sich namentlich beim Ansagen von Sonderzügen eine namhafte Erleichterung und Zeitersparnis gewinnen lässt. Infolgedessen wurden zunächst einerseits auf den Strecken Mittersendling—Grosshesselohe und München Südbahnhof—Ostbahnhof Versuche mit Reiner'schen Telephonapparaten, wobei für jede Sprechstelle ein besonderes Klingelsignal und ausserdem ein allgemeines Anrufzeichen vereinbart ist, andererseits auf der Strecke Pasing—Planegg Versuche mit sog. *Stationsrufern* unternommen, welche es — wie oben bemerkt — gestatten, einen einzelnen Posten anzurufen, ohne dass dieses die übrigen Wärter hören. Die Vermehrung solcher Telephonverbindungen ist beabsichtigt.

Ende 1892 standen auf den bayerischen Staatsbahnen 654 Telephone in Betrieb, ferner 16290 km Bahntelegraphen-Drahtleitungen und zwar:

9662 km für Morse-Apparate,
454 » » Zeigerapparate,
184 » » Läutewerke System Siemens,
3869 » » » » Frischen,
1011 » » Sperrsignale u. a. elektrische Einrichtungen,
1110 » » Telephonapparate auf Lokalbahnen.

2. Weichen- und Signalcentralisierung.

Unter den eingreifenden Massnahmen zur Sicherung des Bahnbetriebes stehen die Anlagen für centrale Bedienung der Weichen und Signale obenan. Nachdem solche Anlagen schon seit Jahrzehnten in England, dann in Nord- und Westdeutschland, wenngleich nach allen möglichen Betriebs- und Konstruktionssystemen, Eingang gefunden hatten, beschloss die bayerische Staatsbahnverwaltung gelegentlich der Erweiterung des Ostbahnhofes München bei Haidhausen, hiemit versuchsweise sogleich die Weichencentralisierung zu verbinden, um eine feste Grundlage für die geplanten weiteren Centralanlagen zu erhalten. Ende 1882 war die ganze Anlage im Ostbahnhofe in Betrieb gesetzt, wonach 72 Weichen von 2 Turmapparaten und 3 ebenerdigen Nebenstellwerken aus nach System Schnabel & Henning in Bruchsal bedient, die einmündenden drei Bahnlinien durch Einfahrts- und Vorsignale abgesperrt und die Signale beider Turmapparate vom Betriebsbureau aus unter Kurbel-Blockverschluss gelegt werden konnten; letzteres geschah, als erstmaliger Versuch seiner Art überhaupt, nicht auf elektrischem Wege, sondern mittelst endloser Stahldrahtzüge. Die Ausfahrtsignale wurden mit transparenten Laternkästen versehen, auch kamen niedrige, feststehende Weichensignallaternen nach neuem Prinzip, sowie die soeben erfundenen sog. Weichenspitzenverschlüsse zur Anwendung.

Um die Weichen- und Signalcentralisierung in den Bahnhöfen und Stationen einzuleiten, wurde bei der Bauabteilung ein eigenes

Weichencentralisierungs-Bureau organisiert, und zunächst unter Benützung der im Ostbahnhofe München und anderweitig gemachten Erfahrungen ein Gesetzentwurf für solche Einrichtungen auf den Routen Ulm—Salzburg und Pasing—Starnberg ausgearbeitet, welcher mit *Gesetz vom 4. März 1884* Genehmigung fand. Dem Weichencentralisierungs-Bureau wurde zunächst die einheitliche, generelle Bearbeitung der Centralanlagen, dann aber auch die Überwachung und Leitung der Ausführung übertragen. Im Jahre 1884 wurden die Stationen der Linien Stockheim—Ludwigsstadt, Neuulm—Freilassing und Pasing—Starnberg in Bearbeitung genommen, zur Klarstellung der wesentlichsten Prinzipien zuerst ein *allgemeines Centralisierungsprogramm* aufgestellt und sodann eine Anzahl von Stationen behufs Herstellung von Musteranlagen nach den in Süddeutschland vornehmlich verbreiteten Fabrikationssystemen von Jüdel-Büssing in Braunschweig, Schnabel & Henning in Bruchsal, sowie Vögele-Lang in Mannheim, ausgewählt, gleichzeitig jedoch generelle Projekte über die vor Inangriffnahme der Centralisierung auszuführenden fahrdienstförderlichen Änderungen an Geleisen und Stationsanlagen angefertigt.

Die Centralanlagen der Linie München—Starnberg insbesondere bieten eine Musterkarte sämtlicher Fabrikationssysteme dar; im übrigen werden alle Stationen grösserer zusammenhängender Bahnstrecken einheitlich centralisiert und zwar im Süden nach Patent Henning, im Nordwesten nach Patent Vögele und im Nordosten nach Patent Büssing, wobei die maschinellen Arbeiten für die Stellwerke u. s. w. nach System Henning der Lokomotivfabrik Krauss & Cie. in München, jene nach System Büssing der Maschinenfabrik Nöll & Cie. in Würzburg übertragen wurden, doch hat neuerdings auch die nach System Zimmermann & Buchloh arbeitende Firma Späth in Nürnberg die Ausführung einiger Centralanlagen erhalten.

Bezüglich der Stationsumbauten erschien es zunächst geboten, für jede zu centralisierende Station die Verhältnisse des Zugsverkehrs und des Lokalabfertigungsdienstes, sowie die Mindestnutzlänge der Ausweichgeleise, als welche in der Regel die Länge eines Zuges aus 2 Lokomotiven und 60 Wagen, d. i. 540 m, bestimmt wurde, zu erheben und die zweckmässigste Geleisebenützung festzusetzen; die Stationen selbst wurden in vier Typen gegliedert.

Die Stellwerksanlagen der Stationen zerfallen jetzt in 5 Klassen, nämlich:

Klasse 0 mit einem einzigen unblockierten Signalstellwerk ohne Weichenstellapparat, aber nötigenfalls mit Weichenverriegelung;

Klasse 1 mit einem einzigen unblockierten, ebenerdigen Stellwerke zur Centralbedienung der Weichen und der Signale;

Klasse 2 mit einem vom Stationsbureau aus blockierten Weichen- und Signalstellwerk in einem isolierten sog. »Weichenturm«;

Klasse 3 mit mehreren blockierten Weichen- und Signalstellwerken mit Durchfahrtssignalen und mit von zwangsweiser Ausfahrtshaltstellung abhängiger Einfahrtsfreigabe;

Klasse 4 wie vor, jedoch ohne Durchfahrtssignale und ohne vorgenannte zwangsweise Ausfahrtshaltstellung.

Im allgemeinen bezwecken die Stellwerksanlagen für Weichen- und Signalbedienung — abgesehen von der namentlich in grossen Stationen ganz beträchtlichen Ersparung an Weichenwärterpersonal — die Sicherung des Zugsverkehrs in der Weise, dass einerseits die Fahrtstellung der Sperrsignale nur bei richtiger Stellung der zu befahrenden Weichen ermöglicht, andererseits die Umstellung der letzteren während der Signal-Fahrtstellung, thunlichst aber überhaupt während der Befahrung durch den Zug unmöglich gemacht sei. Zur Sicherung gehört weiters, dass gegenseitig sich gefährdende Signale nicht gegeben werden können, und dass die Freigabe einer Einfahrt nur dann möglich ist, wenn für einen vorher in das gleiche Geleis eingefahrenen Zug das Ausfahrtssignal auf Fahrt gezogen wurde.

In diesem Sinne erfolgte die Einführung von Stellwerken zunächst auf den eingeleisigen Bahnen mit Schnellzugsverkehr und auf Doppelbahnen ausnahmslos in allen Stationen mit von Zügen spitz, d. h. gegen die Zungenspitze, befahrenen Weichen. Für die kleineren Doppelbahnstationen ohne spitz befahrene Weichen kommt lediglich die Aufstellung und centrale Bedienung von Einfahrtssperrsignalen und Schranken zur Durchführung.

Eine im Juli 1885 stattgehabte Konferenz über den Gesetzentwurf für die Centralisierungsgruppe II Allach—Ingolstadt, Fürth—Würzburg und Rottendorf—Staffelstein setzte die ***Hauptgesichtspunkte für Stationsumbauten*** fest, welche im wesentlichen fordern:

Geradlinige, selbstständige Einführung aller einmündenden Bahngeleise bis an die Perrons ohne Geleisüberkreuzungen der Züge bei der Einfahrt;

Herstellung von Rangier-Ausziehgeleisen in grösseren Bahnhöfen neben der freien Bahn zur möglichsten Offenhaltung der Bahnhöfe für Personenzüge;

Zusammendrängung der Weichengruppen durch Anwendung der sog. englischen oder Kreuzungsweichen unter gleichzeitiger Einführung der niederen Weichen-Formsignale;

Vermehrung der Zugsgeleise und Rektifizierung der Ausweichgeleise nach Bedarf;

Verhütung der Ablenkung des durchgehenden Zugsverkehrs in sog. totlaufende oder Sackgeleise;

in grösseren Bahnhöfen thunlichste Scheidung der Personen- und Güterzugsgeleise;

bauliche Verbesserungen an Stationseinrichtungen aller Art.

Im Jahre 1886 wurde das vorerwähnte allgemeine Centralisierungs-Programm nochmals überarbeitet und in der Form allgemeiner Grundsätze an die Oberbahnämter hinausgegeben, welche nunmehr die Vorarbeiten sowie Bauausführungen zugeteilt erhielten. Im Jahre 1888 ward sodann die in kleineren Stationen mit centraler Weichenbedienung vom Stationsmittel aus besonders wertvolle *elektrische Rückmeldung der vollendeten Zugseinfahrt* vorbereitet, während für kleinere Zwischenstationen mit Überholungsgeleisen und spitzbefahrenen Weichen, in welchen das Wärterpersonal wegen Bedienung von Überfahrten nicht vermindert werden kann, überwiegend die *Verriegelung der örtlich bedienten Weichen* von einem Stellwerk aus Platz griff.

Die im Mai 1891 neuerdings erschienenen »Vorschriften für die Bethätigung der Umbauten und die Einrichtung der Weichen- und Signal-Stellwerke« trugen den inzwischen beim Betriebe der schon bestandenen Centralanlagen gewonnenen Erfahrungen gebührend Rechnung. Das Weichencentralisierungs-Bureau der Generaldirektion ward ab 1. Januar 1892 aufgelöst, und es trat an seine Stelle unter technischer Oberleitung der zuständigen Referenten der Centralstelle ein *Ingenieurbureau*, welches sich auch mit den Centralanlagen zu befassen hat, und ein *Hochbaubureau*.

Auf die verschiedenartigen Einzelheiten des in Rede stehenden eminenten Sicherungsmittels hier näher einzugehen, verbietet sich von selbst. Gleichwohl sei des besseren Verständnisses halber im Nachfolgenden versucht, ein in den Rahmen der Gedenkschrift passendes allgemeines Bild an Hand des beigegebenen Grundplan-Schemas von jenen Sicherungsvorkehrungen zu skizzieren, mit welchen gegenwärtig beispielsweise eine bayerische Doppelbahnstation der Klasse 2 ausgerüstet wird, deren sämtliche Weichen und Signale von einem isolierten Turm-Stellwerke aus zu bedienen sind; ein instruktives Modell einer vollständigen Centralanlage nebst Beschreibung hatte die bayerische Staatseisenbahn-Verwaltung auf der elektrotechnischen Ausstellung zu Frankfurt a. M. i. J. 1891 vorgeführt.

Der Bahnhof ist beiderseits durch einflügelige *Sperrsignale* abgeschlossen, von welchen jedes wiederum mit einem vor ihm in der Augenhöhe des Lokomotivführers aufgestellten *Vorsignal* selbstthätig verbunden ist; auch die Ausfahrt aus dem Bahnhofe ist für jeden Zug durch *Ausfahrtssperrsignale* mit je drei Flügelstellungen für Ruhe, Halt und Fahrterlaubnis gedeckt. Ferner ist am Einfahrtssignalmaste ein Ausfahrtsvorsignal angebracht, welches nur dann auf freie Durchfahrt gezogen werden kann, wenn gleichzeitig das Einfahrts- und das Ausfahrtssignal auf »Fahrt« stehen. Elektrische Rückmeldungen zeigen dem

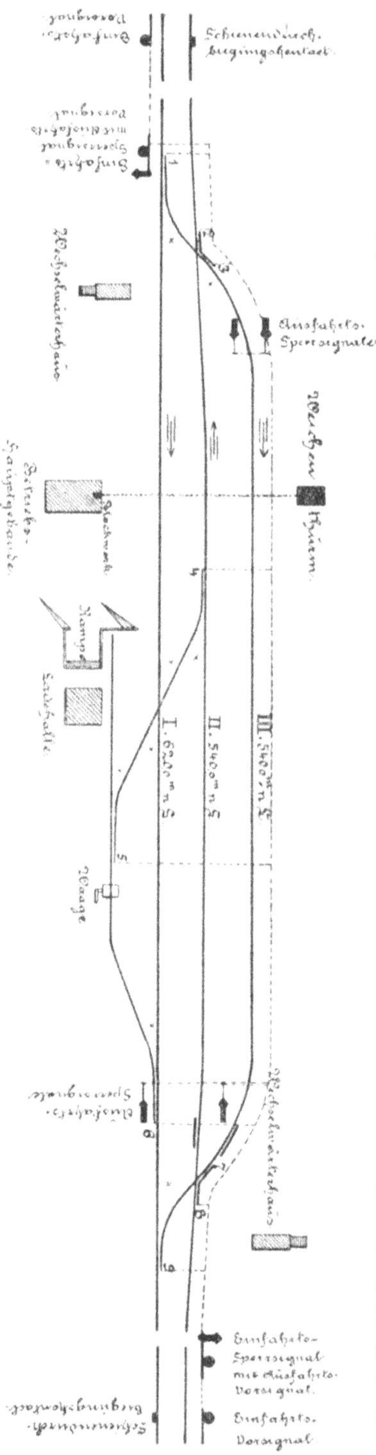

Schema einer Centralanlage der Klasse 2.

Betriebsbeamten bezw. dem Turmwärter die Stellung der Fahrstrassen und Signale, die vollzogene Zugsausfahrt (Siemenssche Schienendurchbiegungskontakte), sowie die vollendete Zugseinfahrt (Druck- oder Weichensperrschienen hinter der Einfahrtsweiche) an; erstere Kontakte verhüten ein vorzeitiges Deblockieren seitens des Beamten, letztere hingegen ein verfrühtes Umstellen der Weiche seitens des Stellwärters.

Das *Stellwerk* selbst enthält ausser den Fahrstrassenhebeln die nötige Anzahl von Weichenhebeln und Signalkurbeln, deren gegenseitige mechanische Abhängigkeit durch ein sinnreiches Verschlussregister aus wagrechten und senkrechten Linealen (Flacheisen) mit daraufgeschraubten Verschlussstücken erreicht ist. Mittelst des Stellwerkes wird die Fahrtstellung jedes Signals von der richtigen Stellung der Weichen und der übrigen Signale mechanisch abhängig gemacht, im besonderen ist die Einfahrt eines zweiten Zuges auf ein bereits mit einem andern Zuge belegtes Geleise durch die gegenseitige Abhängigkeit der Einfahrts- und Ausfahrts-Fahrstrassenhebel verhindert. In grossen Stationen gelangen nach Bedarf Signalstellwerke für den Zugsdienst und Nebenstellwerke für den Verschubdienst teils in Türmen, teils in ebenerdigen Buden zur Aufstellung.

Mittelst des Stellwerks ist die Freigebung der Ein- bezw. Ausfahrten der Züge aber auch von besonderer Fahrterlaubnis des Betriebsbeamten mechanisch abhängig gemacht, und hiezu dient der im Betriebsbureau aufgestellte und mit der erforderlichen Anzahl von Kurbeln versehene *Blockapparat.* Im Ruhezustande sind dem Turmwärter alle Fahrstrassen »blockiert«, er kann kein Signal auf Fahrt stellen, hat dagegen alle Weichenhebel frei, sodass im Bahnhofe beliebig manöveriert werden kann. Bei einer Zugs - Ein- oder Ausfahrt hingegen müssen die bezüglichen Fahrstrassenhebel des Stellwerks, von welchen die Signalkurbeln abhängig sind, seitens des Betriebsbeamten mittelst Drehen der bestimmten Ein- oder Ausfahrtskurbel des Blockapparates deblockiert werden, worauf erst der Turmwärter in der Lage ist, durch Umlegen des zugehörigen Fahrstrassenhebels die der freigegebenen Ein- oder Ausfahrt entsprechenden Signale zu ziehen und die schon vorher für diese Fahrt richtig gestellten Weichen zu verriegeln; der gezogene Fahrstrassenhebel selbst bleibt hiebei solange selbstthätig blockiert, bis dessen Freigabe wiederum von der Station erfolgt.

Bei den Stellwerksklassen 0 und 1 ist der Blockverschluss durch einen einfachen *Riegel* ersetzt, mit welchem die Signalkurbeln verschlossen gehalten werden.

Die Bewegung centralisierter Weichen geschieht mit Drahtzügen oder Gestängen, jene der Signale lediglich mit Drähten; bei Verriegelungsanlagen werden jedoch nur die von Zügen spitz befahrenen Weichen in die Sicherung einbezogen und durch die Signaldrähte selbst verriegelt. Sämtliche Weichen werden mit aufschneidbaren *Zungenspitzen-Verschlüssen* versehen und bei vorläufiger Nah-Bedienung mit aufschneidbaren Stellhebeln ausgerüstet; die *Weichensignale* sind nicht Farb-, sondern Formsignale, welche bei Tag und Nacht gleiche Signalbilder zeigen. Die Weichenlaternen werden nur bei einfacheren Weichenanlagen ohne Kreuzungsweichen drehbar, sonst aber feststehend mit beweglichen Blenden vorgerichtet. Zum Ausgleich von Spannungsänderungen in den Drahtzügen dienen selbstthätige *Kompensationsapparate,* die Längenänderungen in Gestängen hingegen werden in der Regel mittelst der Umlenkhebel und der Spitzenverschlüsse ausgeglichen.

Ergänzend fügen wir noch bei, dass in jüngster Zeit, obwohl sich die in Bayern seither üblichen mechanischen Blockvorrichtungen der centralisierten Stationen bewährten, versuchsweise auch ein *elektrischer Stationsblock* im Südbahnhofe München zur Ausführung gekommen ist.

Die Dotierung der Centralanlagen und zugehörigen Stationsumbauten erfolgte nach Massgabe der Gesetze vom 4. März 1884, 2. Mai 1886, 26. April 1888, 26. Mai 1892 und 11. Juni 1894 im wesentlichen in 5 Stationsgruppen, deren Ausführung jedoch mehrfach durch die Doppelbahnbauten beeinflusst gewesen ist. Diese Gruppen lassen sich kurz folgendermassen kennzeichnen:

Gruppe	I	Neuulm—Freilassing	mit	25	Stationen,
»	II	Allach—Staffelstein	»	45	»
»	III	Possenhofen—Weiden	»	28	»
»	IV	Lochhausen—Untersteinach	»	51	»
»	V	Mittersendling—Langweid	»	58	»

Ausserdem gewährten die gesetzlichen Dotationen für Doppelbahnbau und Stationserweiterungen auch Mittel für Sicherung einiger weiterer Stationen, sodass bis Ende 1896 im ganzen etwa 245 Stationen an den grossen Durchgangsrouten München — Bamberg — Probstzella, München — Regensburg — Weiden, Hof — Würzburg, Treuchtlingen — Aschaffenburg, Ulm — Salzburg, Nürnberg — Würzburg und München — Kempten nach den Klassen 0 mit 4 centralisiert sein werden, darunter 50 Stationen nach Klasse 3 und 18 Stationen nach Klasse 4. Die bestehenden Dotationen für Durchführung der eigentlichen Centralisierungsarbeiten bezifferten bis Mitte des Jahres 1894 den Betrag von rund 11 Millionen.

3. Entwicklung des Fahrmaterials.

Der Lokomotivbau.

Die ersten Lokomotiven der München—Augsburger Privatbahn, Namens Vesta, Jupiter und Vulkan, stammten, gleichwie deren Führer, aus England und zwar aus den Werkstätten von R. Stephenson in Newcastle, Sharp Roberts in Manchester und Feuston Murray in Leeds. Im Oktober 1841 fand eine Probefahrt statt mit der im Ritter v. Maffei-schen Eisenwerk Hirschau unter Leitung des Maschinenmeisters Hall erbauten ersten bayerischen Lokomotive »Der Münchner«, welche dann im Auftrage der Regierung durch die Sachverständigen Oberbaurat Beyschlag, Professor Dr. Aug. Steinheil und Professor Selinger eingehend geprüft und im Vergleich mit den englischen Maschinen als vorzüglich leistungsfähig anerkannt wurde. »Der Münchner« war eine sechsrädrige 13,8 ts schwere Maschine, deren Achsen, Räder, Kessel und Feuerbüchsen-Bleche noch aus England bezogen worden waren, und welche bei der Schnellfahrt am 20. Dezember 1841 mit einem angehängten Personenwagen schon 59 km in der Stunde zurücklegte; ihre in der Mitte liegenden Triebräder hatten keine Spurkränze.[31]) Die folgenden englischen Lokomotiven Keppler, Suevia u. s. w. besassen ein Dienstgewicht von 15 ts und Meyer'sche Steuerung.

Dem Vertrage, welchen die kgl. Eisenbahnbau-Kommission zu Nürnberg im April 1843 mit den Firmen J. Meyer in Mühlhausen, Kessler in Karlsruhe und J. v. Maffei in München über die Lieferung der ersten 24 Lokomotiven für die Ludwigs-Süd-Nordbahn abschloss, war ein von Pauli mit umfassender Kenntnis des Lokomotivbaues aufgestelltes Programm beigegeben, das dem Fabrikanten gewisse bindende Richtpunkte vorschrieb. Die Konstruktion selbst hielt sich an die damals aus England importierten Lokomotiven mit grossen Triebrädern in der Mitte und vier kleineren Laufrädern; bedungen war eine während der

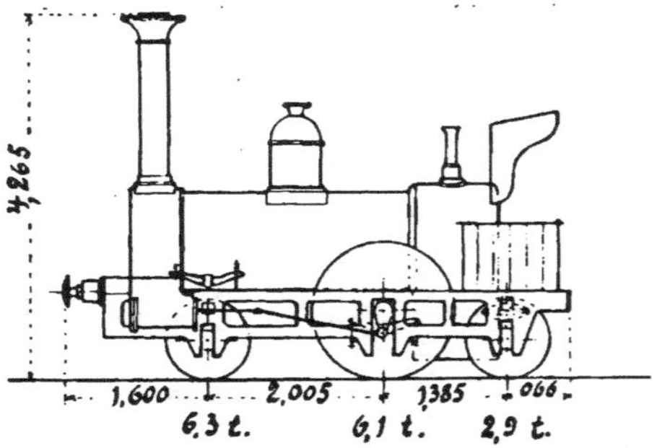

Personenzugslokomotive Ar.
Heizfläche 46 qm; Dienstgewicht 15,3 ts.

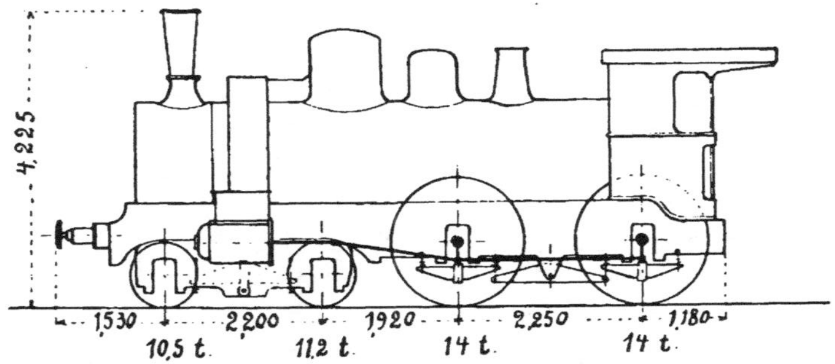

Personenzugslokomotive Bxi (Verbundsystem).
Heizfläche 120 qm; Dienstgewicht 50 ts.

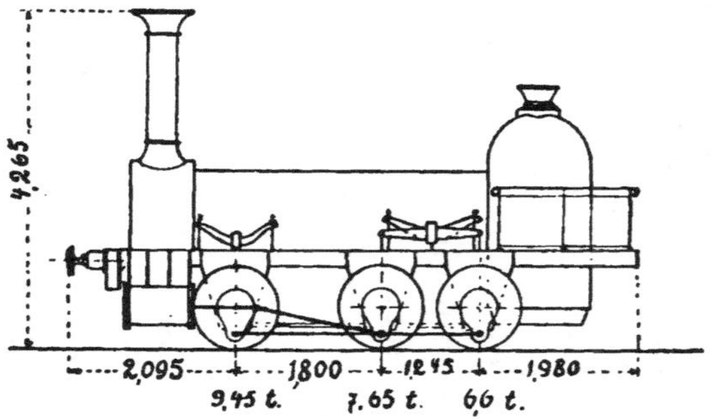

Güterzugslokomotive Cr.
Heizfläche 80 qm; Dienstgewicht 23,7 ts.

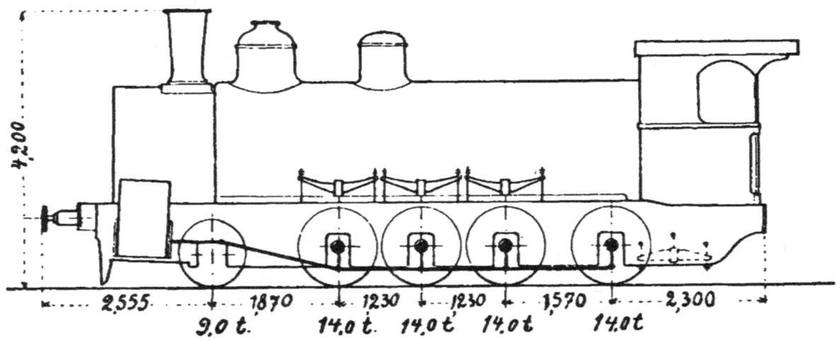

Güterzugslokomotive E.
Heizfläche 180 qm; Dienstgewicht 65 ts.

Lokomotiven aus ältester und neuester Zeit.

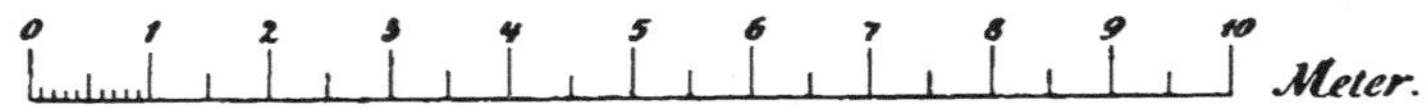

Fahrt beliebig verstellbare Expansionssteuerung mit gleichbleibender Voröffnung, und eine Leistung von 70 ts auf Steigungen 1 : 200 bei 33 km Fahrgeschwindigkeit in der Stunde. Eine nach diesem Programm angefertigte Maschine »Bavaria« brachte v. Maffei im Mai 1844 auf die Schienen der Bahnstrecke Nürnberg — Bamberg, auf welcher am Ludwigstage, den 25. August 1844 die erste, von Kessler gelieferte und von einem deutschen Maschinisten geleitete Lokomotive »Germania« (Type AI) den Eröffnungszug fuhr.

Allein schon bald zeigten sich diese erstgelieferten Lokomotiven den Anforderungen des sich rasch entwickelnden Verkehrs nicht mehr gewachsen, und schon bei der nächsten Vergebung von Lokomotiven i. J. 1846 wurde das Gewicht der Personenzugsmaschinen (jetzt Type AII) auf 17 ts erhöht, der Kessel verlängert, und das hintere Laufrad vor den Feuerkasten gesetzt. Für gemischte Züge wurde eine Type B mit zwei gekuppelten Triebachsen und einer vorderen Laufachse gewählt, und für den Betrieb der schiefen Ebene bei Neuenmarkt Maschinen einer ganz neuen Type CI mit drei gekuppelten Triebachsen und Triebradbremse, sog. »*Remorqueure*«, konstruiert, welche über dem Kessel vorsorglich Ballast-Wasserbehälter zu allenfallsiger Vermehrung des Adhäsionsgewichtes trugen; mit denselben ward thatsächlich der ehedem stark angezweifelte Betrieb auf Steigungen bis zu 25‰ ermöglicht.

Im Jahre 1853 bestanden von beiden Typen A und B schon mehrere Varianten, welche sich in der Hauptsache nur durch das fortwährend steigende Dienstgewicht unterschieden; sie alle besassen das Steuerungssystem Stephenson (Meyer). Die Klasse AV war die letzte der ungekuppelten Maschinen, denn es wurde die Type B zur Personenzugslokomotive ausgebildet, und für den Güterzugsdienst i. J. 1857 sog. Dreikuppler der Klasse CII mit Stephenson-Steuerung gebaut, welche bereits i. J. 1868 durch die schwerere Klasse CIII mit Allan-Steuerung überholt worden ist. Noch heute stehen mehrere Lokomotiven der Klassen AV, BI und BIII im hohen Alter von 41 bis 48 Jahren im Dienste; der Rumpf einer ursprünglich aus dem Jahre 1852 stammenden Maschine »Veitshöchheim« nebst Armatur befindet sich der Länge nach durchschnitten, als lehrreiches Schaustück, gegenwärtig im Eisenbahnmuseum zu München.

Anfangs der siebziger Jahre gingen aus der Type B die *Schnellzugs-Lokomotiven* der Klasse BVIII und BIX hervor, und es kamen für den Rangierdienst die *Tenderlokomotiven* Type D zur Einführung. Die Ära dieser Maschinen leiteten die Probefahrten mit einer von Krauss konstruierten, 4,8 ts schweren und zwanzigpferdigen schmalspurigen Baulokomotive ein, welche im August 1869 auf einer mit 1 : 15 ansteigenden Rollbahn im Giesinger Bahneinschnitt bei München stattfanden und den Ausgangspunkt der Verwendung solcher leichten, selbst auf mangelhaften schmalspurigen Rollbahngeleisen Fahrsicherheit gewährenden Hilfsmaschinen für die bayerischen Bahnbauten bildeten. Wie diese schmalspurigen Miniaturlokomotiven, so besassen auch die demnächst nach System Krauss für die Staatsbahnen gelieferten Tendermaschinen der Serien DII und DIII durchweg gekuppelte Räder und einen zur Aufnahme des nötigen Vorrates an Speisewasser eingerichteten Rahmenbau. In der Folgezeit ward die Lieferung schwererer Tenderlokomotiven, deren weitere Serien jedoch eigene Rahmen und besondere Wasserkästen besitzen, den beiden Münchener Firmen Krauss und Maffei zu ziemlich gleichen Teilen übertragen.

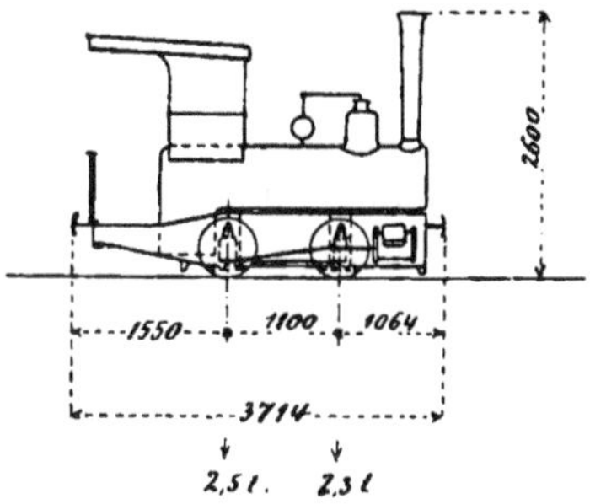

Schmalspurige Baulokomotive System Krauss, 1869.

Um 1873 standen schon 19 Klassen von Lokomotiven im Betrieb der Staatsbahnen. Nunmehr begann die Ausrangierung der ältesten Klassen der Typen A und B; in der Ausbildung der Typen B und C tritt ein Stillstand ein, dagegen entwickeln sich Varianten der Type D, so entstehen die eigentlichen *Rangiermaschinen* DIV von 24 ts, und die dreifach gekuppelte Güterzugsmaschine DV von 35 ts Gewicht, sodann um 1880 die Klassen DVI und DVII mit zwei bezw. drei gekuppelten Achsen für Vizinal- und Lokalbahnen, welchen sich in neuerer Zeit die Klassen DVIII und DX mit drei gekuppelten Triebachsen und einer hinteren Laufachse (Krauss'sches Drehgestell) für Lokalbahnen mit starken Steigungen, sämtlich für 12 Atmosphären Dampfspannung, anschlossen; die 400 pferdigen (Adhäsions-) Maschinen DVIII überwinden auf der Lokalbahn Reichenhall—Berchtesgaden eine 5 km lange Steigung 1 : 25 anstandslos.

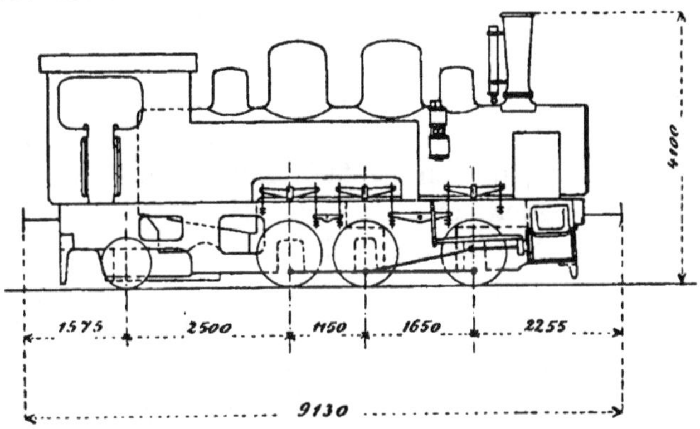

Lokalbahn-Tenderlokomotive DVIII von Krauss.

Dem Lokal-Personenverkehre auf Vollbahnen dienen seit 1888 Maschinen der Klasse DIX mit zwei gekuppelten Achsen und einer vorderen Laufachse, während auf der Eichstätter Schmalspurbahn dreifach gekuppelte Tendermaschinen von 16½ ts Eigengewicht in Betrieb sind.

Die Weiterentwicklung der Hauptbahnlokomotiven beginnt wieder i. J. 1884 mit Schaffung der neuen Güterzugsmaschinen-Klasse CIV, worauf in den Jahren 1890 bezw. 1892 die neuen Schnellzugslokomotiven Klasse Bx und Bxi mit mächtigen Kesseln, 12 Atmosphären Dampfdruck, Heusinger-Steuerung und einstellbaren Laufachsen erscheinen, welche bis zu 90 km in der Stunde zurückzulegen und bis 600 Pferdekräfte zu leisten vermögen. Bei den von Krauss gebauten 42 ts schweren »2/3 Kupplern« Bx zeigt sich die Laufachse mit der nächstliegenden Kuppelachse in ein Patent-Drehgestell zusammengefasst, während bei den von Maffei gelieferten, 50 ts im Dienste wiegenden »2/4 Kupplern« Bxi die zwei Laufachsen in einem besondern Truck angeordnet sind. Bei den »*Verbundlokomotiven*« der Klassen Civ und Bx kam gleichzeitig das System der mehrfachen Dampfausdehnung in den Cylindern, und zwar der Doppelexpansion, zur Anwendung, welches den Zwillings-Lokomotiven von gleicher Leistung gegenüber hinsichtlich Ersparnis an Kohlen und Wasser den gehegten Erwartungen voll entspricht. Die Schnellläufer Bxi werden dermalen ebenfalls nach dem Verbundsystem gebaut und mit vierachsigen Tendern versehen; die Dampfspannung der Güterzugslokomotiven Civ wird von 11 auf 13 Atmosphären erhöht.

Für starke Steigungen und schwere Lastzüge kommen gegenwärtig Zwillingslokomotiven der neuen Serie E mit 5 Achsen, wovon 4 gekuppelt sind, in Dienst; ihre Laufachse ist mit der zweiten gekuppelten Achse zu einem Drehgestell, Patent Krauss, vereinigt, und es beträgt das Dienstgewicht dieser Riesenmaschinen 65 ts, wovon 56 ts Adhäsionsgewicht sind. Zum Vergleiche mit den ersten Personenzugslokomotiven der Staatsbahnen sei angeführt, dass die Maschinen Bxi im stande sind, auf Steigungen von 1 : 200 Züge von 300 ts Gewicht mit 35 km Geschwindigkeit, und Züge von 90 ts Gewicht mit 70 km Geschwindigkeit in der Stunde dauernd zu befördern!

Der *Bedarf an Lokomotiven* war anfänglich mangels Erfahrung schwierig zu bemessen, auch in der Folgezeit beschränkte man sich in Rücksicht auf die grossen pekuniären Anforderungen an die Volksvertretung bei der raschen Inszenierung des Eisenbahnbaues auf das Notwendigste. Bis zum Jahre 1874 bildete die Vermehrung des Fahrmaterials — abgesehen von den umfangreichen, durch Baudotationsgetze bewilligten Fahrmaterialbeschaffungen — eine ständige Quelle für Nachforderungen, ja das Gesetz vom 28. April 1872 allein gewährte 8 Millionen Gulden für Vermehrung des Fahrparks. Der rasche Verkehrsaufschwung, aber auch die Ausrangierung älterer Maschinen, hatte weitere Nachschaffungen von Lokomotiven aller Serien im Gefolge. In den letzten Jahren berechnete man den Mehrbedarf nach der Durchschnittsleistung der Lokomotiven und nahm für Personenzugsmaschinen 33000 km, für Güterzugsmaschinen 25000 km und für Rangiermaschinen 36000 km als jährliche Leistung an.

Während i. J. 1853 nur 92 und i. J. 1876 erst 911 Lokomotiven einschliesslich der Ostbahnmaschinen im Dienst standen, fuhren i. J. 1892 bereits 1235 normalspurige Lokomotiven mit 947 Tendern, welche einen Gesamtaufwand von über 57 Millionen Mark erforderten; von denselben stammten 928 Stück aus Maffei's Werkstätten, 289 von Krauss, 14 von Sigl in Wien und 4 von Hartmann in Chemnitz. Maffei lieferte für die bayerischen Staats- und Ostbahnen seit 1841 bis heute allein 1061 Lokomotiven.

Ein grosses technisches wie ökonomisches Interesse bietet die

Lokomotivfeuerung.

Wie nicht anders denkbar, erwuchsen bei den ältesten Maschinen der München—Augsburger Privatbahn bedeutende Schwierigkeiten hinsichtlich des Feuerungsmaterials. Man versuchte und verwarf nach einander englische Kokes, bayerische Braunkohle, Torf, böhmische Steinkohle, um schliesslich zur reinen *Holzfeuerung* unter Verwendung des vom Ingenieur und nachmaligen württembergischen Oberbaurat Klein erfundenen Funkenfängers zu gelangen. Im Herbst 1845 wurden sodann auf der Staatsbahnstrecke zwischen Augsburg und Donauwörth Feuerungsversuche mit Stichtorf unter Exter's Leitung durchgeführt, worauf die *Torffeuerung*, welche sich als ebenso billig wie die Holzfeuerung erwiesen hatte, seit 1847 nach Inangriffnahme des weitgedehnten und bis zu 7 m mächtigen Haspelmoores in grösserem Massstabe auf den südlichen Bahngebieten in Aufnahme kam, während im nördlichen Teile des Landes die Feuerung mit Ruhr- oder Zwickauer *Kokes*, seit 1854 auch erfolgreich in Verbindung mit sächsischen Nusskohlen, vorherrschte. Der Torf wurde seit 1857 in dem bahneigenen Werthensteiner- und Degermoore in eigener Regie gestochen, teilweise auch im staatlichen Haspelmoore und im privaten Kolbermoore als *Maschinen-Presstorf* in bedeutenden Mengen gewonnen und in gesonderten, hinter den Lokomotivtendern eingestellten Torfmunitionswägen von den Zügen mitgeführt. Die damals ausgesetzte Brennmaterialersparnis-Prämie hatte merklichen Einfluss auf die anhaltende Abnahme der Feuerungskosten. Nach dem Jahre 1856 verschwand der kostspielige Kokesbrand und wurde durch *sächsische Steinkohle* ersetzt, zu welcher i. J. 1858 die (den höchsten Brennwert besitzende) Ruhrkohle, 1860 mit Eröffnung der Rosenheim—Salzburger Bahn die billigere *Traunthaler Braunkohle* (Lignit), 1875 nach Einverleibung der Ostbahnen die von letzteren schon seit vielen Jahren verfeuerte *böhmische Steinkohle*, diese als scharfe und regulierende Konkurrentin der vorgenannten Kohlensorten, trat, indes Saarkohle nur wenig, oberbayerische Kohle nur versuchsweise in Benützung kam.

Der Verbrauch an Torf stieg bis zum Jahre 1871, nahm aber seitdem stetig wieder ab, wozu der geringere Brennwert dieses Materials, die hohen Magazinierungskosten, der Bedarf eines zweiten Heizers auf dem Tender und die Gefährlichkeit des Funkenfliegens Anlass gab. Der im Haspel- und Kolbermoor erzeugte Presstorf musste, obwohl dieser ein recht gutes Brennmaterial abgibt, i. J. 1876 wegen des hohen Gestellungspreises aufgegeben werden, wogegen später in den Kollerfilzen bei Rosenheim Maschinentorf, sog. kondensierter Presstorf, mittelst Pieau'scher Pressen erfolgreich erzeugt ward. Ein rationell betriebenes bahneigenes Torfwerk besteht dermalen bei Raubling und ist durch ein Geleise mit der Staatsbahn in Verbindung gesetzt.

Nach dem Jahre 1889 nahm die Verwendung von *Steinkohlen-Briquettes* grössere Dimensionen an, aber auch die schwefelarme *böhmische Braunkohle* wurde der zu theuren Steinkohle mehr und mehr vorgezogen. Die Statistik hat ergeben, dass der Gesamt-Brennmaterialverbrauch seit 1875 beständig abnimmt trotz steigender Lokomotiv- und Wagenkilometer, und dass der Durchschnittsverbrauch an Brennstoff für den allein massgebenden Wagenkilometer günstigerweise stetig fällt.

Im Betriebsjahre 1892 stellte sich der Durchschnittsverbrauch der Lokomotiven an Kohlen auf 8,84 kg pro Lokomotivkilometer. Der Aufwand für Unterhaltung und Erneuerung einzelner Teile betrug:

bei den Lokomotiven nebst Tendern 7,60 Pf. pro Lokomotivkilometer,
» » Personenwagen . . . . . 0,53 » » Achskilometer,
» » Güterwagen . . . . . . 0,35 » » Achskilometer.

Der Wagenbau.

Ziemlich gleichen Schritt mit dem Zunehmen der Stärke und der Leistungsfähigkeit der Lokomotiven hielt auch die Entwicklung der Personen- und Lastwagen, und zwar lange Zeit hindurch in langsamem, dann aber in schnellem Tempo.

Die Personenwagen der München—Augsburger Privatbahn wurden anfänglich nach vier Klassen gebaut, nämlich

I. Klasse, sog. Glaswagen mit Fenstern und gepolsterten Sitzen,
II. Klasse, gedeckte Coupé-Wagen mit Vorhängen und Polstersitzen,
III. Klasse, gedeckte Wagen mit Vorhängen und Bänken mit Gradlüberzug, sowie
IV. Klasse, offene, nicht gedeckte Wagen mit blanken Sitzen.

Die Wagen II. Klasse besassen statt der Fenster einfach Öffnungen auf die ganze Breite des Coupés, welche durch Ledervorhänge, sog. Wettermäntel, verschliessbar waren; die Thüren reichten bloss bis zu jenen Öffnungen. In den Wagen III. Klasse war der Schutz gegen Witterungseinflüsse und gegen den Funkenflug der Lokomotive schon sehr gering, in jenen IV. Klasse gar nicht vorhanden, daher diese Wagengattung wegen der allgemeinen Klagen i. J. 1841 ganz aufgegeben wurde, während gleichzeitig die erste Wagenklasse Fussteppiche und

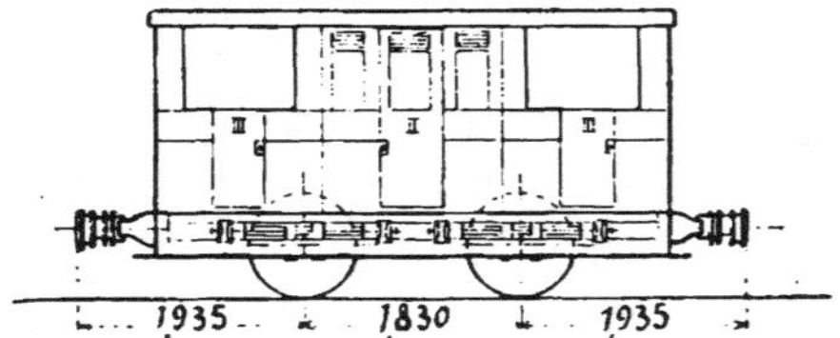

Personenwagen II. und III. Kl.
Höhe 2,55 m; 28 Sitzplätze.

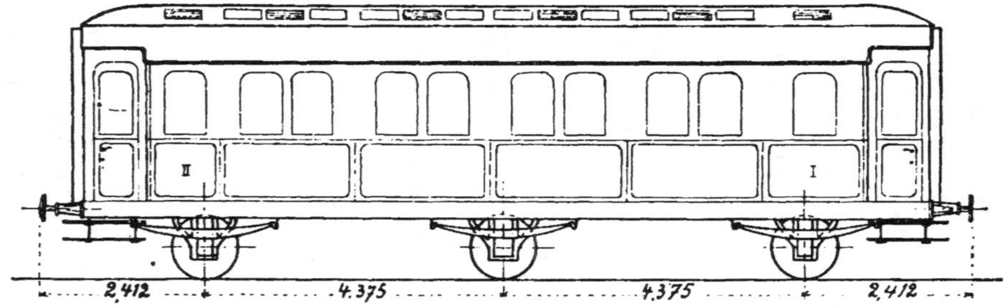

Personenwagen ABi mit Seitengang.
Höhe 4,09 m; 27 Sitzplätze.

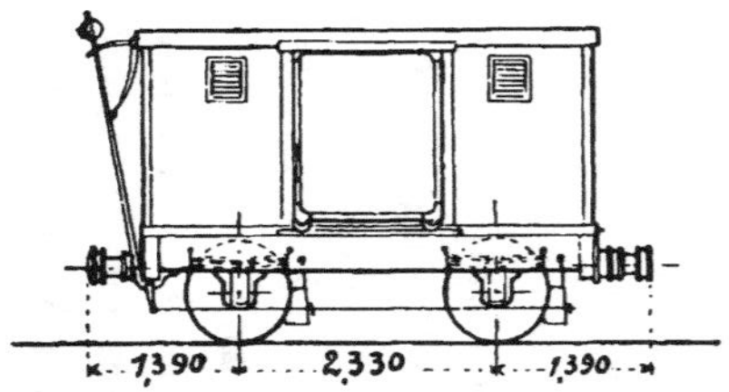

Gedeckter Güterwagen mit Seilbremse.
Bodenfläche 8,7 qm; Tragkraft 4000 kg.

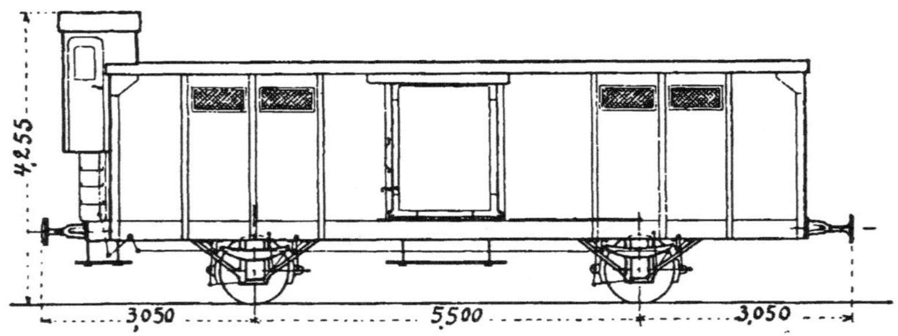

Gedeckter Güterwagen Gpm mit Hausbremse.
Bodenfläche 27,3 qm; Tragkraft 15750 kg.

Eisenbahnwagen aus ältester und neuester Zeit.

Kopflehnen, die zweite schliessbare Fenster erhielt. Den Güter- bezw. Gepäcktransport vermittelte ein Dutzend primitiv gebauter, offener und gedeckter Packwagen. Sämtliche Wagen stammten von Rathgeber in München. Im Jahre der Übernahme der Privatbahn vom Staate bestand das Wageninventar aus 1 Galawagen, 5 sog. »Kutschen« I. Klasse, 16 Kutschen II. Klasse, 15 Wagen III. Klasse und bereits 31 Frachtwagen.

Mit Gründung der staatlichen Eisenbahnbau-Kommission in Nürnberg wurde ebendort eine *kgl. Wagenbauanstalt,* den Bausektionen koordiniert, in's Leben gerufen und vom Maschinenmeister Werder eingerichtet. Hier wurden die ältesten Staatsbahnwagen in Regie gebaut bis zum Jahre 1848, wo die Anstalt anlässlich der Verlegung der Eisenbahnbau-Kommission nach München aufgehoben, und der Wagenbau fortan und für immer der Privatindustrie übertragen ward.

Die ersten aus der staatlichen Wagenbauanstalt hervorgegangenen

Personenwagen

waren nach dem Coupésystem gebaut und unterschieden sich in vier Gattungen:

zweiachsige Wagen	I.	Klasse	mit	12	Sitzplätzen,
dreiachsige »	I. u. II.	»	»	20	»
zweiachsige »	II. u. III.	»	»	28	»
dreiachsige »	III.	»	»	40	»

Die Coupés I. und II. Klasse besassen Fenster an der Seite und an den Thüren, jene III. Klasse waren offen. Das ungefähre Gewicht der Wagen pro Sitzplatz betrug in I. Klasse 170 kg, in II. Klasse 90 kg und in III. Klasse 70 kg. Die nach 1851 beschafften Wagen erhielten durchweg drei Achsen nach dem Vorbilde der nordischen Bahnen, da man überall solche Wagen noch für sicherer und haltbarer wähnte, als zweiachsige, auch bekamen die Wagen III. Klasse Fenster, jedoch blieben die geringen Ausmaasse der Coupés noch lange Zeit gleich. Der Mangel an Bedürfnis liess in Bayern eine vierte Wagenklasse niemals aufkommen.

Das im Bereiche der Centralwerkstätte München i. J. 1885 errichtete hochinteressante *Eisenbahnmuseum* führt zahlreiche Maschinen- und Wagenteile vor Augen, welche ein Bild geben von den bescheidenen, in der Jugendzeit der Eisenbahnen an den Wagenbau gestellten Anforderungen; wir erinnern blos an die ältesten Wagenbuffer mit Lederpolstern und Stroh- oder Gummifedern, an die aus Holzblättern in eisernem Gehäuse bestehenden Tragfedern und an die langgestreckten sog. Adamsfedern mit anmontierten Buffern.

Namhafte Verbesserungen im Bau und in der Ausstattung der Personenwagen erfolgten, den Ansprüchen des Publikums und der Fahrsicherheit Rechnung tragend, um das Jahr 1857. Die Wagen erhielten kräftigere, teilweise aus Eisen bestehende Untergestelle, statt drei-nur mehr zwei kräftige Achsen, geschlossene Blattfedern und starke Zug- und Stossapparate, ferner wurden die Wagenkasten vergrössert und die lichte Höhe der Coupés von 1,7 m auf 2 m gebracht. Damals kamen auch die ersten Wagen III. Klasse mit stirnseitigen Eingängen nach dem *amerikanischen Mittelgang-System* auf die Schienen der Staatsbahnen. Nach diesen Typen wurden im allgemeinen alle Personenwagen beschafft bis Mitte der achtziger Jahre, doch erhielten dieselben inzwischen grössere Radstände, sowie gegen Ende der sechziger Jahre ganz eiserne Gestelle und im Innern verschiedene Verbesserungen in der Ausstattung, wie Vorhänge für die Fenster der III. Wagenklasse, bessere Heizung und Beleuchtung; Wagen I. und II. Klasse wurden teilweise mit Aborten und Toilette versehen.

Die Einführung grösserer Fahrgeschwindigkeiten der Schnellzüge sowie Verminderung der Aufenthaltszeiten auf internationalen Routen nötigte zur Beistellung zahlreicherer hiefür geeigneter, bequem und fahrsicher gebauter Wagen mit grösseren Radständen. Die Eisenbahngesetze vom 10. April 1886, 26. April 1888, 8. Dezember 1889 und 29. Dezember 1891 inaugurierten nicht blos eine erhebliche Ergänzung des bei der anhaltenden Verkehrssteigerung teilweise ungenügenden Wagenparks — mussten doch beispielsweise zahlreiche gedeckte Güterwagen für Zwecke der Personenbeförderung im Ausflugsverkehr der grossen Städte aptiert werden —, sondern auch die Beschaffung *dreiachsiger Wagen aller drei Klassen* für den Fernverkehr mit seitlich verschiebbarer Mittelachse, Aborten, 2,3 m Lichthöhe und bis zu 15 ts Gewicht. Die Coupéwagen III. Klasse erhielten 50 Sitze, die Wagen nach dem im Lokalverkehre sehr beliebten Mittelgang-System 40 Sitze und durchweg Dampfheizung; in den neueren Wagen I. Klasse können durch Umklappen der Lehnen bequeme Betten vorgerichtet werden.

Für die internationalen Schnellzüge kamen in jüngster Zeit seitens der bayerischen Verwaltung dreiachsige, fast 14 m lange Wagen mit je 9 Plätzen I. Klasse und 18 Plätzen II. Klasse nach dem *Seitengang-System* und mit Übergangsbrücken nebst Faltenbälgen versehen, in Verkehr; in krassem Gegensatze zu den ersten Staatsbahnwagen trifft bei jenen neuzeitlichen Schnellzugswagen auf den Sitzplatz ein Wagengewicht von durchschnittlich 770 kg. Weiters bewilligte der letzte Landtag die Mittel zur Einführung ganz neuer *Dienstwagen* für den Schnellzug-Durchgangsverkehr, welche zugleich als Gepäckwagen dienen und bei den Zügen mit Interkommunikation auch die Zollabfertigung im Zuge ermöglichen sollen.

Eine erstaunliche Grösse erhielten in neuester Zeit die wichtigen *Bahnpostwagen* der Schnellzüge, von welchen jedoch weiter unten die Rede sein wird.

An staatseigenen

Güterwagen

wurden anfänglich

zweiachsige offene	Wagen mit	9 qm Bodenfläche,
dreiachsige »	» »	13 » »
zweiachsige gedeckte	» »	15 cbm Rauminhalt und
dreiachsige »	» »	20 » »

beschafft; die zweiachsigen Wagen besassen 2,3 m Radstand und 80 Zentner = 4000 kg Tragkraft, die dreiachsigen 3,1 m Radstand und 120 Zentner = 6000 kg Tragkraft.

Mit diesen vier vollständig aus Holz gebauten Wagensorten konnte viele Jahre hindurch dem Bedürfnisse entsprochen werden; denselben gesellten sich i. J. 1855 *Kohlenwagen* von 160 Zentner = 8000 kg Tragkraft, sodann i. J. 1858 die zweiachsigen und mit je einem Drehschemel nebst sog. Kipfstangen versehenen *Langholzwagen*, i. J. 1864 auch Etagenwagen für Kleinvieh, bei. Seit 1865 wurden neue zweiachsige, offene, wie gedeckte Güterwagen mit stärkeren Achsen und 200 Zentner = 10000 kg Tragkraft in Dienst gestellt, welche zunächst eiserne Langträger unter Beibehaltung der hölzernen Kopfschwellen und Querträger, später jedoch ganz eiserne Untergestelle erhielten; nach Massgabe der »Bestimmungen über die Verwendung der Güterwagen« vom 15. Mai 1867 wurden die verschiedenen Wagengattungen (Serien) mit grossen lateinischen Buchstaben bezeichnet, und die Wagen selbst mit dementsprechenden Aufschriften neben der Wagennummer versehen; diese Serienbezeichnung ist, gleichwie jene für Personenwagen, seit 1893 jener des preussischen Wagenverbandes thunlichst angepasst worden.

Im Jahre 1873 erschienen die ersten *Biertransportwagen*, deren eminente Bedeutung für die Bierproduktion und Bierausfuhr Bayerns schon aus der Thatsache erhellt, dass i. J. 1892 bereits 639 im Eigentum von Brauereien befindliche und 451 bahneigene Bierwagen mit Eiskühlung im Verkehre standen. Nachdem schon i. J. 1882 Güterwagen von 10 m Länge in Betrieb gesetzt worden waren, begann i. J. 1892 der Bau neuer grosser, zweiachsiger Güterwagen aller Gattungen mit je 15000 kg Ladefähigkeit, darunter gedeckte Wagen mit 5½ m Radstand, 57 cbm Rauminhalt und fast 10 ts Eigengewicht, denen sich in neuester Zeit Plattform- und Schienenwagen mit 30000 kg Ladegewicht, 8 m Radstand, Drehgestellen und 12 m Plattformlänge anreihten; für aussergewöhnlich schwere Gegenstände steht zudem ein Spezialwagen mit 40000 kg Tragkraft zur Verfügung.

Infolge der seit Mitte der achtziger Jahre eingetretenen anhaltenden Verkehrssteigerung machte sich ein fühlbarer Mangel an Güterwagen geltend und es mussten die eingelaufenen entleerten Wagen fremder Bahnen vielfach zu Rückbeladungen herangezogen werden, weshalb in den Jahren 1892 und 1893 weitere erhebliche Summen für offene und gedeckte Wagen, namentlich zu Kohlen-, Langholz-, Getreide- und Biertransporten, behufs Verminderung der Wagenmieteschuld genehmigt und verausgabt wurden.

Für die bayerischen *Lokalbahnen* wird ein ganz eigenes Fahrmaterial beschafft, um die zahlende Last mit dem geringsten Aufwand von toter Last, Bedienung und Materialverbrauch, also möglichst billig, zu befördern, und es sind Personenwagen nach amerikanischem System II. und III. Klasse, Gepäck- und Stückgutwagen in Gebrauch; der normale Lokalbahnzug besteht aus der Tendermaschine und drei Wagen.

Im Jahre 1852 bestand der *Wagenpark der Staatsbahnen* aus 256 Personenwagen und 1480 Güterwagen, Ende 1892 hingegen aus 3264 Personenwagen und 20500 Güter- und sonstigen Wagen, deren Anschaffung annähernd 95 Millionen Mark erforderte. Wie sehr die Verschiedenartigkeit der Waaren auf die Gestaltung des Güterwagenmaterials Einfluss übt, geht daraus hervor, dass gegenwärtig

12 Sorten gedeckter Güterwagen,
22 » offener Güterwagen mit Bordwänden,
8 » Langholzwagen und
10 » Plattformwagen,

ausserdem aber zahlreiche Wagen für die Bahnunterhaltung, sodann verschiedene, teilweise private Spezialwagen zum Transport von Theer, Gaswasser, Petroleum, Spiritus, Benzin, Säuren, Spielwaaren, Fäkalien u. s. w. in Verwendung stehen.

Wie auf seinen Lokomotivbau, so kann Bayern mit Stolz auf seine hochentwickelte W a g e n b a u - I n d u s t r i e blicken, und ist es vornehmlich die schon i. J. 1837 in Nürnberg gegründete Maschinenfabrik von Klett & Cie. (später Cramer-Klett'sche Fabrik, jetzt Maschinenbau-Aktiengesellschaft Nürnberg), welche sich rühmen kann, das grösste Etablissement des Landes im Bau von Eisenbahnwagen zu sein. Demnächst beteiligten sich an den Wagenlieferungen für die bayerischen Staatsbahnen hauptsächlich die renommierte Waggonfabrik von Rathgeber in München (welche auch den Bau von Schlafwagen betreibt), die Nöll'sche Wagenfabrik in Würzburg, die Waggonfabrik Ludwigshafen a. Rh., in kleinerem Massstabe die vormalige Waggonfabrik in Haidhausen, in früheren Jahren auch Stümmer in Würzburg, Rühle in Augsburg, sowie im Baue von Bahnpostwagen Gärtner in Halle.

Des geschichtlichen Interesses wegen verdienen hinsichtlich des rollenden Materials der bayerischen Staatsbahnen die i. J. 1883 auf Hauptbahnstrecken veranstalteten Versuchsfahrten mit einem sog. *Dampfomnibus* Erwähnung, welchen die Lokomotivfabrik Krauss & Co. in München gebaut und bereitgestellt hatte. Dieses Fahrzeug, aus der Maschine und einem Etagenwagen zusammengesetzt, besass 67 Sitzplätze und ein Dienstgewicht von 25½ ts; jene Versuche hatten jedoch eine endgiltige Einführung dieses Trains im Bereiche der Staatsbahnverwaltung nicht zur Folge.

Wenden wir uns nunmehr zu der

Ausrüstung des Fahrmaterials,

d. h. zu jenen Vorrichtungen, welche einesteils der Fahrsicherheit, anderenteils der Annehmlichkeit des reisenden Publikums zu dienen haben. Von den ersteren nehmen die

Zugbremsen

die wichtigste Stelle ein. Schon die allerersten Wagen der Staatseisenbahnen waren mit *Spindelbremsen* versehen. Der steigende Bedarf an Bremserpersonal führte den Maschinenmeister Karl Exter i. J. 1847 zur Konstruktion der *Seilbremse,* d. h. einer Gruppenbremse, bei welcher die Bremsung jedes Wagens mittelst eines in die Höhe stehenden Hebels erfolgte, wobei alle Bremshebel einer Wagengruppe durch ein Seil verbunden waren, das über eine auf dem Dach des vom Bremser besetzten Wagens angebrachte Windetrommel gespannt wurde; durch Drehen der Trommel konnten die Bremsen gleichzeitig angezogen oder gelöst werden. Die altbewährten, noch heute auf allen Maschinentendern befindlichen mechanischen »*Wurfbremsen*« sind ebenfalls eine Erfindung Exter's.

Im Jahre 1872 gelangte für Personenzüge die schnellwirkende *Reibungsbremse* des bayerischen Bezirksmaschinenmeisters Jacob Heberlein zur Einführung. Das Prinzip dieser Schnellbremse, für welche der Erfinder vom deutschen Eisenbahnverein eine erste Prämie von 2500 Thalern erhielt (die er jedoch zur Gründung des Pensionsvereins für Werkstättearbeiter der Staatsbahnen freiwillig stiftete), besteht in der Verwendung der lebendigen Kraft des rollenden Zuges als Bremskraft. Auf einer Wagenachse sitzt eine feste Rolle, über ihr schwebt aufgehängt eine lose Rolle. Wird nun die letztere an die Achsrolle angedrückt, so überträgt sich deren Bewegung auf die lose Rolle, auf deren Achse sodann eine Kette aufgewickelt wird, welche die Bremsklötze gegen die Räder anpresst. Alle Bremsapparate des Zuges sind mit einer dem Zuge entlang laufenden und den Passagieren zugänglichen Leine verbunden; bei Zugstrennungen wirkt diese Bremse selbstthätig. Die Reibungsbremse erfuhr gegenüber der von der englischen »Heberlein-Bremsgesellschaft« beibehaltenen alten Bauart durch Einführung eines Reibungsringes und der Parallelogramm-Kuppelung wesentliche Verbesserungen seitens der bayerischen Staatsbahnverwaltung und ausgedehnte Anwendung im Inlande.

Die Erfindung der Luftdruckbremse in Amerika, sowie deren allmähliche Verbesserung und Einführung bei europäischen Bahnen veranlasste auch die Verwaltung der bayerischen Staatsbahnen, mit den verschiedenen Systemen dieser Bremse Versuche anzustellen, welche zu dem Ergebnis führten, dass die Luftdruckbremse in Bezug auf Bedienung und Wirkung wesentliche Vorzüge vor der Reibungsbremse besitzt. Gleichzeitig mit den Nachbarbahnen und nachdem inzwischen i. J. 1886 für den Geltungsbereich des Art. 43 der Reichsverfassung eine auch von Bayern angenommene bahnpolizeiliche Bestimmung erschien, wonach die schneller als mit 60 km Geschwindigkeit in der Stunde fahrenden Personenzüge mit durchgehenden, d. h. gleichzeitig vom Lokomotivführer zu bedienenden und auf den ganzen Wagenzug zu erstreckenden Bremsen zu versehen sind, wurde auch in Bayern und zwar zunächst bei allen Schnellzügen die Luftdruckbremse eingeführt.

Von vornherein hatte man sich in Bayern für die selbstthätig wirkende, im eigentlichen Sinne kontinuierliche *Luftdruckbremse nach System Westinghouse* entschieden, deren ganzer Apparat aus folgenden Teilen besteht: dem Hauptluftbehälter unter der Lokomotive, dem Hilfsluftbehälter unter jedem Bremswagen in Verbindung mit dem Bremscylinder, der Rohrleitung unter dem ganzen Zuge (der Leitungsdruck beträgt 4—5 Atmosphären), der Dampf-Luftpumpe auf der Lokomotive, dem Führer-Bremsventil und dem Funktionsventil der Bremswagen, welch' letzteres i. J. 1890 derart verbessert worden ist, dass nunmehr die Bremswirkung bei allen Wagen des Zuges fast gleichzeitig eintritt.

Die Gesetze vom 10. April 1886 und vom 26. April 1888 gewährten Kredite zur Ausrüstung aller Schnellzüge, dann das Gesetz vom 8. Dezember 1889 die Mittel zur Ausrüstung der gewöhnlichen Personenzüge mit dieser vorzüglich wirkenden Gebrauchs- und Gefahrbremse, und in raschem Tempo erfolgte die Ausrüstung der Personenwagen teils nur mit Luftdruckleitung, teils auch mit Bremsapparat; zur Zeit sind sämtliche bayerischen Schnellzugs- und Personenzugsmaschinen mit der Westinghouse-Bremse versehen, welche übrigens auch die in Personenzüge einzustellenden Eilgutwagen (Vieh-, Bier-, Fleisch- und Pferdewagen) erhalten.

Da sich auch beim Lokalbahnbetrieb das Bedürfnis nach einer vom Führer zu bedienenden und schnellwirkenden Bremse geltend machte, so wurden seit 1892 die Lokalbahnlokomotiven fast durchweg mit der (nicht selbstthätig wirkenden) *Luftleerbremse von Hardy* ausgerüstet; die Maschinen Dᴠɪɪɪ auf der Lokalbahn Reichenhall—Berchtesgaden sind mit der Westinghouse-Bremse, der Dampfklotzbremse und mit einer Luftgegendruckbremse versehen.

Als wichtige Ausrüstungsgegenstände der Fahrzeuge sind weiters die

Geschwindigkeitsmesser

zu bezeichnen. Einen solchen — unsers Wissens den ersten in Deutschland überhaupt — konstruierte in den fünfziger Jahren Maschinenmeister

Karl Exter unter Benützung eines von der Achse eines Gepäckwagens bewegten Schwungkugelregulators, wobei durch das Steigen und Fallen der Kugeln die jeweilige Fahrgeschwindigkeit sowie der Aufenthalt in den Stationen auf einer rotierenden Papierscheibe mittelst eines Schreibstiftes verzeichnet wurde. Exter's Apparat, wie auch ein vom bayerischen Maschinenmeister Fuchs konstruierter Geschwindigkeitsmesser standen längere Zeit auf einzelnen Bahnstrecken im Gebrauch; Originalstücke beider Konstruktionen befinden sich noch im Eisenbahnmuseum.

Im Jahre 1877 wurde ein von dem verstorbenen Generaldirektionsrat Friedrich Petri erdachter und vom Etablissement Siemens & Halske in Berlin ausgeführter Geschwindigkeitsmesser probeweise in Benützung genommen. Das günstige Ergebnis dieser Proben veranlasste die Einführung dieses Apparats, welcher die jeweilige Fahrgeschwindigkeit des damit verbundenen Fahrzeugs bei den älteren Lieferungen von 30 zu 30 Sekunden, bei den neueren Lieferungen von 20 zu 20 Sekunden direkt misst, die Überschreitung erlaubter Geschwindigkeit durch ein Alarmsignal anzeigt und bleibend markiert, endlich eine graphische Darstellung der jeweiligen Geschwindigkeiten, Fahr- und Aufenthaltszeiten durch Stiche auf einem mechanisch bewegten Papierstreifen liefert. Dieses Diagramm ermöglicht ferner den bei Fahrtstörungen und Unfällen nötigen Nachweis über die pflichtgemässe Handlungsweise des Lokomotivführers.

Von Petri's Apparat sind z. Z. 630 Stück in Betrieb, und es ist dessen Beschaffung für die Maschinen aller Personen- und schnellfahrenden Güterzüge, nachdem bereits sämtliche Schnellzugsmaschinen damit ausgerüstet sind, beabsichtigt. Petri hat ausserdem i. J. 1883 einen *Kontrolapparat* konstruiert, welcher, von der Turmuhrenfabrik Neher & Söhne angefertigt, die Fahrgeschwindigkeit und Längenmessung der durchfahrenen Strecke alle 10 Sekunden markiert.

Der Annehmlichkeit bezw. auch dem Wohlbefinden der Bahnreisenden dient vornehmlich die Beleuchtung und Heizung der Personenwagen. Die

Wagenbeleuchtung

geschah anfänglich durch Laternen mit *Wachs- oder Stearinkerzen*, welche an den Aussenseiten der Wagen angebracht waren, und es erfreuten sich ursprünglich nur die Reisenden in I. und II. Klasse einer Coupé-Beleuchtung. Später wurden *Rüböllampen* in die Wagendächer eingesetzt. Das seit 1865 aufgekommene Petroleum fand als Beleuchtungsmittel für Wagen nur beschränkte Verwendung. Bereits 1863 machte die Firma L. A. Riedinger in Augsburg Versuche für Wagenbeleuchtung mit komprimiertem Fettgas, ohne noch durchzudringen, erst 1877 wurde mit der *Ölgasbeleuchtung* begonnen und die erste Gasbereitungsanstalt mit Komprimierungsanlage und Füllstation im Bahnhofe München errichtet.

Das Ölgas wird aus Paraffin unter Verwendung aller fettigen und schmierigen Rückstände aus dem Betriebe bis herab zum sandigen Abhub in den Laufgräben, erzeugt, auf 10 Atmosphären verdichtet und mittelst Hochdruckleitung und Füllschläuchen den für 36 Brennstunden und 6 Atmosphären Druck eingerichteten Gasbehältern der Wagen zugeführt, von wo es nach Passieren eines Hochdruckregulators in die Coupélampen gelangt; bei einem stündlichen Gaskonsum jeder Flamme von 20 bis 25 Liter stellen sich die Gesamtkosten der Gasbeleuchtung wesentlich niedriger, als jene der Rübölbeleuchtung. Im Jahre 1879 erhielt auch der Bahnhof Nürnberg eine Ölgasanstalt.

1881 fand das Verfahren Riedinger zur Wagenbeleuchtung mit *carboriertem Steinkohlengas* Eingang. Hiebei wird gewöhnliches, aus städtischen Gasfabriken bezogenes Kohlengas in einer bahneigenen Kompressionsanlage verdichtet und den wie bei Ölgasbeleuchtung eingerichteten Wagen zugeleitet, jedoch muss es einen in die Niederdruckleitung eingeschalteten und mit Gasöl gefüllten sog. Carburateur passieren, wodurch es eine dem Ölgas ziemlich gleiche Leuchtkraft erhält; der Flammenkonsum beträgt hier stündlich 27 bis 30 Liter. Kompressionsanlagen wurden in Würzburg, Rosenheim, Hof und Augsburg errichtet, von welchen jene in Würzburg und Augsburg i. J. 1891 bezw. 1893 in Ölgasanstalten umgewandelt worden sind; in neuerer Zeit trat die Stations-Ölgasanstalt in Neuenmarkt als Gaslieferantin für Wagen hinzu.

Sämtliche Einrichtungen für Füllstationen und Wagen lieferte bisher das Etablissement L. A. Riedinger in mustergiltiger Weise. Zu erwähnen bleibt noch, dass seit 1890 bei einzelnen Zügen mit älteren Wagen die *elektrische Entzündung* der Gasflammen mittelst tragbarer Dynamomaschinen, um ein Besteigen der Wagendächer zu vermeiden, zur Anwendung kam, und dass i. J. 1894 Versuche mit *elektrischer Wagenbeleuchtung* unter Verwendung von mitgeführten Akkumulatoren begannen. Um die der Gasbeleuchtung noch entbehrenden Züge der Linien Ingolstadt—Neuoffingen und Ulm—Kempten mit Gasbeleuchtung versehen zu können, ohne jedoch für jede Linie eine besondere Gasfüllstation erbauen zu müssen, werden jetzt die von Ingolstadt und Kempten ausgehenden Züge mittelst *transportabler Gasbehälter* mit Gas versorgt.

Die *Erwärmung der Personenwagen* erfolgte ursprünglich durch Einlegen eiserner, mit heissem Sand gefüllter Flaschen (welche auf den grösseren Stationen gewechselt wurden) in die Coupés I. Klasse und wurde seit 1860 auch auf die Coupés II. Klasse der Schnellzüge ausgedehnt, nunmehr unter Verwendung heissen Wassers statt Sand. Die auf auswärtigen Bahnen üblich gewesene Heizung mittelst Presskohlen oder gewöhnlicher eiserner Öfen fand in Bayern keinen Eingang.

Im Winter 1868/69 wurde ein Personenzug versuchsweise mit Dampf geheizt, und da die Ergebnisse günstig waren, gelangte die Dampfheizung i. J. 1869, und zwar als eine der ersten in Deutschland, zur endgiltigen Annahme. Zu diesem Zwecke führten die Züge zunächst eigene, noch heute bei gemischten Zügen verwendete *Dampfkesselwagen* mit, seit dem Jahre 1872 aber wird der Heizdampf *unmittelbar der Lokomotive* unter Drosselung auf etwa 3 Atmosphären Spannung entnommen und den unter den Wagensitzen befindlichen Heizröhren bezw. eigenen Dampfheizöfen zugeleitet, wobei die Wagenverbindung durch Gummischläuche geschieht. Alle Dampfheizungs-Einrichtungen liefert die Firma Haag in Augsburg.

Zur Zeit finden — nebenbei erwähnt — Versuche statt zur *Warmhaltung von Bierwagen* auf die konstante Temperatur von 4 Grad Celsius durch Gasöfen mit selbstthätiger Wärmeregulierung nach Riedinger'schem Verfahren, wie auch die Heizbarmachung anderer Gattungen von Güterwagen seitens der Staatsbahnverwaltung bereits in Erwägung gezogen ist.

---

4. Werkstättendienst.

Eine der wichtigsten Sparten des Eisenbahnbetriebes bildet die Unterhaltung des rollenden Fahrmaterials durch die Werkstätten, deren Entwicklung nun in Kürze dargestellt sei.

Die München—Augsburger Privatbahn besass eine Maschinenwerkstätte nebst Hauptmagazinsverwaltung in München, welche von einem engagierten Engländer, der als Vorstand des gesamten maschinentechnischen Dienstes den stolz klingenden Titel »Superintendant« führte, eingerichtet und geleitet wurde.

Gleich mit Beginn des Baues der staatlichen Süd-Nord-Bahn trat im Bahnhofe Nürnberg eine »*Mechanische Werkstätte*« in Wirksamkeit, welche i. J. 1848 zu einer »*Wagenbauanstalt*« erweitert wurde und bis zu ihrer im November 1851 erfolgten Umwandlung in eine »*Betriebswerkstätte*« Attribut der kgl. Eisenbahnbaukommission unter Leitung eines Maschinenmeisters blieb. Nachdem i. J. 1845 die Hauptstationen Hauptmagazine und geeignete Zwischenstationen Nebenmagazine für Materialien, teilweise auch eigene Kokesmagazine erhalten hatten, gelangte im Mai 1850 eine den Bahnämtern koordinierte Hauptreparaturwerkstätte in Augsburg nebst Centralmagazin zwecks Anfertigung von Inventar- und Reservestücken, sowie für Hauptreparaturen an Lokomotiven und Wagen zur Eröffnung. Der übrige maschinentechnische Dienst wurde damals von 4 Maschinenmeistern nebst 7 unterstellten Obermaschinisten bewältigt.

Im Jahre 1865 bestanden auf den Staatsbahnlinien für den Werkstättendienst 5 Bezirkswerkstätten zu München, Augsburg, Nürnberg,

Bamberg und Würzburg, und 10 Betriebswerkstätten, für den Materialdienst (ausnahmlich jenen für Oberbaugegenstände) das Centralmagazin in Augsburg, 4 Bezirks- und 15 Nebenmagazine. Die Erweiterung des Eisenbahnnetzes nötigte i. J. 1867 zu einer Neuordnung des Werkstättenwesens, indem den *Hauptwerkstätten* die grösseren Reparaturen an Fahrmaterial, den *Betriebswerkstätten* nur die kleineren laufenden Reparaturen übertragen wurden. Im Verfolge dieser Massregel entstanden am 1. Januar 1871 4 Hauptwerkstätten und 4 Magazinsverwaltungen in München, Augsburg, Nürnberg und Würzburg als unmittelbar der Generaldirektion (Betriebsabteilung) untergeordnete Vollzugsorgane. Die an allen Stationen mit Lokomotivremisen, d. h. mit ständig zugewiesenen Zugsmaschinen, errichteten Betriebswerkstätten wurden bezüglich des rein mechanisch-technischen Dienstes den Hauptwerkstätten unterstellt, und gleichzeitig die bisherigen Nebenmagazine ganz aufgehoben bezw. in Materialdepots umgewandelt.

Anfangs der siebziger Jahre schuf die Staatsbahnverwaltung zwei grossartig angelegte, völlig in sich abgeschlossene und unter eigenen Verwaltungen stehende *Centralwerkstätten in München und Nürnberg,* welche die bisher von den Hauptwerkstätten besorgten Reparaturarbeiten übernahmen, erstere mit einer ummauerten Bodenfläche von über 14 ha und 12 km Geleisen für den Bereich der Oberbahnämter München, Augsburg, Kempten und Rosenheim, letztere mit 11 ha überbauter Fläche und 15 km Geleisen für die Oberbahnamtsbezirke Nürnberg, Bamberg und Würzburg. Im Jahre 1875 ging ferner die um 1864 entstandene Centralwerkstätte der ehemaligen Ostbahngesellschaft in *Regensburg* mit 4 ha Bodenfläche und 7 km Geleisen an den Staat über und ist jetzt für die Oberbahnämter Ingolstadt, Regensburg und Weiden bestimmt. Eine vierte ausgedehnte Centralwerkstätte steht gegenwärtig in *Weiden* im Bau begriffen auf Grund des Dotationsgesetzes vom 26. Mai 1892, nachdem die Vermehrung des Fahrmaterials, die Zunahme der Reparaturen (wozu auch die Instandhaltung der privaten Güterwagen gehört) und die räumliche Beschränktheit der vorhandenen Centralwerkstätten eine weitere derartige Anstalt notwendig machte. Künftig werden in allen vier Centralen im Ganzen 156 Lokomotiv- und 588 Wagenreparaturstände verfügbar sein.

Die Centralwerkstätten haben sich mit allen belangreichen Reparaturen und Konstruktionsänderungen von Maschinen und Wagen, ferner mit den nach den polizeilichen Bestimmungen der Betriebsordnung periodisch auszuführenden Haupt- und Zeitrevisionen des gesamten Fahrparks zu befassen: ein System, das sich vorzüglich bewährte und nebenbei die Erhaltung tüchtiger Arbeiter unter einheitlicher Leitung gestattet; die Neuanfertigung von Maschinen und Wagen unterbleibt mit Rücksicht auf die Privatindustrie. Die Centralwerkstätten München,

Nürnberg und Regensburg beschäftigen dermalen zusammen 2451 Arbeiter und 116 Lehrlinge.

Den ebengenannten Etablissements zur Seite und Unterstützung steht als nächstgrösste maschinentechnische Anstalt die i. J. 1890 erweiterte *Betriebswerkstätte Augsburg*, welcher als Hauptaufgabe die Reparatur und Anfertigung von Rädern zufällt. Die laufende Unterhaltung des Fahrmaterials beschäftigt ausserdem zur Zeit 25 weitere *Betriebswerkstätten* an den Sitzen der Oberbahnämter und auf den einzelnen Lokomotivstationen; dieselben haben neben der laufenden Unterhaltung des rollenden Materials auch die von der Betriebsordnung vorgeschriebenen periodischen Revisionen von Wagen, insbesondere von Güterwagen, zu vollziehen und bei der Unterhaltung der mechanischen Stationseinrichtungen, wie Wassernahmsvorrichtungen, Pumpen, Bodenwaagen, Schiebebühnen u. s. w., mitzuwirken. Im Jahre 1892 bezifferte die Gesamtausgabe des Werkstättenbetriebes für Unterhaltung und Erneuerung der Betriebsmittel rund 9027700 M. = 12,44 % der Gesamtausgaben ausschliesslich des Pachtzinses.

Nachdem im Laufe der Jahre wiederholte mässige Erweiterungen der grossen Werkstätten stattgefunden hatten, erfolgte i. J. 1893 die Erbauung einer neuen Wagenreparaturanstalt im Bereiche der Centralwerkstätte München für 86 Reparaturstände. Wie die Motive zum Dotationsgesetz vom 5. Mai 1890 darthun, gilt als ein Erfahrungsgrundsatz, dass die Centralanstalten gedeckte Räume für 12% des gesamten Lokomotivstandes, 6% des Personenwagen- und 2% des Güterwagenstandes besitzen sollen, und dass ausserdem 3% aller Wagen auf den Werkstattgeleisen zur Reparatur aufgestellt werden können.

Alle zur Instandhaltung des Fahrparks nötigen Materialien werden durch die am Sitze der Centralwerkstätten befindlichen *Centralmagazine* beschafft und vor ihrer Verwendung geprüft; die Prüfung der Metallwaaren geschieht ausschliesslich in der Centralwerkstätte München, teilweise mit Hilfe einer Werder'schen Festigkeitsmaschine.

Die auf Grund des Gesetzes vom 7. Februar 1874 mit einem Kredite von 1 Million Gulden, und vorher schon in Regensburg durchgeführte Erbauung von *Arbeiterwohnhäusern* mit billigen und gesunden Wohnungen bei den Centralwerkstätten ist notorisch von den günstigsten Folgen begleitet gewesen und hat den Stand verlässiger Arbeiter verstärkt. In Würdigung solcher hochbedeutsamer Wohlfahrtseinrichtungen, deren Baukapital sich überdies noch mässig verzinst, gewährte das Gesetz vom 26. Mai 1892 die Mittel zur Schaffung weiterer Arbeiterwohnhäuser, so dass nunmehr

in München	252	Wohnungen	in 32	Häusern,	
» Nürnberg	144	»	» 18	»	
» Regensburg	48	»	» 18	»	vorhanden sind.

5. Bahnunterhaltungsdienst.

Die nachstehenden Zeilen sollen sich keineswegs über die vielseitigen technischen Aufgaben der Bahnunterhaltung verbreiten, sondern sich lediglich auf einige wenige geschichtliche Bemerkungen hinsichtlich der Organisation des Bahningenieurdienstes beschränken.

Die Leitung des technischen Dienstes auf der München—Augsburger Privatbahn lag in den Händen eines Betriebsingenieurs und eines Bahningenieurs, deren Wirkungskreis sich auf die ganze, freilich nur 60 km lange Linie erstreckte, und denen die auf der freien Strecke zahlreich postierten Bahnwärter nebst ihren »Obmännern« als Hilfsorgane dienten.

Alsbald nach dem Inslebentreten des staatlichen Eisenbahnbetriebes wurden bei den Bahnämtern »*Betriebsingenieure*« aufgestellt, welchen hauptsächlich die bauliche Unterhaltung der Fahrbahn samt allen Bahngebäuden und sonstigem Zubehör anvertraut war; denselben unterstanden die Bahnmeister, die Bahn- und Wechselwärter und die Streckenarbeiter. Noch gar Manchem wird — um hier eine eisenbahngeschichtliche Merkwürdigkeit einzuschalten — die frühere ziemlich auffällige Uniformierung der Bahn- und Wechselwärter im Gedächtnisse sein, welche in grauen Beinkleidern, Spenzer von krapprotem Tuch mit schwarzen Aufschlägen, schwarzem Filzhut mit Emblem und Nummer, Horn und Ledertasche bestand, eine Uniform, die erst i. J. 1876 der heutigen gewichen ist. Höchst eindrucksvoll wirkte auch die damalige Gala-Uniform der Bahnmeister: graue Beinkleider, krapproter Frack mit schwarzem Kragen und ebensolchen Aufschlägen, graue Mütze mit rotem Vorstoss, und Haudegen.

Die Zahl der im äussern Dienste angestellten Bahningenieure (Bezirks- und Betriebsingenieure sowie Ingenieurassistenten) stieg in den Jahren 1851 bis 1856 von 5 auf 36. Seit 6. November 1856 wurden die Staatsbahnen in bestimmte *Betriebs-Ingenieurabteilungen* — zunächst 21 an der Zahl — mit je einem Betriebsingenieur als Vorstand eingeteilt; diese Beamten waren exponierte Aufsichtsorgane der Oberämter und den letzteren unmittelbar untergeordnet, sie hatten ihre Geschäftsaufgaben, nämlich die Aufsicht und bauliche Unterhaltung ihrer Bahnabteilung, die Überwachung des Bahnwärter- und Signaldienstes, aber auch die Aufsicht über den Fahr- und Abfertigungsdienst, nach Massgabe ihrer speziellen Dienstanweisung und der Bahnamtsinstruktion, unter Oberleitung der fünf bei den Oberpost- und Bahnämtern aufgestellten *Bezirksingenieure* zu vollziehen. Zum Zwecke der Kontrolierung der Bahnwärter hinsichtlich des Streckendienstes war bereits durch die Baunormen vom Jahre 1856 das Kontroltafel-System zur Einführung gelangt.

Nach dem Jahre 1869 unterstanden die Bahningenieure in technischer und administrativer Beziehung unmittelbar der Generaldirektion

(Bauabteilung), hinsichtlich des Fahrdienstes den Oberämtern, seit Schaffung der 10 Oberbahnämter, d. i. seit 1876, jedoch ausschliesslich diesen. Inzwischen war auch ab 1. Januar 1870 eine Neueinteilung der Ingenieurbezirke eingetreten und innerhalb der fünf »Oberingenieur-Rayons« 27 »*kgl. Ingenieurbezirke*« mit 33 Ingenieuren geschaffen worden, welche Zahl sich mit dem allmählichen Ausbau des Hauptbahnnetzes, wenngleich nicht erheblich, vermehrte. Die Oberaufsicht über den Bahnerhaltungsdienst seitens der Generaldirektion war vom 9. Juli 1872 an von der Bau- an die Betriebsabteilung übergegangen. Die Vorstände der Ingenieurbezirke erhielten im April 1877 die amtliche Benennung »kgl. Streckeningenieure.«

Auf Grund der Allerh. Organisations-Verordnung vom 17. Juli 1886 fiel der behördliche Charakter der Ingenieurbezirke, deren Vorstände nunmehr exponierte Vollzugsbeamte der Oberbahnämter bilden und dementsprechend seit Februar 1889 den Titel »*kgl. Staatsbahningenieure*« führen. Denselben obliegt neben ihren Hauptaufgaben auch die Kontrole des Fahr- und Stationsdienstes auf Dienstreisen, sowie die Ausführung der ihnen etwa übertragenen Neubauten.

Dermalen sind bei den 10 Oberbahnämtern *45* Staatsbahningenieure nebst Nebenbeamten und dem benötigten technischen wie administrativen Hilfspersonal mit dem Bahnerhaltungsdienste betraut, und es treffen auf einen Bezirk, die Bahnhöfe und Stationen inbegriffen, durchschnittlich 114 km Bahnlänge, sohin eine ungefähr ebenso grosse Streckenlänge, als in Preussen auf die Bauinspektionen durchschnittlich entfallen; die Unterhaltung der Münchener Bahnhöfe, dann des Central- und Ostbahnhofes Nürnberg nebst dem Bahnhofe Fürth besorgen zwei eigene Staatsbahningenieure. Die Zahl der den Ingenieuren unterstellten *Bahnmeisterdistrikte* beziffert gegenwärtig 267, wovon 12 ausschliesslich für den Hochbau bestimmt sind, die Zahl der *Bahnwärter* 1892 und jene der *Wechselwärter* 2550.

Im Jahre 1892 betrugen die Kosten für die Unterhaltung aller Bahn- und Bahnhofsanlagen, der Telegraphen und Signalvorrichtungen einschliesslich Erneuerung des Oberbaues rund 10072500 M. oder auf 1 km der im Jahresdurchschnitt unterhaltenen vollspurigen Strecken (4736 km) 2125 M. = 13,88 % der Gesamtausgaben abzüglich des Pachtzinses, wovon allein 858 M. auf Unterhaltung und Erneuerung sämtlicher Geleise (6837 km) entfielen. Für die Bewachung und Unterhaltung der bayerischen Staatsbahnen waren nach Tabelle 29 der Reichsstatistik 8227 etatsmässige und diätarische Beamte sowie Arbeiter beschäftigt, welche einen Kostenaufwand von rund 8180900 M. oder 1727 M. auf 1 km obiger Streckenlänge verursachten.

6. Fahr- und Zugförderungsdienst.

Umfang, Dichtigkeit und Schnelligkeit des Zugsverkehrs spiegeln sich am getreuesten in den Fahrplänen.

Auf der ehemaligen Privatbahn München—Augsburg verkehrten — um hinsichtlich der *ältesten Fahrordnungen* gleich mit dieser Bahn zu beginnen — nach Wegfall der nächtlichen Pferdefahrten täglich im Sommer je 3 und im Winter je 2 regelmässige Züge; ausserdem wurde im Sommer an Sonn- und Feiertagen je noch ein weiterer Zug zwischen den beiden Endstationen, sowie zwischen München und Lochhausen hin und zurück abgefertigt. Die Fahrgeschwindigkeit betrug durchschnittlich 24 km in der Zeitstunde, mithin weniger, als heute für den Betrieb der Lokalbahnen gestattet ist.

Auch der Fahrplan der ersten Teilstrecken der staatlichen Süd-Nord-Bahn und der Westbahn war höchst einfach gestaltet, jedoch bezüglich der Fahr- und Aufenthaltszeiten bereits genau geregelt; er beschränkte sich auf drei bis vier »Gemischte Züge«, die bekanntlich in der Jugendzeit des Eisenbahnwesens eine ungleich grössere Rolle spielten als in der Gegenwart. Der geschichtlichen Denkwürdigkeit wegen lassen wir nachstehend den Fahrplan der Strecke Nürnberg—Bamberg vom 15. März 1846 wörtlich folgen:

A. Abgang in Nürnberg und Bamberg.					B. Ankunft in Nürnberg und Bamberg.				
Morgens	7	Uhr	—	Min.	Morgens	9	Uhr	—	Min.
Vorm.	11	»	—	»	Mittags	1	»	—	»
Nachm.	3	»	—	»	Nachm.	5	»	—	»
Abends	7	»	—	»	Abends	9	»	30	»

In welchem Masse seitdem der Verkehr auf dieser Strecke gewachsen ist, ergibt sich aus dem Sommerfahrplan 1894, worin nicht weniger als 37 Tarifzüge, hierunter 6 Schnell- und 16 Personenzüge, als tägliche Züge zwischen Nürnberg und Bamberg verzeichnet sind. Für den Güter- und Viehtransport wurden erst im Jahre 1847 eigene Züge eingerichtet, und es durften von da an den Personenzügen, welche im übrigen für den Eilgut- und Equipagentransport mitbenützt wurden, nur ausnahmsweise Viehwagen, aber keine Güterwagen angehängt werden. Den Lokomotivführern war damals eine zulässige Meistgeschwindigkeit von 10 Wegstunden = 37 km in der Zeitstunde vorgeschrieben, die in den Bahnkurven und Stationen ermässigt werden musste; über Weichen durfte nur im Geschwindschrittstempo gefahren werden.

Anfangs der fünfziger Jahre nahm der bis dahin hinter dem Personenverkehr zurückgebliebene Güterverkehr eine grössere Ausdehnung an, was seit 1. Mai 1852 zur Abfertigung *reiner Güterzüge* nach Bedarf Anlass gab. Schon vorher verkehrten zwischen München und Augsburg, sowie zwischen Nürnberg und Bamberg bereits 5 Züge (nämlich ein »schnellfahrender« Zug, 2 Personen- und 2 gemischte Züge), zwischen Augsburg und Nürnberg, sowie zwischen Bamberg und Hof 4 Züge täglich in jeder Richtung.

Nach gänzlichem Ausbau der Süd-Nord-Bahn hatte der Betrieb schon mit recht erheblichen Entfernungen zu rechnen, was auch im Mai 1854 die Einrichtung besonderer *Schnellzüge* mit Wagen I. und II. Klasse zur Folge hatte; diese Schnellzüge konnten übrigens noch ohne Taxzuschlag benützt werden. Um diese Zeit wurden, vielfach geäusserten Wünschen entsprechend, alle Güterzüge im Lokalverkehre auch der Personenbeförderung zugänglich gemacht und *Nachtfahrten* eingerichtet; das seither erlaubte Tabakrauchen in den Wagen der höheren Klassen wurde eingeschränkt und ein Teil der Coupés als »Nichtrauchercoupés« kenntlich gemacht.

Eine wesentliche Vermehrung der Züge — zwischen Nürnberg und Bamberg, sowie zwischen München und Grosshesselohe bis zu 10 täglich — begann i. J. 1863, gleichzeitig aber auch eine mehr planmässige Durchführung des Fahrdienstes. Güterzüge durften mit 33 km, Personen- und Postzüge mit 52 km, Eil- und Extrazüge mit 56 bezw. 59 km Meistgeschwindigkeit verkehren, unter Abminderung der Fahrgeschwindigkeit in Kurven und Stationen. Heutzutage darf bekanntlich die Geschwindigkeit der Schnellzüge nach Massgabe der Betriebsordnung für die Haupteisenbahnen Bayerns noch beim Zusammentreffen eines Gefälls von 1 : 133 mit Krümmungen von 800 m Halbmesser bis auf 80 km in der Zeitstunde erhöht, unter besonders günstigen Verhältnissen selbst bis auf 90 km gesteigert werden!

Im Mai 1867 wurden für die Stückgutbeförderung sog. *Sammelzüge* eingerichtet, die an allen Zwischenstationen zur Bei- und Ausladung von Stückgütern, oder zur Aufnahme und Abstellung ganzer (plombierter) Stückgutwagen anhalten, so dass das Ein- und Ausladen gewöhnlicher Frachtgüter — leicht verderbliche ausgenommen — bei den andern Güterzügen auf Zwischenstationen unterbleibt.

Von Jahr zu Jahr mehrten sich die täglichen Züge auf den einzelnen Linien und es erschien kein Fahrplan ohne neueingelegten Zug. Das immer stärker hervortretende Bedürfnis nicht bloss nach vermehrten, sondern auch nach beschleunigten und die Erreichung gewisser Anschlüsse sichernden Zugsverbindungen im Fernverkehre drängte zu einer Gliederung der zur Personenbeförderung bestimmten Züge in internationale Schnellzüge mit kürzesten Fahrzeiten, sowie mit kurzen und wenigen Aufenthalten; gewöhnliche oder Lokal-Schnellzüge zur Vermittlung des Weitverkehrs im eigenen Verwaltungsbereiche, welche teilweise auch Wagen III. Klasse führen; Personenzüge zur Bedienung des internen Verkehrs; Sekundärzüge, welche auch auf gewissen Hauptbahnlinien verkehren, und Lokal- und Vorortzüge für den beschränkten örtlichen Verkehr auf kurzen Strecken.

Seit 1. Mai 1892 wurden in Bayern zahlreiche internationale Schnellzüge *mit einer Grundgeschwindigkeit von 75 km in der Stunde* eingelegt, welche Meistgeschwindigkeit in allen ohne Anhalten durchfahrenen centralisierten Zwischenstationen und in nicht centralisierten Stationen der Doppelbahnen, in welchen Weichen nicht gegen die Spitze zu passieren sind, keiner Ermässigung bedarf. Bei Bemessung der Fahrzeiten dieser Schnellzüge wurde die wirkliche Bahnlänge zwischen je zwei Stationen durch Zuschläge für die Steigungen und Krümmungen in eine sog. virtuelle Länge umgerechnet und hienach die Fahrzeit bestimmt; weitere Zeit-Zuschläge sind für das Ab-, Durch- und Anfahren in Stationen gegeben. Die Verwendung von Vorspannmaschinen wird bei solchen Zügen prinzipiell zu vermeiden gesucht.

Auf einzelnen wenigen Linien verkehrten schon früher sog. Eilgüterzüge, die nur an bestimmten Zwischenstationen anhielten. Seit Oktober 1892 gelangten aber »*beschleunigte Güterzüge*« in grösserem Umfange, hauptsächlich im Interesse einer intensiveren Ausnützung des Fahrparks, mit etwa 35 km Fahrgeschwindigkeit in der Stunde zur Durchführung, und ausserdem ward behufs günstigerer Gestaltung des Fahrplans sowie Erleichterung des Abfertigungsdienstes die Personenbeförderung mehrfach von den Güterzügen losgelöst.

Hinsichtlich des nicht unwichtigen *Schlafwagenverkehrs* mögen nachstehende Bemerkungen Platz greifen. Es besteht nur eine, in Brüssel sesshafte und aus der i. J. 1877 gegründeten belgischen Gesellschaft »Compagnie internationale des wagons-lits« hervorgegangene »Internationale Schlafwagen-Aktiengesellschaft«, welche den Bahnverwaltungen geräumige und elegant ausgestattete Salon-, Speise- und Schlafwagen zur Einstellung in die internationalen Schnellzüge überlässt und auch ganze Wagengarnituren zur Durchführung geschlossener Expresszüge beistellt. Der Speisewagendienst entfällt für Bayern auf die Routen (Berlin) Hof—München, (Frankfurt a. M.) Aschaffenburg—Eger und München—Ulm (Avricourt). Am Schlafwagenbetrieb nimmt Deutschland den geringsten Anteil, Bayern (seit 1880) bloss auf den Routen (Mainz) Aschaffenburg—Passau (Wien), Hof—München (Verona), Ulm—München—Simbach (Wien) und Ulm—München—Salzburg (Wien), wozu noch die mit preussischen Schlafwagen befahrenen Routen Berlin—München und Köln—München kommen. Im Jahre 1892 verkehrten in den bayerischen Schnellzügen 26 Schlaf- und 12 Restaurationswagen fremder Gesellschaften.

Die Inbetriebsetzung von *geschlossenen Expresszügen* zeugt von einer besonderen Steigerung des internationalen Reiseverkehrs. In erster Linie ist der bereits seit 1883 verkehrende sog. Orientexpresszug Paris—

Wien—Konstantinopel, welcher innerhalb Bayern zwischen Ulm und Simbach nur zweimal anhält, zu nennen; ein zweiter Expresszug ist seit 1. Juni 1894 auf der Route Ostende—Wien durchgeführt und hat innerhalb der Strecke Aschaffenburg—Passau vier kurze Aufenthalte.

Eine *Neuregelung des Güterverkehrs* brachte das Jahr 1892. Es kamen nämlich, wie erwähnt, beschleunigte Gütersammelzüge und Verbandsgüterzüge in den Verkehr, ausserdem wurden aber in die Sammelzüge Kurswagen eingestellt, welche die grösstmögliche Routenausscheidung für die Güter schon bei der Einladung in der Versandtstation zulassen; es werden nunmehr die Stückgüter in den grösseren Abzweigstationen sofort nach Zugsankunft auf sog. Umladepodien an den Sammelzügen selbst zurechtgeladen, d. h. in die entsprechenden, auf die Abzweiglinien übergehenden Sammelkurswagen verteilt. Hiedurch ist eine Beschleunigung in der Beförderung erreicht, die jener der Eilgüter nicht viel nachsteht.

Um ein ungefähres Bild von der gegenwärtigen *Stärke des Zugsverkehrs auf den bayerischen Staatsbahnen* zu geben, lassen wir die Sommer-Fahrordnung 1894 sprechen. Nach derselben verkehrten täglich 1381 regelmässige Züge und zwar 4 Express-, 71 Schnell-, 724 Personen-, 20 Sekundär-, 333 Güter- und 229 Lokalbahnzüge; hiezu kamen 147 nach Bedarf verkehrende Ergänzungszüge, 151 Sonn- und Feiertagszüge auf Hauptbahnlinien und 65 Sonn- und Feiertags- bezw. Marktzüge auf Lokalbahnen.

Hinsichtlich der äusseren Gestaltung der

Fahrplanbehelfe

möchte bemerkenswert erscheinen, dass die den Eisenbahnbetriebsbeamten unentbehrlichen »*graphischen Fahrpläne*«, welche in Bayern dermalen u. a. auch die Stationen mit Überholungsgeleisen, die Haltestellen mit Telegraphenapparaten (Blockstationen), die Doppelbahnstrecken, die Bahnneigungsverhältnisse und die Lage der Stationsgebäude und Abzweigbahnen zur Bahnachse ersichtlich machen, seit 1874 zwar auf allen Eisenbahnen Deutschlands in Aufnahme kamen, auf den bayerischen jedoch schon anlässlich der österreichischen Truppentransporte im Kriege von 1859 benützt worden sein sollen.

Amtliche, in tabellarischer Form zu einem Buche zusammengefasste Fahrordnungen bestanden auf den bayerischen Staatsbahnen vor dem Jahre 1876 nicht, es war vielmehr der Fahrplan jedes einzelnen Zuges in dem zugehörigen »Stundenpasse« (jetzt »Fahrbericht« geheissen) vorgedruckt. Die heutigen *Fahrdienstbücher* bestimmen in Tabellenform für jeden Zug nicht bloss die Abfahrts-, Ankunfts-, Fahr- und Aufenthaltszeiten, alle Kreuzungen und Überholungen, sondern auch die kürzesten Fahrzeiten in genau ziffermässiger Weise.

Die *Aushänge- oder Wandfahrpläne,* i. J. 1855 noch ein unscheinbares Blättchen etwa von der Grösse eines Schreibpapierbogens, erscheinen seit der Sommerfahrordnung 1894 in 5 gleichbreiten Blättern von je

0,79 qm Fläche, mithin fast 4 qm Gesamtfläche; vier Blätter enthalten die einzelnen Routen der Haupt- und Nebenbahnen ausschliesslich der Lokalbahnen, während letztere auf einem fünften Blatte zu einem gesonderten Ganzen vereinigt sind.

Es dürfte interessieren, einiges über die im Bahnbetriebsdienste des Landes übliche

Zeitbestimmung

zu vernehmen. Die fünfundvierzigste, im August 1890 zu Dresden tagende Generalversammlung des Vereins deutscher Eisenbahnverwaltungen beriet auf Antrag der Direktion der ungarischen Staatsbahnen über die Einführung einer Zonenzeit im Vereinsgebiete und beschloss, mit dem nächsten Sommerfahrplane als Einheitszeit die mittlere Sonnenzeit des Meridians 15 Grad östlich der Sternwarte von Greenwich im innern Eisenbahndienst in Kraft treten zu lassen, im äussern Dienste, d. h. auf den öffentlichen Fahrplänen und den Bahnhofsuhren, jedoch erst nach Annahme der Zonenzeit im bürgerlichen Leben. Bei diesem »Stundenzonensystem« sind bekanntlich für die ganze Erde 24 verschiedene Zeiten festgesetzt, die unter sich um je eine ganze Stunde abweichen, zu welchem Behufe der Erdball in 24 Zonen zu je 15 Grad = 1 Stunde Sonnenweg eingeteilt wird. Innerhalb jeder so gebildeten Stundenzone soll die Zeit des Mittel-Meridians für die ganze Zone gelten; hiernach ergibt sich für Deutschland, Österreich-Ungarn, Dänemark, Skandinavien, Schweiz, Italien, Serbien und Montenegro die Zeit des 15. Grades, oder die sog. *mitteleuropäische Zeit* (M. E. Z.). Zufällig treffen die politischen Grenzen Deutschlands und der östlich gelegenen Monarchie annähernd mit den Grenzmeridianen unserer Zeitzone (7½ und 22½ Grad) und der Meridian von Prag mit dem 15. Grad zusammen.[82])

Die Zeit des 15. Grades besass Schweden und Norwegen im innern wie im äussern Bahndienste bereits seit 1879, Österreich-Ungarn seit 1. Oktober 1891. Die bayerischen, württembergischen, badischen, pfälzischen und elsass-lothringischen Bahnen, von welchen jede für sich schon längst eine einheitliche Zeit im innern Dienste hatte, und zwar die bayerischen Bahnen rechts des Rheins die Münchener Ortszeit, führten gleich den Post- und Telegraphenverwaltungen die mitteleuropäische Zeit ab 1. April 1892 auch im äussern Dienste ein; die preussischen und die übrigen deutschen Bahnen folgten damit erst ab 1. April 1893, nachdem sie vorher die besagte Zeit zunächst nur für den innern Dienst angenommen, dagegen in den öffentlichen Fahrplänen, wie seither, die Ortszeit der einzelnen Stationen beibehalten hatten.

In Bayern zeigen also seit 1. April 1892 sämtliche Stationsuhren die mitteleuropäische Zeit, welche der früheren Münchener Zeit um 13 Zeitminuten voraus ist. Der Übergang zur neuen Zeitrechnung im gesamten bürgerlichen Leben vollzog sich ohne irgendwelche

Störung, zumal auch die Magistrate der meisten grösseren Städte sich zu diesem Übergange von demselben Tage an entschlossen hatten.

Hinsichtlich der allmählichen Ausbildung der

Bahnpolizei- und Betriebsvorschriften

möchten hier nachstehende Angaben angezeigt erscheinen.

Zur Sicherung des Bahnbetriebes auf der Privatbahn München—Augsburg, insbesondere gegen unberechtigte und gefährliche Eingriffe des Publikums, erliess die kgl. Regierung von Oberbayern schon unterm 30. August 1839 besondere »*Oberpolizeiliche Vorschriften*«, die den späteren bezüglichen Bestimmungen als Grundlage dienten. Der Polizeidienst im Bahnhof München wurde damals der kgl. Polizeidirektion unterstellt; das Betreten der Innenräume in beiden Hauptstationen durch Nichtreisende war nur gegen besondere Erlaubniskarten gestattet. Für sämtliche Diensteszweige jener Bahn bestanden besondere, mit anerkennenswerter Ausführlichkeit und Genauigkeit abgefasste Instruktionen, was insbesondere von dem »Signalbuche« gilt.

Die »Generalverwaltung der kgl. Eisenbahnen« entwickelte unter der interimistischen Leitung v. Göb's bezw. des Freiherrn v. Brück von Anfang an eine ausserordentlich rege Thätigkeit in organisatorischer und reglementärer Beziehung. Sie schuf zuvörderst das *erste Betriebsreglement* vom 1. Juli 1845, dem in kurzer Zeit spezielle *Dienst- bezw. Geschäftsinstruktionen* für die Bahnämter, Verwaltungen und Expeditionen, für die Materialverwalter, für Oberkondukteure, Kondukteure, Stationsmeister, Obermaschinisten, Wagenmeister, Bahnwärter, Lokomotivführer, Heizer, Wagenwärter und Kofferträger, sowie Allgemeine Dienstesvorschriften folgten — ausnahmslos sorgfältige und genaue Ausarbeitungen, welche noch heute die Basis der bestehenden zahlreichen Dienstesvorschriften bilden; hiezu kamen noch im gleichen Jahre Bestimmungen über Freifahrten, Militärtransporte, Amtsbürgschaften und Uniformierung des Bahnpersonals. Eine erstmalige Zusammenstellung der hauptsächlichsten, bezüglich der Fahrsicherheit bis dahin erlassenen Vorschriften erschien i. J. 1855. Im Zusammenhang mit einer Regelung der Verteilung des Transportmaterials wurden i. J. 1867 bestimmte Wagenverteilungsstationen gebildet, und bei der Centralstelle ein Wagenkontrolbureau eingerichtet.

In Erweiterung der bereits i. J. 1845 ministeriell erlassenen »Vorschriften über den Schutz und die Benützung der Bahn«, sowie der »Vorschriften über das Verhalten der Reisenden« erschienen i. J. 1858 »Polizeiliche Vorschriften zum Schutze der Eisenbahnen und des Eisenbahnbetriebes«, an deren Stelle ab 8. März 1863 die »*Oberpolizeilichen Vorschriften über den Schutz und die Aufrechthaltung der Ordnung des Eisenbahnbetriebes*« traten, welche zufolge Einführung des neuen Polizeistrafgesetzbuches vom 1. Januar 1872 eine Neuauflage erfuhren; diese Vorschriften gingen später in das *Bahnpolizeireglement für die Eisenbahnen Bayerns* vom 1. Juli 1886 über. Letzteres ist seit 1. Januar 1893 wiederum ersetzt durch die *Betriebsordnung für die Haupteisenbahnen Bayerns,* welche zunächst die Unterhaltung und Bewachung der Bahn, die Unterhaltung und Untersuchung der Betriebsmittel, die Handhabung des Betriebes und der Bahnpolizei behandelt, und deren Bestimmungen für das Publikum als oberpolizeiliche Vorschriften im Sinne des Art. 88 des Polizeistrafgesetzbuches gelten; ähnlich verhält es sich hinsichtlich der einschlägigen Bestimmungen in der *Bahnordnung für die Nebeneisenbahnen Bayerns* vom 1. Januar 1893.

Auf den allgemeinen bahnpolizeilichen Verordnungen aufgebaut erschien am 1. März 1869 die *Fahrdienstinstruktion,* ein wahres Vademecum für das gesamte Betriebspersonal. In anfänglich 371, und jetzt bei fünfter Auflage in 839 Paragraphen enthält dieselbe alle massgebenden Bestimmungen für den Bahn- und Stationsdienst, den Wagenzug und das Zugbegleitungspersonal, die Zugförderung, die Polizei u. s. w. ausnahmlich des Signalwesens, für das eine besondere (illustrierte) Signalordnung besteht. Letztere wurde, nach den für alle deutschen Bahnen gemeinsamen und den besonderen Signalen für die bayerischen Staatsbahnen inhaltlich geschieden, erstmalig aufgelegt am 1. August 1876. Gegenwärtig bildet die unterm 22. Dezember 1892 von dem zuständigen kgl. Staatsministerium veröffentlichte »Signalordnung für die Eisenbahnen Bayerns« die Grundlage der »*Signalordnung für die kgl. bayerischen Staatseisenbahnen*« vom 1. Januar 1893. Hinsichtlich der allgemeinen Normen für die Betriebseinrichtungen und den Fahrdienst der bayerischen Staatsbahnen bleiben die einschlägigen Bestimmungen der »*Technischen Vereinbarungen*« des deutschen Eisenbahnvereins ebenso bedingungslos bindend, wie für jede andere Vereinsverwaltung.

Der Verschubdienst.

Die Mittel zur vorschriftsmässigen und rechtzeitigen Zusammen- und Bereitstellung der Züge konnten um so geringer und einfacher sein, in je engeren Grenzen sich der Gesamtverkehr anfänglich bewegte, und je weniger dicht sich ein Netz von Zügen über die einzelnen Linien spannte. Bei dem fortwährenden Anwachsen des Verkehrs war es aber unausbleiblich, dass die Art der Wagenrangierung in den grösseren Bahnhöfen und Knotenpunkten sich zu immer steigender Bedeutung erhob; sind doch in den bayerischen Hauptbahnhöfen zu verkehrsreichen Zeiten 4—5000 Güterwagen zu behandeln, d. h. aus den Zügen zu bringen, zu entladen, zu beladen und wieder in Züge einzustellen! Der Kostenaufwand, sowie die Schnelligkeit der Güterbeförderung wird bekanntlich durch diese umfangreichen Stationsumschläge mehr beeinflusst, als durch die Transportkosten bezw. die Fahrgeschwindigkeit auf der freien Bahn.

Das Ordnen der Züge mittelst Maschinenkraft durch Vorziehen des zu rangierenden Zuges auf ein Streckengeleise oder in grösseren Bahnhöfen auf ein nebenher laufendes sog. *Ausziehgeleise,* sodann das Zurückdrücken der einzelnen Wagen oder Wagenpartien in die Station, erfordert bei einem langen Güterzuge in der Regel 2 bis 4 Stunden Rangierzeit. Zur Vereinfachung dieses Verfahrens und um an Rangiermaschinen zu sparen, wurden schon vor vielen Jahren in einzelnen ausländischen Bahnhöfen die Ausziehgeleise höher gelegt, um von hier die Wagen vermöge ihrer Schwere in die Stationsgeleise abrollen zu lassen; später wurde dieses sog. *Ablaufsystem* in grösseren Stationen auf besondere, an die Zugsgeleise angeschlossene Ablauf-Sackgeleise übertragen. Bayerischerseits kamen Versuchsanlagen dieser Art in den Bahnhöfen Augsburg und Neuulm zur Ausführung.

Eine weitere Vervollkommnung erfuhr das erwähnte System durch Herstellung zahlreicher Verteilungsgeleise, und oben wie unten durch Weichen zusammengeschlossener, paralleler Ordnungsgeleise oder sog. *Harfen,* auf denen die abgerollten Wagen durch Bremsschuhe aufgehalten werden, wobei sich sämtliche Ablaufmanöver ohne Maschinenkraft vollziehen. Solche Ablaufgeleisanlagen mit »Harfen« wurden bei den Umbauten der Bahnhöfe München, Nürnberg, Regensburg und Würzburg bereits vorgesehen, und verweisen wir auf den im vorigen Abschnitt auf Seite 40 vorgeführten Lageplan des neuen Münchener Rangierbahnhofes bei Laim. Eine grössere Versuchsanlage ist dermalen für die nahe der Landesgrenze gelegene Station Oberkotzau im Werke.

Wir möchten das gegenwärtige Kapitel nicht beschliessen, ohne mit wenigen Worten der seither auf den bayerischen Staatsbahnen üblich gewesenen Systeme der

Bedienung der Lokomotiven

zu gedenken.

In den früheren Jahren wurde als Regel jedem Lokomotivführer eine besondere Maschine zur Bedienung zugeteilt, und es waren sonach die Leistungen der Lokomotiven und der Lokomotivführer im zeitlichen Sinne die nämlichen. Als jedoch gegen Ende der achtziger Jahre infolge sehr erheblicher Verkehrszunahme die Anforderungen an die Einzelleistung der Lokomotiven gesteigert werden mussten, und gleichzeitig anlässlich der allgemeinen Bestrebungen des Personals nach Dienstes-erleichterung die Anforderungen an das Führerpersonal vermindert wurden, sah man sich genötigt, die Lokomotiven ausser von den Führern, denen sie ständig zugewiesen waren, noch von anderen Führern bedienen zu lassen, was in der Weise geschieht, dass Führer in bestimmter Anzahl keine eigenen Lokomotiven zugeteilt erhalten, sondern während der Ruhezeiten anderer Führer mit eigenen Lokomotiven die letzteren benützen.

Die fortschreitende Vermehrung der Züge machte es möglich, teilweise auch zur Doppelbesetzung der Lokomotiven überzugehen, bei welchem Systeme eine Maschine zwei Führern zur abwechselnden, jedoch ununterbrochenen Bedienung zugewiesen bleibt, so dass die Lokomotive nicht, wie es bei anderen Systemen der Fall ist, in viele Hände gelangt. Die Doppelbesetzung, mit welcher die grösstmögliche Leistung und Ausnützung der Lokomotive erzielt werden kann, soll — sofern dies ohne erheblichen Mehraufwand an Personal thunlich erscheint, und hiezu geeignete leistungsfähige Maschinen zur Verfügung stehen — immer weiter ausgedehnt werden.

7. Die bayerischen Eisenbahnen in den Kriegen.

Nicht unbedeutend waren die Dienstleistungen der bayerischen Schienenstrassen in den Kriegszeiten, weshalb dieselben an dieser Stelle einer besonderen Erwähnung gewürdigt werden sollen.

Die erstmalige Benützung der Eisenbahnen für militärische Zwecke und damit ihr erster Schritt auf einem nachmals grossartig organisierten Gebiete erfolgte auf der München—Augsburger Staatsbahnlinie, indem bei Gelegenheit des im Herbst *1846* unweit Augsburg stattgehabten Übungslagers Proben mit Bahntransporten grösserer, feldmässig ausgerüsteter Truppenkörper aller Gattungen mit befriedigendem Ergebnisse bethätigt wurden.

Im Jahre *1851*, als anlässlich des Bregenzer Bündnisses bayerische Truppen Osterreich zur Wiederherstellung des deutschen Bundestages, bezw. zur Schlichtung der politischen Wirren zu Hilfe eilten, beförderten die bayerischen Bahnen beiläufig 90000 Militärs mehr als sonst.

Im Frühjahr *1859* bewegten sich, infolge des Feldzuges des österreichischen Corps Clam Gallas gegen die piemontesisch-französische Armee und kurz vor der Niederlage dieses Corps bei Magenta, Transporte österreichischer Truppen aus Böhmen via Hof—München—Kufstein über den Brenner nach Italien, gleichzeitig aber auch Truppen- und Munitionstransporte aus Böhmen nach Mainz und Ulm mittelst planmässiger Militärzüge bis zu 8 Zügen täglich, und es gelangten auf den bayerischen Linien in der Zeit vom 23. Mai bis 9. Juni 52200 Mann, 80 Geschütze, 1130 Fahrzeuge und 11500 Pferde, später weitere 60000 Mann, 250 Fahrzeuge und 2500 Pferde zur Beförderung.

Im *Kriege Preussens gegen die Verbündeten 1866* wurde für den Vormarsch nur beschränkter Gebrauch von den bayerischen Bahnen gemacht; die bayerischen Truppen wurden teils mittelst Fussmärschen, teils per Bahn in Beobachtungslagern bei Oberhaid und Schweinfurt konzentriert. Hingegen stellte der Rückzug an die Mainlinie die grössten Anforderungen an die Inlandbahnen. Nach der Statistik kamen infolge des Kriegs ungefähr 150000 Mann Bayern, Österreicher und Preussen, 2000 Fahrzeuge und 44000 Militärpferde — abgesehen von den Militärtransporten in Sonderzügen — zur Beförderung. Immerhin übten diese Transporte, gleich jenen vom Jahre 1859, keinen nennenswerten Einfluss auf den öffentlichen Bahnverkehr aus.

Der *deutsch-französische Krieg von 1870* bot den bayerischen Eisenbahnen reichliche Gelegenheit, ihre hohe Leistungsfähigkeit in Bezug auf Beförderung von Truppen und Armeebedürfnissen zu beweisen. Zunächst wurden unterm 22. Juli 1870 drei Eisenbahnlinien-Kommissionen mit je einem Militär- und einem Zivil-Kommissär der Bahnbetriebsverwaltung gebildet, und die Zahl der während der Mobilmachung täglich abzufertigenden Militärzüge genau geregelt; für die Kriegsdauer traten auf bestimmten Linien, auf welchen die Militärzüge als Extrazüge behandelt wurden, Reduktionen des allgemeinen Fahrplans ein, während Güterzüge auf solchen Linien nach Bedarf, durchweg aber als Ergänzungszüge, verkehrten, wobei Lieferfristen für Fracht- und Eilgüter nicht zugesichert werden konnten. Für Bayern war der 17. Juli der erste Mobilmachungstag, und schon am 3. August standen beide bayerischen Armeecorps kampfbereit bei Speyer bezw. Germersheim.

Die Truppentransporte Preussens und Sachsens berührten die rechtsrheinischen bayerischen Bahnen lediglich auf der Route Leipzig—Würzburg—Mainz. Der Nachschub und der Bedarf für die bayerischen Armeecorps ging auf den südlichen bayerischen Bahnen über Ulm nach Bruchsal bezw. über Regensburg und Nürnberg nach Mannheim vor sich. Die Zurückbeförderung beider Armeecorps in die Heimat erfolgte am 8. bezw. 28. Juni 1871 ab Maxau per Bahn, und bis Mitte Juli waren alle Truppen wieder in ihre Garnisonen gelangt. Inhaltlich der amtlichen Betriebsstatistik transportierten die bayerischen Staatsbahnen infolge des Krieges mittelst Militärzügen im internen, direkten und Wechsel-Verkehre annähernd 500000 Militärs, 27000 ts zahlbare Güter (ohne das Militärgepäck), 17000 Fahrzeuge und 360000 Militärpferde und zwar, trotz wesentlich erhöhter Schwierigkeiten im Fahrdienste, ohne erheblichen Unfall! Auch die beziehentlichen Transportziffern der Militärs und Militärgüter des Jahres 1871 waren noch sehr beträchtliche.

An dieser Stelle möchten wir nicht unerwähnt lassen, dass Bayern (wie das Generalstabswerk mitteilt) Anfangs August 1870 von München aus die ersten Lazaretzüge mit je etwa 200 Betten in Interkommunikationswagen nebst Küchen- und Arztwagen, abgehen liess, indes Württemberg mit Lazaretzügen erst nach Mitte August, Norddeutschland im September, Baden im November folgte; dass ferner zu den Feldformationen des französischen Krieges eine bayerische Feldeisenbahn-Abteilung gehörte, deren Chef der damalige Oberingenieur und spätere Eisenbahnbaudirektor Franz Gyssling gewesen ist.

---

8. Unfallstatistik.

Kein besonders erquickliches Thema ist es, das wir nachstehend berühren wollen, allein es erscheint zur Vervollständigung der vorausgegangenen eisenbahngeschichtlichen Darlegungen berechtigt und seine Zahlenangaben sprechen von selbst.

Die amtliche Statistik der Betriebsunfälle auf den bayerischen Staatsbahnen bis Ende des Jahres 1892 weist vornehmlich hinsichtlich der unverschuldeten, durch Unfälle der Züge während der Fahrt hervorgerufenen *Tötungen und Verletzungen von Reisenden* sehr günstige Ziffern nach. Wenn wir die in den vier Jahresberichten pro 1864/65, 1868, 1871 und 1873 blos mit der Kennzeichnung »einige« oder »mehrere« notierten Verunglückungen von Personen mit schätzungsweisen Zahlen berücksichtigen, so wurden in den 48 Jahren des Bestandes der Staatsbahnen höchstenfalls 40 Reisende ohne eigenes Verschulden getötet und 200 verletzt. Da nun in jenem Zeitraume auf den Staatsbahnen — die verstaatlichten Ostbahnen nicht inbegriffen — im ganzen 478182000 Reisende befördert wurden, so trifft durchschnittlich 1 Verletzung auf 2391000, und 1 Tötung erst auf 11955000 Passagiere! Zahlreiche Betriebsjahre haben weder Tötungen noch Verletzungen von Reisenden — die Fälle der Selbstverschuldung ausgenommen — zu verzeichnen.

Von obigen 40 Tötungen ist die Mehrzahl, und von den 200 Verwundungen ein grosser Teil jenen vier beklagenswerten Katastrophen zuzuschreiben, welche sich am 22. August 1856 in der Station Laufach infolge Entgleisung, am 1. Juli 1886 im Faulenberg-Einschnitt bei Würzburg infolge Zusammenstoss zweier Züge, am 7. Juli 1889 in der Station Röhrmoos aus gleicher Ursache, und am 4. Juli 1891 in der Station Eggolsheim infolge Entgleisung ereigneten.

Die offizielle Unfallstatistik lässt für das *letzte Berichtsjahr 1892* nachstehende Verhältnisse entnehmen: Es kamen auf freier Bahn und in Stationen 38 Entgleisungen, 28 Zusammenstösse und 318 sonstige Betriebsunfälle vor, und es treffen von der Gesamtzahl auf je 100 km Betriebslänge 7,95 Betriebsunfälle.

Auf je 1 Million Reisende kamen 0,08 Tötungen und 0,50 Verletzungen; von den Reisenden wurden durch Unfälle während der Fahrt 7 unverschuldet verletzt, aber keiner getötet. Hinsichtlich des Bahnpersonals (Bahnbeamte und Bahnarbeiter) im Dienste kamen auf je

1 Million durchfahrene Zugkilometer 1,40 Tötungen und 7,02 Verletzungen; auf je 1 Million Zugkilometer trafen im ganzen 10,87 verunglückte Reisende, Bahnangehörige und dritte Personen, ausserdem wurden bei Nebenbeschäftigungen, sowie infolge von Selbstmordversuchen 11 Personen getötet und 73 verwundet.

9. Die Bahnposten.

In Ansehung der regen Beziehungen zwischen der Postanstalt und den Staatseisenbahnen des Landes seien auch der Geschichte der Bahnposten einige Zeilen gewidmet!

Nachdem unterm 27. Mai 1847 die Oberleitung der Eisenbahnen mit jener der seit 1808 bestehenden Staatsposten in der »Generalverwaltung der kgl. Posten und Eisenbahnen« vereinigt worden war, wurde noch gegen Ausgang genannten Jahres die Benützung der Eisenbahnen für Zwecke der Postanstalt dahin geregelt, dass Briefe und Zeitungspackete, dienstliche und portofreie Sendungen auf den Eisenbahnen wie bisher unentgeltlich zu befördern, alle übrigen Sendungen aber nach dem Gewichte und nach der Eilguttaxe, und Postwägen nach der Gütertarifklasse III seitens der Post zu vergüten seien.

Ab 16. Januar 1851 wurden auf der Bahnroute München—Hof zweimal täglich verkehrende *Bahnposten* oder sog. *ambulante Posten* (bureaux ambulants) unter Begleitung von Postpersonal in entsprechend ausgestatteten Eisenbahnwaggons für Briefpacketschlüsse mit den an der Eisenbahn gelegenen Lokalposten eingerichtet. Seit 1854 stand die Bahnpost auch dem Fahrpostdienste zur Verfügung, und zwar beförderten die Schnellzüge lediglich Briefbeutel, Brief- und Zeitungspackete, die Postzüge alle Brief- und Fahrpostsendungen mehrmals täglich.

Hinsichtlich der Privateisenbahnen hatte sich schon die Allerh. Verordnung vom 22. Juni 1855 »Erbauung von Eisenbahnen betr.« die Benützung der letzteren seitens der Post bei allen Fahrten, dabei unentgeltliche Beförderung der Brief- und Zeitungspackete, der offiziellen Fahrpostsendungen, sowie des Begleitpersonals, vorbehalten.

Die Gesellschaft der Ostbahnen, auf welchen die Bahnposten Ende 1861 in Thätigkeit traten, hatte vertragsgemäss auf allen Linien zu täglich 3 Zügen eigene Bahnpostwagen, sowie bei den übrigen Zügen nach Bedarf Gepäckwagen zur Verfügung zu stellen gegen eine Vergütung von $3^{6}/_{10}$ Kr. für jede mit einem solchen Wagen zurückgelegte Wegstunde. Die gleiche Entschädigung wurde seit 1871 von der Post auch an die Staatsbahnen geleistet, seit 1877 aber auf 2,8 Pf. für den Laufkilometer auf Hauptrouten bezw. 1,4 Pf. auf Nebenrouten festgesetzt. Seit einigen Jahren erfolgt die von der Post- an die Bahnverwaltung zu leistende Vergütung für Benützung der bahneigenen Bahnpostwagen nicht mehr nach Laufkilometern, sondern mit einem Bauschbetrag nach bestimmten Prozenten des Postgebührenanfalls.)

Die grossen, seit der Verfassung des norddeutschen Bundes i. J. 1866 eingetretenen Veränderungen im Postwesen, die Ermässigung der Posttaxen, sowie die Gründung des Weltpostvereins wirkten naturgemäss erheblich auf den Eisenbahnbetrieb zurück. Bereits i. J. 1878 bestanden 231 Bahnpostkurse mit Brief- oder Fahrpostdienst gegenüber 295 Fahrpostkursen, ausserdem wurde bei 144 Bahnzügen der Posttransport durch das Bahnpersonal vermittelt. Die Thatsache, dass der weitaus grösste Teil des Postverkehrs die Vermittlung der Bahnposten erfordert, begründete auch die Mehrung an Personal zu deren Begleitung und damit in den achtziger Jahren die Beschaffung grosser dreiachsiger Bahnpostwagen, welchen seit 1892 noch längere, auf Truckgestellen laufende, 15 m lange Wagen für durchgehende Schnellzüge folgten. Nach dem Vorgange der Reichspostverwaltung werden Bahnpostwagen zu ausschliesslichem Briefpostdienst, insonderheit für die Kurse zur Verarbeitung der grossen überseeischen Posten von und nach Egypten, Asien und Australien gebaut.

Auf den staatlichen und privaten Bahnen Bayerns wurden im Jahre 1892 täglich 260 von Beamten und 279 von Kondukteuren begleitete Bahnpostkurse, sowie bei 204 Zügen geschlossene Posttransporte unter Begleitung von Postpersonal unterhalten, und ausserdem wurde täglich bei 431 Eisenbahnzügen der Posttransport durch das Bahnpersonal vermittelt; die Zahl der bahneigenen Bahnpostwagen betrug 284.

Im Postdienst wurden auf den bayerischen Eisenbahnen rund 24070000 km, auf den Landstrassen hingegen nur 9776000 km zurückgelegt.

Fünfter Abschnitt.

Der Eisenbahnverkehr.

1. Die Eisenbahn- und Verkehrsgeographie Bayerns.

Vor der i. J. 1875 stattgehabten Erwerbung der privilegierten Ostbahnen erstreckte sich das Verkehrsgebiet der bayerischen Staatsbahnen einschliesslich der Privatpachtbahnen lediglich über die Kreise Oberbayern, Schwaben, Mittel-, Ober- und Unterfranken, da die Oberpfalz und Niederbayern im Bereiche der Ostbahnen lagen; seitdem aber wird das ganze rechtsrheinische Bayern von den Staatsbahnen beherrscht; die dermaligen wenigen Privat-Lokalbahnen Bayerns bilden direkte Zufuhren zu den Staatsbahnen, und selbst die stark frequentierte, aber kurze Ludwigsbahn Nürnberg—Fürth fällt dem grossen Verkehre gegenüber ebensowenig ins Gewicht, als etwa der Schifffahrtsverkehr auf den bayerischen Flüssen und auf dem Donau-Main-Kanale.[33])

Zur Würdigung der eigenen kommerziellen Bedeutung des rechtsrheinischen Bahngebietes mögen folgende Notizen dienen.

Ackerbau und Viehzucht ist durchweg gut entwickelt, Ackerbau hervorragend im südöstlichen Teile Niederbayerns, der Kornkammer des Landes; die Viehzucht vornehmlich in der Oberpfalz, in Niederbayern und ganz besonders gepflegt in den Voralpen. Durch Obst- und Weinbau zeichnen sich die Main- und Bodenseegegenden, durch Tabakbau die Umgebung Nürnbergs aus, vor allem aber ist Bayern das Land des Hopfenbaues, welcher insbesondere bei Wolnzach, Spalt und Hersbruck betrieben wird. Mit Wald ist ein Drittel des Königreiches bestanden; an dem jährlichen Bruttoertrag der Forsten von etwa 60 Millionen Mark participieren obenan die Kreise Unterfranken, Oberpfalz und Niederbayern. Der Bergbau liefert Eisenerze vorzüglich im Fichtelgebirge und in der Oberpfalz, Steinkohlen bei Stockheim, Schwarzkohlen der Tertiärformation bei Penzberg, Miesbach und am Peissenberg, Braunkohlen in der Oberpfalz. Lithographiesteine werden bei Solnhofen, Graphit zu Bleistiften und Schmelztiegeln an der Donau bei Griesbach und Passau, Salz bei Berchtesgaden und Reichenhall gewonnen bezw. auch in den Salinen Traunstein, Rosenheim und Kissingen versotten.

Vielseitig entwickelte sich die *Industrie,* vornehmlich der Maschinenbau und die Bierbrauerei, auch bestehen zahlreiche Hochöfen, Eisengiessereien (hauptsächlich in Schwaben und Mittelfranken) und Hüttenwerke, Papier- und Cellulosefabriken, Spinnereien und Webereien, chemische und Farbenfabriken. Weltbekannt sind die Nürnberger Spielwaaren, die Glashütten des bayerischen Waldes, die Sennwirtschaft nebst Käsefabrikation des Algäu. Ausgedehnte Torfgräbereien besitzt Oberbayern und Schwaben, ergiebige Steinbrüche, Lehm- und Thongruben, sowie Ziegeleien sind über alle Kreise verteilt. Die wichtigsten *Handelsplätze* sind Nürnberg und Augsburg, sodann München, Fürth, Passau, Regensburg, Würzburg, Schweinfurt, Bamberg und Hof. Die Naturschönheiten des Landes, besonders im Alpengebirge, und die Bedeutung Münchens als hervorragender Sitz von Kunst und Wissenschaft üben mächtigen Einfluss auf den Personenverkehr.

In *verkehrspolitischer Beziehung* ist Bayern als ein wichtiges Durchgangsland günstig gestellt. Nicht nur über eine bedeutende nordsüdliche Länge hingestreckt, sondern auch am Übergange von Osten nach Westen gelegen, ziehen die Schienenwege Bayerns gleichsam mitten durch das Herz Europas. Im allgemeinen dienen die bayerischen Staatsbahnen dem grossen Durchgangsverkehr zwischen Norddeutschland einerseits und Tyrol, Schweiz, sowie Italien andrerseits, zwischen Österreich-Ungarn und Württemberg, Baden, Elsass-Lothringen in westöstlicher, zwischen Österreich-Ungarn und den Rheinlanden, Belgien, Holland, England in nordöstlicher Richtung.

Die *Hauptdurchgangsrouten vom Osten nach dem Westen* Bayerns sind:

Simbach—München—Ulm;
Passau—Nürnberg—Aschaffenburg;
Furth i. W.—Nürnberg—Aschaffenburg;
Furth i. W.—Nürnberg—Crailsheim;
Eger—Würzburg—Aschaffenburg und
Salzburg oder Simbach—München—Memmingen oder Lindau.

Die *Hauptdurchgangsrouten vom Süden nach dem Norden* sind:

Lindau—Würzburg—Aschaffenburg;
Lindau—Regensburg—Furth i. W.;
Lindau—Probstzella oder Ritschenhausen;
Lindau—Regensburg—Hof;
Kufstein—Aschaffenburg;
Kufstein—Probstzella oder Ritschenhausen;
Kufstein—Hof oder Eger und
Kufstein—Eisenstein.

An die Bahnnetze anderer Staaten angeschlossen sind die bayerischen Staatsbahnen bis jetzt an 24 Punkten, wozu noch die indirekten Anschlüsse in Lindau mittelst der Trajektschifffahrt an das schweizerische und badische Bahnnetz kommen.[34]) Nach den einzelnen Bahnnetzen getrennt bestehen 3 Anschlüsse an das sächsische Staatsbahnnetz bei Hof, Franzensbad und Eger; 3 an die preussischen Staatsbahnen bei Probstzella, Ritschenhausen und Gemünden; 2 an die Werrabahn bei Lichtenfels und Meiningen; 1 an die hessische Ludwigsbahn bei Aschaffenburg; 2 an die badischen Staatsbahnen bei Wertheim und Würzburg (Heidingsfeld); 5 an die württembergischen Staatsbahnen bei Crailsheim, Nördlingen, Ulm, Memmingen und Hergatz; 7 an die österreichischen Staatsbahnen bei Lindau, Salzburg, Simbach, Passau, Eisenstein, Eger und Asch; 1 an die österreichische Südbahn bei Kufstein; 1 an die böhmische Westbahn bei Furth i. W. und 2 an die Buschtiehrader Bahn bei Eger und Franzensbad. Die Grenzstrecken von bezw. bis zur nächsten grösseren Grenzstation sind mit wenig Ausnahmen an die Bahnverwaltungen der Nachbarstaaten verpachtet bezw. von diesen bayerischerseits gepachtet.

Von besonderer Bedeutung für den Personenverkehr sind die Schnellzugsrouten München—Regensburg—Hof; München—Ingolstadt—Nürnberg—Hof bezw. Probstzella; Treuchtlingen—Würzburg—Aschaffenburg; Lindau—Augsburg—Nördlingen—Nürnberg; München—Rosenheim—Kufstein bezw. Salzburg; Ulm—München—Simbach; Passau—Regensburg—Nürnberg—Würzburg bezw. Nürnberg—Meiningen oder Ritschenhausen; Eger—Nürnberg—Crailsheim; Nürnberg—Schwandorf—Furth i. W. und Landshut—Eisenstein.

Nach der *politischen Einteilung* liegen vom Eigentum der bayerischen Staatsbahnen

im Kaisertum Österreich die Grenzstrecken Waldsassen—Eger—Asch und Schirnding—Eger mit 47 km;

im Königreich Preussen die Lokalbahnstrecke Jossa—Zeitlofs mit 5 km;

im Herzogtum Sachsen-Coburg-Gotha (Enklave Königsberg) von der Lokalbahn Hassfurt—Hofheim 4 km;

im Königreich Bayern 4913 km.

Zur weiteren Orientierung über die allgemeine geographische Lage der einzelnen Linien wäre, zunächst in *orographischer Beziehung*, noch Folgendes anzuführen. Bayern ist grösstenteils Gebirgs- und Hügelland. Im Süden liegen, durch die Flüsse Lech und Inn getrennt, die Algäuer-, Bayerischen und Salzburger Alpen, welche nördlich allmählich zur schwäbisch-bayerischen Hochebene abfallen; diese im Norden bis zur Donau reichende Hochebene ist wellenförmiger Natur mit aufgesetzten Hügeln, hat aber an ihren Flüssen breite Flachlandstrecken mit meilenweiten Moosen und Rieden.

In dem nördlich der Donau bis hin zum Main gelegenen Teile Bayerns erhebt sich östlich das Grenzgebirge gegen Österreich, der Böhmer Wald, ihm vorgelagert der Bayerische Wald und die von der Naab durchbrochene oberpfälzische Platte; westlich von dieser erhebt sich der schwäbisch-fränkische Jura, ein niedriger Gebirgszug mit tief eingeschnittenen Thälern; westlich des Jura wiederum beginnt die fränkische Terrasse, aus welcher im Nordwesten der Steigerwald emporsteigt, während sie im Südwesten sich bis an die Grenze gegen Württemberg erstreckt. Der Nordrand des Landes nördlich des Mains wird, im Osten beginnend, durch das an den Böhmerwald sich anlehnende Fichtelgebirge, durch den Frankenwald, die südlichen Ausläufer des Thüringer Waldes, die hohe Rhön und den Spessart gebildet.

In *hydrographischer Beziehung* gehört der südliche Teil des Bahnnetzes dem Donaugebiet, der nördliche dem Gebiet des Mains an. Die Donau, welche zahlreiche und grosse Nebenflüsse besitzt, durchfliesst das Land von Westen nach Osten, der Main in weiten Krümmungen von Osten nach Westen; die Gebiete beider Flüsse sind durch den 176 km langen Ludwigskanal, den längsten Deutschlands, miteinander verbunden. Zahlreiche, den Personenverkehr im Sommer günstig beeinflussende Seen finden sich am Nordrande der Alpen und auf der bayerischen Hochebene; im äussersten Südwesten bei Lindau tritt Bayern an den Bodensee heran.

Die *Neigungs- und Krümmungsverhältnisse* der Staatsbahnen sind, den orographischen Verhältnissen des Landes entsprechend, keineswegs besonders günstige, denn es bestehen von denselben, wenn die Linien mit grössten Steigungen, strengsten Kurven, kurzen Geraden zwischen Gegenkurven und vorwiegend wellenförmigen Tracierungen als »Gebirgsbahnen«, jene mit noch häufigen Krümmungen, grösseren selbstständigen Steigungen und Vorwiegen der geneigten gegenüber den horizontalen Strecken, als »Hügellandbahnen« bezeichnet werden, etwa 50% Gebirgs-, 20% Hügelland- und nur 30% Flachlandbahnen.

Gemäss der Statistik für das Jahr 1892 beträgt in Prozenten der Gesamt-Bahnlänge die Länge der

Horizontalen	24 %
Neigungen bis zu 1 : 400	22 »
» » » 1 : 200	27 »
» » » 1 : 100	22 »
» über 1 : 100	5 »
Geraden	66 »
Krümmungen	34 »;

sonach ist nicht einmal der vierte Teil der Gesamtlänge aller bayerischen Staatsbahnen horizontal. Neigungen 1 : 40 kommen im Hauptbahnnetze vor auf der schiefen Ebene bei Marktschorgast, welche bei 7 km Länge eine Höhe von 158 m ersteigt, dann auf der Route Stockheim—Probstzella zwischen Förtschendorf und Steinbach auf 5½ km bezw. zwischen Steinbach und Ludwigsstadt auf 5 km Länge; die Strecke Laufach—Heigenbrücken steigt mit 1 : 50 auf 6 km Länge, und die Trace Reichenhall—Berchtesgaden, welche allerdings zu den Lokalbahnen gehört, besitzt eine etwa 5 km lange Steigung von sogar 1 : 25.

Eine geographische Beschreibung der einzelnen bayerischen Bahnlinien findet sich im zweiten Bande der »Geschichte und Geographie der deutschen Eisenbahnen« von Arthur v. Mayer, auf welche hier Bezug genommen sei.

2. Vereine, Verbände und Reglements.

Ursprünglich waren die Transportvorschriften lediglich für den internen Verkehr der einzelnen Bahnen aufgestellt.

Nur eine natürliche Folge gemeinsamer Interessen und Bestrebungen war es, dass zahlreiche Eisenbahnverwaltungen zusammentraten und unterm 2. Dezember 1847 den grossen, schon damals aus 40 Direktionen bestehenden »*Verein deutscher Eisenbahnverwaltungen*« gründeten: eine freie, durch Majoritätsbeschlüsse nicht gebundene und den einzelnen Mitgliedern geeigneten Spielraum für Sonderbestimmungen gewährende Institution, welche sich den grossartigen Vereinigungen, die der freie Vertrag auf dem Gebiete des wirtschaftlichen Lebens schuf, dem Zollverein, dem Post- und Telegraphenverein, dem Münzverein, ebenbürtig anreiht. Eine der nächsten Thaten des deutschen Eisenbahnvereins war die Verabfassung von »Normalbestimmungen für den Personentransport« vom 1. Juni 1847, sodann ein »Reglement für den Güterverkehr« vom 1. Juli 1850.

Diesem Vereine trat i. J. 1850 auch die Generalverwaltung der kgl. bayer. Staatseisenbahnen bei, infolgedessen die bisher in Bayern giltigen »*Bestimmungen über den Personen- und Güterverkehr*« ab 31. Januar 1851 eine Umgestaltung unter Zugrundelegung der Vereinsnormalien erfuhren.

Gleichzeitig mit der Entstehung des deutschen Eisenbahnvereins vereinigten sich die einzelnen Bahnen mit benachbarten oder weiter in gleicher Richtung liegenden Bahnen zu jenen hochwichtigen *Eisenbahnverbänden* (Wechsel- oder Verbandsverkehren im engeren Sinne, je nachdem der gegenseitige Verkehr zwei oder mehrere Verwaltungsgebiete umfasst), welche durch Schaffung direkter Wagenübergänge, direkter Kartierung bezw. Durchadressierung der Güter über alle vereinigten Linien, gleiche Klassifikation und Tarifierung der Güter u. s. w. ausserordentlich viel zur Belebung des Verkehrs auf langen Routen beitrugen.

Den grossen Reigen der Verbände eröffnete i. J. 1848 der norddeutsche Verband; ihm folgte in den fünfziger Jahren der mitteldeutsche, der rheinisch-thüringische, der westdeutsche und der hannoverisch-bayerisch-österreichische, i. J. 1863 der süddeutsche Verband u. s. f. Für alle diese in reglementarischen und tarifarischen Beziehungen organisierten Verbände bezw. direkten Verkehre galt das Vereinsreglement.[35])

Die bayerischen Staatsbahnen anlangend, so erfolgten zunächst in den fünfziger Jahren Vereinbarungen wegen direkten Güterversandts, dann wegen direkter Personen- und Reisegepäckabfertigungen mit zahlreichen ausserbayerischen Bahnen. Das siebente Jahrzehnt brachte namhafte Erweiterungen der direkten und transitierenden Personen- und Güterverkehre, beträchtliche Vermehrung der Kartierungsstationen in den Wechsel- und Verbandsverkehren u. s. w., im Besonderen auch lebhafte Verkehrsbeziehungen zwischen den bayerischen Staats- und Ostbahnen.

Inzwischen hatte das i. J. 1862 erschienene allgemeine deutsche Handelsgesetzbuch auch dem Eisenbahnfrachtgeschäfte, vornehmlich hinsichtlich der Haft- und Ersatzpflicht, rechtliche Grundlagen gegeben, womit sodann die Transportreglements, welche die Rechte und Pflichten der Bahnverwaltungen bezw. des Publikums festsetzen, in Übereinstimmung gebracht werden mussten. Ab 1. Juli 1862, an welchem Tage das deutsche Handelsgesetzbuch auch in Bayern Geltung erlangte, trat hier ein neues »*Betriebsreglement für die kgl. bayer. Staatseisenbahnen*« in Kraft, dessen Transportvorschriften auch im direkten Verkehre mit den privilegierten Ostbahnen und mit einzelnen ausserbayerischen Bahnen galten, und welches das seitherige Gütertransportreglement vom Dezember 1856, sowie die Vorschriften über die Benützung der Staatseisenbahnen vom Jahre 1860 aufhob.

Die wiederholt abgeänderten Vereins-Transportreglements wurden als Produkte freier Vereinbarung mit ausdrücklicher oder stillschweigender Zustimmung der Regierungen auf allen deutschen Bahnen angewendet, bis nach dem Wiedererstehen des deutschen Reiches, dem gemäss Art. 45 der Reichsverfassung die Einführung einheitlicher Betriebsreglements oblag, auf Grund eines Bundesratsbeschlusses das »*Betriebsreglement für die Eisenbahnen Deutschlands*« ab 1. Januar 1872 nicht blos auf den Bahnen des früheren Norddeutschen Bundes, sondern auch in Württemberg, Baden, Südhessen und Elsass-Lothringen in Wirkung kam.[36]) Die bayerische Regierung, welcher infolge der dem Königreiche durch Art. 46 der Reichsverfassung als Reservatrecht gewährleisteten selbstständigen Verwaltung und Beaufsichtigung seiner Eisenbahnen der Erlass aller Verkehrsvorschriften zusteht, veröffentlichte das Betriebsreglement gleichfalls vom genannten Tage an, so dass in ganz Deutschland thatsächlich ein solches zu Kraft bestand. Damit war auch hinsichtlich der Abwicklung des Frachtgeschäftes ein völlig neues Transportrecht geschaffen.

Aus der bis jetzt besprochenen Verkehrsperiode wäre noch Folgendes nachzutragen. Angesichts des immer häufigeren Überganges fremder Wagen auf die bayerischen Staatsbahnen wurden im Oktober 1858 die einflussreichen, von den deutschen Vereinsverwaltungen angenommenen »*Normalbestimmungen über die gegenseitige Wagenbenutzung*«, welche den Vorläufer des späteren »*Vereins-Wagenregulativs*« vom Jahre 1868 bildeten und eine Regelung der Lauf- und Ladefristen, des Wagenüberganges, der Wagenmieten und Wagenreparaturen bezweckten, behufs ebenmässiger Anwendung im bayerischen Verkehre bekannt gemacht. Weiters wurde zu dem im September 1870 erschienenen *Reglement für die Beförderung von Truppen und Armeebedürfnissen* im gegenseitigen Verkehre zwischen den Staatsgebieten Deutschlands von Seite Bayerns eine bezügliche Instruktion nebst Militärtarif erlassen. Ferner erfuhr i. J. 1871 die *Behandlung der Reklamationen aus dem Gütertransport*, für welche bei der Centralstelle ein eigenes Bureau gebildet wurde, entsprechende Regelung.

In neuer Fassung und bereits dem neuen Mass- und Münzsystem angepasst, gelangte das Betriebsreglement vom 1. Juli 1874 auf sämtlichen Bahnen des deutschen Reichs sowie Österreich-Ungarns im Lokal- und Verbandsverkehr, dann im Verkehre von Bahn zu Bahn, nebst den landeseigenen Spezialbestimmungen zur Geltung und fand — nebenbei erwähnt — ab 1. Juni 1876 Ausdehnung auch auf den sog. Vereinsverkehr, d. h. den gegenseitigen, die Grenzen des deutschen Reiches oder der österreichisch-ungarischen Monarchie überschreitenden Verkehr der Vereinsbahnen.

Neuauflagen des Betriebsreglements nebst Zusatzbestimmungen für den Lokalverkehr der bayerischen Staatsbahnen erfolgten in den Jahren 1882 und 1890 bezw. 1889 und zwar in 4 getrennten Heften, ausgeschieden nach der Beförderung von Personen- und Reisegepäck, von Leichen, Fahrzeugen und Tieren, von Gütern und für den Lokalbahnverkehr.

Zum Zwecke der Herbeiführung thunlichst übereinstimmender Transportvorschriften und Abfertigungsverfahren bildete sich zu Anfang 1887 unter der Bezeichnung »*Deutscher Eisenbahnverkehrsverband*« eine Vereinigung sämtlicher staatlichen Bahnverwaltungen und der meisten Privatbahnen Deutschlands. Im gleichen Jahre erschien ein neu redigiertes Übereinkommen über die gegenseitige Wagenbenützung, sodann i. J. 1888 die »Friedenstransportordnung« als dritter Teil der Militäreisenbahnordnung.

An die Stelle des Betriebsreglements trat ab 1. Januar 1893 infolge eines internationalen Übereinkommens über den Eisenbahnfrachtverkehr und im thunlichsten Anschlusse an die Bestimmungen des letzteren neubearbeitet die »*Verkehrsordnung für die Eisenbahnen Deutsch-*

lands«, welche von obigem Zeitpunkte ab unter gleicher Bezeichnung, doch mit Zusatzbestimmungen versehen, auch für den inneren Verkehr der bayerischen Staatsbahnen Geltung erlangte. Zur bestimmteren Auseinanderhaltung von Betrieb und Verkehr erhielt gleichzeitig das bisherige Bahnpolizeireglement für die Haupteisenbahnen Bayerns die Bezeichnung »Betriebsordnung«.

Als jüngste Neuerung erwähnen wir noch die vom deutschen Verkehrsverbande aufgestellten »*Allgemeinen Abfertigungsvorschriften*« für die Beförderung von Personen, Gütern u. s. w., welche nebst Zusatzbestimmungen ab 1. Juni 1894 für den Bereich der bayerischen Staatsbahnen an Stelle der bisherigen Instruktion für den Expeditionsdienst getreten sind, von welcher sich dieselben hauptsächlich durch eingehendere Behandlung des gesamten Stoffs unterscheiden.

---

3. Die Personentarife.

Die ersten reglementarischen Bestimmungen bezüglich des Personenverkehrs der München—Augsburger Privatbahn finden wir in den veröffentlichten »Vorschriften für Reisende und Lustfahrer etc.« vom 6. Dezember 1840.

Was die Fahrpreise betrifft, so durften dieselben nach Allerh. Entschliessung vom 3. Juli 1837 in der I. Wagenklasse die Eilwagentaxe mit 32 Kreuzer für die Meile und in der II. Klasse die Postwagentaxe mit 24 Kreuzer für die Meile nicht überschreiten. Nachdem bald den vom Publikum angestrebten Tarifabminderungen durch Einführung von Retourbilleten zu ermässigten Preisen und erniedrigter Preise für die Sonntagszüge zu den Lochhausener Konzerten Rechnung getragen worden war, normierten sich i. J. 1844 beim Übergang der Bahn an den Staat die Personentaxen derart, dass je für eine Wegstunde in der I. Klasse 11 Kreuzer, in der II. Klasse 9 Kreuzer und in der III. Klasse 5 Kreuzer entrichtet werden mussten; dabei wurde durchweg ein Freigepäck von 40 Pfund gewährt.

Die ersten Personentarifsätze der Staatsbahn betrugen seit 12. Mai 1845 für die I., II. und III. Wagenklasse bezw. 9, 6 und 4 Kreuzer für 1 Bahnstunde (oder umgerechnet in das jetzige Mass- und Münzsystem 6 9/10, 4 6/10 und 3 1/10 Markpfennige für 1 Bahnkilometer). An den damals üblichen »Reisescheinen« befanden sich abtrennbare Koupons zur Kontrole des Schaffners; Fahrkarten nach dem *englischen Billetsystem* mit vorgedrucktem Fahrpreise und aufgestempeltem Datum kamen erst i. J. 1849 zur Einführung. Seit 1851 erfolgte die Beförderung von Kindern unter 10 Jahren zu ermässigten Taxen, Schoosskinder waren frei; ausser dem freien Handgepäck wurde Freigewicht nicht gewährt.

Die i. J. 1854 eingerichteten *Schnellzüge* konnten vorerst noch ohne Zahlung eines Taxzuschlags benützt werden, doch trat schon i. J. 1859 bei diesen Zügen eine Erhöhung der gewöhnlichen Platzpreise ein, und es kamen besondere *Schnellzugsbillete* (I. Klasse blau, II. Klasse weiss), sowie Ergänzungsbillete zur Ausgabe. Um diese Zeit hatten unter 56 deutschen und österreichischen Bahnen 27 Bahnen höhere Personentarife als die bayerischen. Ab 1. August 1860 wurden die Fahrtaxen nach Meilen berechnet. Das Jahr 1868 brachte ***Abonnementkarten*** für Schulkinder und Zöglinge von Bildungsanstalten mit 25% Ermässigung, sowie eigene ***Retourbillete für die II. und III. Klasse*** der Personen- und Güterzüge mit eintägiger Giltigkeit in Grundfarben gleich jenen der einfachen Billete (violett für die II. und gelb für die III. Klasse), jedoch mit rotem Querstreifen. Im Jahre 1869 wurden laut Vereinbarung zwischen den Verwaltungen des süddeutschen Eisenbahnverbandes und mehrerer anderer Bahnen *Rundreisebillete* II. Klasse mit längerer Giltigkeitsdauer und bedeutender Taxermässigung zunächst für 12 Touren eingeführt, doch erlangte schon im folgenden Jahre der Rundreiseverkehr eine namhafte Erweiterung, auch mit norddeutschen und schweizerischen Bahnverwaltungen. Im Jahre 1871 kamen *Schnellzugs-Retourbillete* mit dreitägiger Giltigkeit in Gebrauch, gleichzeitig auch ein neues Retourbilletsystem, indem die gewöhnlichen Retourbillete in zwei Abteilungen trennbar, jene für Schnellzüge untrennbar und in gelber Farbe, jedoch mit rotem Längsstreifen angefertigt wurden. Die Retourbillete für gewöhnliche Züge erhielten i. J. 1872 ebenfalls dreitägige Giltigkeit auf Entfernungen über 5 Meilen.

Ab 1. April 1874 sehen wir sämtliche Taxen für den Personenverkehr auf den bayerischen Staats- und Ostbahnen unter Zugrundelegung des neuen Mass- und Münzsystems umgerechnet und zwar nach dem noch heute bestehenden Einheitssatze von 8,0 Pf., 5,3 Pf. und 3,4 Pf. für 1 km bei den bezüglichen drei Wagenklassen in gewöhnlichen Zügen und bei Schnellzügen je 1,1 Pf. für 1 km mehr.

Nach einer versuchsweisen Einführung von ***Abonnementbillete*** mit 33⅓% Taxermässigung für je 60 Fahrten zwischen zwei bestimmten Stationen innerhalb eines Kalenderjahres, und zwar auf der Strecke München—Tutzing i. J. 1875, kamen dieselben Ende 1882 allgemein, daneben solche für 100 Fahrten innerhalb zweier Jahre zur Ausgabe, gleichzeitig aber auch ***Abonnementkarten*** auf Namen zur beliebigen Benützung innerhalb 1, 3, 6 oder 12 Monaten für bestimmte Strecken und alle Wagenklassen mit bezw. 40, 50, 60 und 70% Taxermässigung. Seit 1. Juli 1894 sind an die Stelle der Abonnementbillete die »Fahrscheinbücher« für 30 Fahrten mit einjähriger Giltigkeit, und an die Stelle der Abonnementkarten die »Zeitkarten« auf die Dauer von 1 bis 12 Monaten getreten.

Die seit Mai 1884 auf den Bahnen des deutschen Eisenbahnvereins eingeführten ***kombinierbaren Rundreisebillete*** (jetzt zusammenstellbare Fahrscheinhefte) ermöglichen es jedermann, sich eine beliebige Rundreise von 600 km Mindestumfang selbst zu bilden und aus den bei den Ausgabestellen München C.-B. und Nürnberg aufliegenden Streckenfahrscheinen zusammenstellen zu lassen. Die hiebei erzielte Preisermässigung erhellt aus den Grundtaxen der Fahrscheine, welche in Bayern für die drei Wagenklassen bezw. 6,5 Pf., 4,8 Pf. und 3,0 Pf. beziffern und für jeden Schnellzug ohne Zuzahlung gelten. Die Giltigkeit der Rundreisefahrscheine beträgt z. Z. auf Entfernungen bis zu 2000 km 45 Tage, auf grössere aber 60 Tage.

Ab 1886 werden Kinder im Alter von 4 bis 10 Jahren durchweg zur Hälfte des Fahrpreises für Erwachsene befördert; ferner erfuhr i. J. 1886 die Giltigkeitsdauer von Retourbilleten im internen Verkehre Verlängerung: für 200 km Entfernung auf 3, für 300 km auf 4 Tage und für je 100 weitere Kilometer 1 Tag mehr. Diesen Neuerungen reihten sich an als letzte erfolgreiche Massnahmen: im Juni 1887 die Einführung der ***Blankobillete*** (dreiteilige aus Stamm, Koupon und Billet bestehende Zettelbillete), welche es ermöglichen, von jeder bayerischen Station, ausnahmlich der Lokalbahnstationen, Fahrkarten nach jeder andern Station des Inlands abgeben zu können; i. J. 1891 die für die Arbeiterbevölkerung so wohlthätige Ausgabe von ***Arbeiterwochenkarten***, giltig zur täglich einmaligen Fahrt bezw. Hin- und Rückfahrt zwischen Wohnort und Arbeitsstelle an den sechs Werktagen nach der Grundtaxe von nur 1 Pf. für 1 km, sowie von ***Arbeiterrückfahrkarten*** zur einmaligen Hin- und Rückfahrt; endlich als eingreifendste Massnahme die ab 15. Juni 1892 in's Leben getretene allgemein ***zehntägige Giltigkeitsdauer der Rückfahrkarten*** auf den bayerischen Bahnen ohne Rücksicht auf die Entfernung und selbst im Verkehre mit den allernächst gelegenen Stationen, wobei die Benützung von Fahrkarten zur Fahrt über andere als die darauf vorgedruckten Strecken bedingungsweise gestattet bleibt.

Die dermalen geltenden Einheitssätze für die Beförderung von Personen und Reisegepäck in Pfennigen für 1 km sind in nachstehender Tabelle zusammengefasst.

	Personentaxe				Reisegepäck
	I.	II.	III.	Ergänzungsbillet	
	Klasse				
Personenzüge	8,0	5,3	3,4	1,1	
Schnellzüge	9,1	6,4	4,5		
im Rundreiseverkehr . . .	6,5	4,8	3,0	—	
für je 10 kg	—	—	—	—	0,35

Mit Giltigkeit ab 1. Juli 1894 brachte das Heft A (Beförderung von Personen u. s. w.) der neuen Verkehrsordnung nebst Tarif für den innern Verkehr der bayerischen Staatsbahnen verschiedene erleichternde Bestimmungen bezüglich der Zeitkarten, Schülerkarten, Fahrscheinbücher und Arbeiterkarten, auf welche hier nicht näher eingegangen werden soll.

In Kürze sei auch der Militärtarife gedacht. Bereits seit dem Jahre 1845 wurde für Unteroffiziere und Gemeine im Dienste nur die halbe Fahrtaxe III. Klasse, für Offiziere die halbe Taxe der benützten Wagenklasse erhoben. Im Juli 1870 gelangte auf Grund des Reglements für die Beförderung von Truppen und Armeebedürfnissen im gegenseitigen Verkehre zwischen den deutschen Staatsgebieten und der in demselben enthaltenen Einheitssätze ein »*Tarif für die Beförderung von Truppen und Armeebedürfnissen*« auf den bayerischen Staatsbahnen zur Ausgabe, doch kommt seit 1. Oktober 1887 der durch kaiserliche Verordnung erlassene »*Militärtarif für Eisenbahnen*« im Kriegs- wie im Friedenszustande auch in Bayern zur Anwendung.

Minderen Interesses wegen sei von einer geschichtlichen Betrachtung der Tarife für Beförderung von Reisegepäck, Fahrzeugen und Thieren Umgang genommen. Als Reminiscenz möge nur erwähnt sein, dass in den vierziger Jahren der »*Equipagentarif*« der Eisenbahnen für weitere Reisen eine grosse, leicht erklärliche Rolle spielte und in drei Klassen abgestuft war, je nachdem es sich um gedeckte Reisewagen, wie Batards, Berlinen, Landauer und schwer beladene Fourgons, um halbgedeckte oder um offene Kaleschen handelte; die in oder auf der Equipage und auf dem Bocke mitfahrenden Personen hatten Fahrbillete III. Klasse zu lösen. Hinsichtlich des *Reisegepäcks* ist wohl allgemein bekannt, dass entgegen der norddeutschen Gepflogenheit in Bayern, wie in Süddeutschland überhaupt, abgesehen vom freien Handgepäck, kein Freigewicht auf gewöhnliche Fahrkarten gewährt wird.

---

4. Die Gütertarife.

Das erste, höchst einfache Gütertransport-Reglement in Bayern erschien i. J. 1844 für die München—Augsburger Privatbahn. Zur Erleichterung des Güterdienstes hatte man in München und Augsburg ausser den Bahnhof-Aufgabe-Expeditionen noch eigene Lokal-Aufgabe-Expeditionen in den Städten selbst errichtet und besondere Güterschaffner aufgestellt. Wenn sich auch das Direktorium spezielle Verhandlung hinsichtlich Ermässigung des allgemeinen Frachtsatzes für »Sendungen von Belang« vorbehalten hatte, so waren doch die Taxen: durchgängig 30 Kreuzer für einen Zentner gewöhnliche Fracht, 1 fl. 12 kr. für einen Schäffel Waizen, 1 fl. für einen Schäffel Korn oder Gerste,

48 kr. für einen Schäffel Haber, 45 kr. für einen Eimer Bier, so hoch, dass sie dem Strassenfuhrwerk keine erfolgreiche Konkurrenz zu bieten vermochten.

Bei Beginn des staatlichen Eisenbahnbetriebes in Bayern unterschied der »Allgemeine provisorische Tarif« vom Jahre *1845* bereits zwischen drei Güterklassen, nämlich:

I. Klasse — Eilgut und voluminöse Sachen (sperriges Gut), welches mit den nächsten Personenzügen Beförderung fand;
II. » — Frachtgut mit gewöhnlicher Lieferzeit, und
III. » — Landesprodukte und Rohstoffe (Abfälle, Erze, Steine u. s. w.).

Der Tarifsatz betrug für diese drei Klassen beziehentlich $1^1/_2$, 1 und $^1/_2$ Kreuzer für den Zollzentner und 1 Bahnstunde, oder umgerechnet in das jetzige Mass-, Gewichts- und Münzsystem $2^3/_{10}$ Pf., $1^1/_2$ Pf. und $^4/_5$ Pf. für 100 kg und 1 km. Bei ganzen Wagenladungen zu 60 Zentner und darüber traten Frachtermässigungen ein von 15% für Güter II. Klasse und von 10% für Güter III. Klasse. Alle Aufgaben erfolgten damals ohne Vermittlung von Spediteuren bei der betr. Bahnbehörde selbst; die Verwaltung haftete für Beschädigung oder Verlust von Einzelgütern nur bis zum Betrage von 25 fl. für den Zentner, doch konnten seit 1846 die Güter gegen eine Taxe von 3 kr. für je 100 fl. Wert eigens versichert werden.

Ab Oktober *1849* erniedrigten sich obige Einheitssätze bei Stückgütern I. und II. Klasse auf $1^1/_8$ bezw. $^3/_4$ kr. und die Frachtsätze der Wagenladungen auf

1 fl. 21 kr.	für Güter	I. Klasse		in vierräderigen Wagen mit 80 Zentner Tragkraft,
— » 54	» »	»	II. »	
— » 36	» »	»	III. »	
2 » 02	» »	»	I. »	in sechsräderigen Wagen mit 120 Zentner Tragkraft.
1 » 21	» »	»	II. »	
— » 54	» »	»	III. »	

Zur Vermittlung zwischen Bahnhof und Wohnung des Versenders bezw. Empfängers wurden in grossen Stationen eigene Güterbeförderer aufgestellt.

Die bisherigen Güterklassen, sowie die Ermässigungen für ganze Wagenladungen wurden i. J. *1855* aufgehoben, dagegen folgende Klassifikationen und Frachtsätze für den internen Verkehr normiert:

Eilgüter	$1^1/_8$ kr.	für 1 Zentner und 1 Bahnstunde.
I. Klasse — Handels- und Kaufmannsgüter	$^3/_4$ »	
II. » — Rohprodukte	$^1/_2$ »	
III. » — sperrige Güter $2^1/_4$ bezw. . .	$1^1/_8$ »	

Bei allen Klassen ward ein fixer Zuschlag von 3 kr. für je 1 Zentner erhoben; für Brenn- und Baumaterialien, Erze, Roheisen u. dgl.

in Wagenladungen galt nunmehr eine ermässigte Einheitstaxe von ¼ kr. Bald darauf wurden einzelne Artikel, zunächst Bier, Brot, Mühlenfabrikate, Gartengewächse, Käse und andere Landesprodukte, sowie Lithographiesteine aus der I. in die II. Klasse verwiesen.

Ende *1857* kam obige III. Klasse ganz in Wegfall, und es wurden für gewisse Transporte, wie Getreide, Hülsenfrüchte, Wein, Bier, Holz und Steine, Normalgewichtssätze aufgestellt. Die Lieferung von Frachtgütern erfolgte auf Entfernungen bis zu 50 Bahnstunden in 2 Tagen, von 50—100 Stunden in 4 Tagen, von 100—150 Stunden in 6 Tagen und bei grösseren Entfernungen in 8 Tagen, jene der Eilgüter doppelt so schnell.

Der Bau neuer Güterwagen mit 200 Zentner Tragkraft hatte i. J. 1860 einen Ausnahmetarif im Gefolge, dem die Frachtsätze von 50 bezw. (für Kohlen, Kokes und Eisensteine) 45 kr. für den Wagen und die Bahnstunde nebst 5 bezw. 4½ fl. fixem Zuschlag zu Grunde lagen. Um diese Zeit hatten unter 56 deutschen und österreichischen Bahnen 34 Bahnen höhere Gütertarife als die bayerischen.

Ab *1. Juli 1862* trat eine völlig geänderte, auch von der privilegierten Ostbahn und mehreren andern Bahnverwaltungen für den Verkehr mit Bayern angenommene Waarenklassifikation samt Waarenregister und Gütertarif unter Aufhebung der Normalgewichte und Berechnung der Taxen nach dem wirklichen, d. h. durch Wägung festgestellten Gewichte in Kraft, wonach ausser der Eilgutklasse und den Stückgutklassen I. und II. noch drei Klassen A, B und C für Wagenladungsgüter mit 20, 50 bezw. 62½% Nachlass am Frachtsatze der II. Klasse eingeführt wurde, welchen sich i. J. 1868 zwei weitere Zwischenklassen D und E beigesellten; den Taxberechnungen wurde als Entfernungsmass die bayerische Meile zu Grunde gelegt. Die Materialien und Requisiten zum Baue der Staatseisenbahnen gelangten nach 1865 zur Taxe der Klasse B zum Versandt.

Die stetige Zunahme des Güterverkehrs und damit die Mehrung direkter Abfertigungen zwischen bayerischen und auswärtigen Stationen hatte unausgesetzte Änderungen und Neuerungen in den Tarifen und in der Güterklassifikation zur Folge, so dass nunmehr von einer wahren Tarifpolitik gesprochen werden konnte; die deutsche Einheit insbesondere gab seit *1870* Anlass zur Neuausgabe von mancherlei Spezial- und Ausnahmetarifen.

Ab 1. April 1874 kam für den inneren Verkehr der bayer. Staats- und Ostbahnen, sowie deren Wechselverkehr ein ganz neuer und zugleich dem neuen Mass-, Gewichts- und Münzsystem Rechnung tragender Gütertarif als Kombination des sog. Wagenraumsystems und der Wertsklassifikation zur Einführung, welcher in einer Eilgut- und einer Stückgutklasse, in den Klassen A und B für Güter aller Art in gedeckten Wagen, sowie in drei Spezialtarifklassen bestand; in letztere wurden die

Güter der früheren Klassen C, D und E bei Beförderung in offenen Wagen eingereiht. Bei Aufgabe von mindestens 5000 kg für den Wagen wurden die Güter der Spezialtarife nach Klasse B tarifiert; für Kohlen trat ein besonderer ermässigter Tarif in Geltung. Die Tarifsätze bestanden jetzt aus einer Grundtaxe (in Pfennigen für je 100 kg und 1 km), sowie aus einem fixen, jedoch für den internen, direkten und transitierenden Verkehr abgestuften Zuschlage (in Pfennigen für je 100 kg), und es wurde dieser Tarif, dessen Schema hier beigefügt ist, kurzweg als »Bayerisches Tarifsystem« bezeichnet.

Güterklasse	Grundtaxe	Zuschlag		
		Int. V.	Dir. V.	Trans.-V.
Eilgut	2	24	12	6
Stückgut	1	20	10	5
A bei 5000 kg in gedeckten Wagen	0,68	15	10	5
B » 10000 » in gedeckten Wagen	0,54	15	10	5
Spezialtarif I bei 10000 kg	0,41	15	10	5
» II bei 10000 kg	0,34	15	10	5
» III bei 10000 kg	0,27	7	6	3

Die im August 1874 in allen nachbarlichen und direkten Verkehren Deutschlands und Österreichs eingetretenen Tariferhöhungen veranlassten auch Bayern zur Ausgabe neuer direkter und Transit-Tarife.

Am 1. Juli 1877 trat das lange vorbereitete einheitliche *deutsche Reform-Tarifsystem*, welchem das bereits in Bayern eingeführte System als Richtschnur diente, in Kraft; dasselbe brachte für zahlreiche wichtige Artikel, wie Getreide, Eisen, Düngemittel, Salz u. s. w., bedeutende Ermässigungen durch Versetzung in niedrigere Tarifklassen, indes auch mässige Erhöhungen der Grundtaxen für Eil- und Stückgüter, Wagenladungsgüter der Klasse B und des Spezialtarifs I. Der Zuschlag, d. h. die Expeditionsgebühr, kam für Transitgüter ganz in Wegfall. Die für Bayern in den Reformtarif nunmehr eingerechneten Grundtaxen und Expeditionsgebühren enthält das nachstehende Schema.

Güterklasse	Grundtaxe	Zuschlag	
		Int. V.	Dir. V.
Eilgut	2,3	24	12
Stückgut	1,15	20	10
A_1 oder B bei min. 5000 kg	0,68	12	10
A_2 oder Spezialtarif I—III bei min. 5000 kg	0,55	12	6
B bei 10000 kg	0,60	12	6
Spezialtarif I bei 10000 kg	0,45	12	6
» II bei 10000 kg	0,34	12	6
» III bei 10000 kg	0,27	7	6

Für den Verkehr von und nach Vizinalbahnstationen wurden in die aus obigem Tarife sich ergebenden Taxen noch besondere *Vizinalbahnzuschläge* in der Höhe von 12 Pf. für je 100 kg bei Eilgut, 10 Pf. bei Stückgut und 6 Pf. bei Wagenladungsgut eingerechnet, von welchen jedoch einzelne Artikel, wie Braunkohle, Brennholz, Cement, bei Frachtzahlung für 10000 kg befreit sind.

In der Folgezeit, als sich die internationalen Verkehrsbeziehungen und Konkurrenzverhältnisse namentlich infolge Eröffnung neuer Anschlusslinien zusehends mehrten, wurden sämtliche Tarife für den Verbandsverkehr mit deutschen und fremdländischen Bahnen nach dem Reformsystem umgearbeitet, neue Verbandstarife und mannigfache Ausnahmetarife insbesondere für Ein- und Ausfuhrartikel geschaffen.

Ab 1. August 1890 sehen wir die direkte Güterabfertigung von Vizinal- und Lokalbahnstationen nach sämtlichen Hauptbahnstationen und umgekehrt, sowie einen einheitlichen *Lokalbahn-Gütertarif* in Geltung, welch' letzterer sich hinsichtlich der Taxberechnung, der Zuschläge und Zuschlagsbefreiungen nur in einzelnen Punkten von dem erwähnten Vizinalbahntarife unterscheidet.

Die Grundtaxen der Tarife, welche gleichzeitig mit der neuen, das frühere Betriebsreglement ersetzenden »*Verkehrsordnung für die Eisenbahnen Deutschlands*« ab 1. Januar 1893 auch auf den bayerischen Staatsbahnen in Kraft traten, weichen, wie die nachfolgende Tabelle zeigt, von den vormaligen nicht wesentlich ab, hingegen erscheinen die Expeditionsgebühren jetzt nach der Entfernung abgestuft; es sind übrigens diese Gebühren, wie auch die Grundtaxen, dermalen nahezu in ganz Deutschland dieselben, sie gelten auch für den direkten Verkehr mit Österreich-Ungarn.

Güterklasse	Grundtaxe in Pfennigen für je 100 kg und 1 km	Expeditionsgebühr in Pfennigen für je 100 kg			
		Interner Verkehr			Direkt mit deutschen Bahnen
		Bis zu 20 km	pro km mehr bis 40 km	Über 40 km	
Eilgut	2,20	20	1	40	20
Stückgut	1,10	10	0,5	20	10
Wagenladungsklasse A_1	0,67	10	0,5	20	10
» B	0,60	6	0,3	12	6
Spezialtarif A_2	0,50	6	0,3	12	6
» I	0,45	6	0,3	12	6
» II	0,35	6	0,3	12	6
» III	0,27 bezw. über 100 km 0,22	6	0,3	7	6

Zur Zeit bestehen 19 Ausnahmetarife (worunter 5 »allgemeine«) für Holz, Steine, Wegebaumaterial, Streu- und Düngemittel, Brennholz, Stammholz im Transit, Roherze, Sand, Cement, Blei, Eisen, Stahl u. s. f. Die Vizinal- und Lokalbahnzuschläge sind gegenüber den früheren unverändert geblieben; die 5 allgemeinen Ausnahmetarife der Hauptbahnen wurden auf die Vizinalbahnen und Lokalbahnen übertragen, und auf die ersteren — soweit erforderlich — selbst die besonderen Ausnahmetarife für bestimmte Massenartikel angewendet.

Im Anschlusse an die Geschichte des Gütertarifwesens möge auch des bayerischen

Transitlagerhaus-Verkehrs

gedacht sein.

In das Jahr 1871 fällt die Errichtung der grossen *Getreide-Transitlagerhäuser der Stadt München* am Südbahnhofe mit der Aufgabe, dem bayerischen Getreidehandel die Aufnahme des Wettbewerbes mit dem ausländischen Handel, welcher damals in Mannheim, Mainz und Romanshorn seinen Hauptsitz hatte, zu ermöglichen und hierdurch den Platz München entsprechend seiner bevorzugten Lage zum Emporium für das süddeutsche Getreidegeschäft zu erheben.

Die Unterstützung dieser Bestrebungen seitens der bayerischen Staatsbahn gebot allein schon das eigene Verkehrsinteresse, und es wurde eine bahnseitige Mitwirkung zunächst in Form des Verzichtes auf die in der Einlagerungsstation erwachsenden Expeditionsgebühren gewährleistet, sodass also für alle mit der Bahn in München eintreffenden, an das Stadtlagerhaus adressierten und nach zeitweiliger Lagerung von diesem per Bahn wieder aufgegebenen Getreidesendungen neben den Streckenfrachten die Abfertigungsgebühren nur einmal, nämlich für die Aufgabe in der ursprünglichen Versandtstation und für die Abgabe in der endgiltigen Bestimmungsstation, zu entrichten waren.

Die Erwägung, es dem inländischen Getreidehändler zu ermöglichen, seine vom Auslande behufs Wiederausfuhr importierte Waare an einem Platze ruhen zu lassen, von welchem er je nach Konjunktur und ohne Frachtverteuerung zweckmässig verfügen konnte, führte weiters zur Einräumung der „*taxfreien Reexpedition*“, d. h. Weiterversendung des in München eingelagerten Getreides unter Anwendung jenes Frachtsatzes, welcher zur Zeit der Wiederaufgabe für den direkten Verkehr von der ursprünglichen Versandt- bis zur neuen Bestimmungsstation Geltung hatte, insoferne überhaupt zwischen diesen Stationen ein direkter Tarif mit Instradierung über die Einlagerungsstation besteht; die Einlagerungsfrist wurde auf 12 Monate festgesetzt.

Die bahnseits den Einlagerungsgütern eingeräumten Frachterleichterungen trugen wesentlich zur Belebung des Getreideverkehrs — namentlich transito Bayern — bei, und es profitierte auch die einheimische Landwirtschaft insofern davon, als das inländische Getreide durch Verbringen in das Lagerhaus, Belehnen, Putzen und Mischen dortselbst, absatzfähiger gemacht wurde; deshalb entstanden bald weitere derartige Getreidelagerhäuser in Rosenheim, München-Ostbahnhof und Lindau.

Nach Einführung der deutschen Getreidezölle erhielten alle jene Lagerhäuser i. J. 1880 die Eigenschaft von sogenannten gemischten *Zolltransitlagern* und damit die erforderlichen zollbehördlichen Erleichterungen hinsichtlich Zollstundung, amtlichen Mitverschlusses und sonstiger Kontrole.

Seit 1882 wurden an den Linien der bayerischen Staatsbahnen neue Getreidelagerhäuser erbaut, welche indes keine Zolltransitlager sind, sondern eine beschränkte bahnseitige Tarifbegünstigung und Reexpeditions-Befugnis bloss für bayerisches und verzolltes ausländisches Getreide geniessen. Ausserdem ist auf den Staatsbahnen eine Reihe von *Holzsammellagern* zugelassen, welchen — ähnlich wie den Getreidelagerhäusern — beim Weiterversandt von Hölzern des Spezialtarifs II unter gewissen Bedingungen Reexpeditionsbegünstigungen gewährt werden; auch diese Massnahme hat seither anerkannt zur Hebung der einheimischen Holzindustrie wesentlich beigetragen.

Im Jahre 1893 bestanden in Bayern fünf teils städtische, teils private Zolltransitlager und zehn weitere Lagerhäuser.

5. Entwicklung und Frequenz des Eisenbahnverkehrs.

In den ersten Betriebsjahren der bayerischen Staatsbahnen bildete der Personenverkehr, wie auch anderwärts, die Haupteinnahmequelle, so dass z. B. von den Einnahmen des Jahres *1844/45* nicht weniger als 77,6 % auf den Personenverkehr, nur 11,3 % auf den Güterverkehr und 11,1 % auf den übrigen Verkehr trafen. Erst nach 1854 begann der Güterverkehr, namentlich der Transport von Kohlen, Langholz und Getreide, infolge Schaffung neuer Schienenwege, schnell und fortschreitend aufzuleben.

Wie die amtliche Nachweisung über den Betrieb der bayerischen Verkehrsanstalten im Etatsjahre *1856/57* zu einer vergleichenden Tabelle der Betriebsergebnisse von 48 fremden Bahnen konstatiert, stand dem verhältnismässig hohen Baukapitale der bayerischen Staatsbahnen noch auf den meisten Strecken ein geringer Verkehr und ein durch Terrainschwierigkeiten verteuerter Betrieb gegenüber. Die äusserst geringe Personenfrequenz war vorzugsweise auf den Verkehr im Innern, wobei die Reisenden durchschnittlich nur kurze Strecken zurücklegen, beschränkt, dessen Hebung erst durch die Fortzweigung der Bahnen nach Ost und Südost eintrat; der Güterverkehr harrte noch der Heranziehung von Transitgütern auf längere Transportstrecken mangels geeigneter Anschlüsse an die Nachbarbahnen.

Vom Jahre *1862* ab nahm der Güterverkehr, insbesondere in Getreidetransporten, dank den nach Vollendung der wichtigsten Anschlusslinien ermöglichten direkten und Transitverkehren, einen ungewöhnlichen Aufschwung; die Nachweisung pro 1865/66 enthält erstmalig eine Ausscheidung der transitierten Gütermengen, welche damals 14% des Güterverkehrs ausmachten, während auf den internen Verkehr 46% und auf den direkten 40% trafen. Der Personenverkehr wurde bereits i. J. 1865 vom Güterverkehre hinsichtlich des Ertrages um das Doppelte überflügelt.

Als vorübergehend den Eisenbahnverkehr ungünstig beeinflussende Ereignisse wären aus der vorberührten Zeitperiode zunächst die politischen Aufregungen in den Jahren 1847 und 1848 in fast allen Teilen Europas zu erwähnen, sodann die den Personenverkehr lähmende Choleraepidemie von 1854 während der ersten grossen Industrieausstellung in München. Dem folgten die schlimmen Zeiten vor und nach dem italienischen Kriege i. J. 1859 wegen beschränkten Güterverkehrs infolge der Truppenbeförderungen.

Im Jahre *1864* schmälerten Missernten in Ungarn den Getreideverkehr und die abnorm schlechten Witterungsverhältnisse des Sommers den Personenverkehr. Der Krieg von 1866 brachte mancherlei Verkehrsstörungen durch Unterbrechungen des planmässigen Fahrdienstes sowie häufige Extra- und Militärzüge.

Nach einem kurzen Stillstande in der Verkehrsentwicklung nach Ausbruch und während des deutsch-französischen Krieges *1870* trat bald nach den entscheidenden Schlachten eine bedeutende Entfaltung des Personen- und Waarenverkehrs ein, bis der grosse Wiener Krach und der ihm folgende wirtschaftliche Niedergang vom Jahre 1873 ab eine lang dauernde flaue Verkehrsperiode mitverschuldete. Die kriegerischen Ereignisse im Südosten Europa's i. J. 1877 wirkten auf den Getreideverkehr insoferne, als man diesen aus Österreich, Serbien und Rumänien in die Schweiz und nach Elsass-Lothringen über Lindau leitete.

Wesentlich beeinträchtigt wurde die den Durchgangsverkehr beherrschende Lage Bayerns durch die Eröffnung einiger wichtiger internationaler Verbindungen, in erster Linie der Arlbergbahn (im September 1884), welche einen namhaften Teil des Transitverkehrs, insbesondere von Österreich-Ungarn nach der Schweiz, Frankreich und umgekehrt, von den bayerischen Schienenwegen ablenkte; ebenso hat die im Mai 1882 eröffnete Gotthardbahn einen erheblichen Teil der Transitgüter zwischen Süd und Nord, vornehmlich den Verkehr von und nach den westlichen italienischen Küstenplätzen, an sich gezogen. Mit dem Jahre *1886* aber beginnt ein ungemein rascher und bis heute anhaltender allgemeiner Verkehrsaufschwung auf den bayerischen Bahnen, vornehmlich seit 1888 eine Steigerung des Güterverkehrs, sodass die Fahrgelegenheiten beträchtlich vermehrt werden mussten; nur die Cholera-Epidemie von 1892 beeinträchtigte vorübergehend den Gesamtverkehr.

Nach der Statistik der

Personenfrequenz

der Staatsbahnen im Betriebsjahre 1892 fuhren insgesamt 26 324 785 Personen, und zwar

im Binnenverkehr 25 002 554
» Wechselverkehr . . . . . 1 195 802 und
» Durchgangsverkehr . . . . 126 429.

Gegenüber dem Binnenverkehr verschwindet demnach geradezu der direkte und transitierende Verkehr zusammengenommen, während sich dieses Verhältnis hinsichtlich des Ertrages aus dem Personenverkehr allerdings etwas besser gestaltet.

Der hauptsächlichste Personen-Wechselverkehr herrscht zunächst mit Württemberg, mit der hessischen Ludwigsbahn, dann mit Sachsen bezw. Preussen über Hof, Eger und Probstzella; dem folgen die Verkehre mit Österreich und der Schweiz. Im Transit übertrifft der Personenverkehr von Österreich nach den Rheinlanden jenen zwischen dem Orient und Frankreich, zwischen Österreich und England, zwischen Norddeutschland und Italien (Brenner-Route) bezw. der Schweiz (Lindauer-Route).

In der Statistik der

Güterfrequenz

weisen die letzten Berichtsjahre 1890 mit 1892 eine stetige, wenn auch nicht bedeutende Mehrung der beförderten Gütermengen auf, beim Vergleiche gegen frühere Jahre aber erscheint der Zuwachs sehr beträchtlich; beispielsweise stellt sich das Gesamtgewicht der im Jahre 1892 beförderten Frachten um über 50 % höher als jenes im Jahre 1884, obwohl die Betriebslänge der Staatsbahnen in diesem Zeitraum um kaum 600 km gestiegen war.

Die Güterfrequenz des Binnenverkehrs bleibt schon seit langem hinter jener des Wechselverkehrs nur unerheblich zurück, während der Binnenverkehr hinsichtlich des Ertrages von letzterem um ein Bedeutendes übertroffen wird.

Der Transitgüterverkehr bleibt sich ziemlich gleich und erscheint bloss mit geringeren Mengen, hingegen erbringt derselbe durchschnittlich den dritten Teil der Einnahme aus dem Binnenverkehre.

Im Jahre 1892 wurden im Ganzen 12 856 453 ts Güter (einschliesslich Fahrzeuge und Leichen) befördert, hievon trafen

auf den Binnenverkehr . . . . 5 736 781 ts
» » Wechselverkehr . . . 6 366 081 » und
» » Durchgangsverkehr . . 753 591 »

Die *hauptsächlichsten Transportartikel des bayerischen Binnenverkehrs* waren i. J. 1892 nach Beilage X des statistischen Berichtes:

Gebrannte Steine, Bruch- und Hausteine (767 730 ts); Kohlen und Koks (500 260 ts); Rundholz (434 010 ts); Brennholz und Bahnschwellen (354 210 ts); Nutz- und Werkholz (284 870 ts); Gerste (181 780 ts); Erde, Kies, Lehm und Thon (155 720 ts); Weizen (132 450 ts); Mehl- und Mühlenfabrikate (101 700 ts); Bier (79 735 ts); Roheisen (78 110 ts); gebrannter Kalk (74 560 ts); Düngemittel (72 520 ts); Cement (61 950 ts); Hafer (59 560 ts); Torf, Torfstreu und Holzkohlen (50 410 ts); Salz (42 320 ts); Eisen und Stahl (40 110 ts); Mais, Hülsenfrüchte und Malz (40 050 ts). Alle übrigen Artikel erscheinen mit minderen Zahlen. Der interne Viehverkehr betrifft vorzugsweise Schweine, Rindvieh, dann Geflügel.

Die *ausschlaggebendsten Artikel des bayerischen Wechselverkehrs* bildeten i. J. 1892:

Braun- und Steinkohle (2 536 250 ts) in Einfuhr; Rundholz, Nutz- und Werkholz, Brennholz und Bahnschwellen (989 500 ts), sämtlich in Ausfuhr; Getreide (377 890 ts) im Versandt und Empfang; Bier (296 350 ts) in Ausfuhr; Mehl- und Mühlenfabrikate (84 980 ts) im Versandt und Empfang; Hopfen (10 230 ts) in Ausfuhr und Einfuhr u. s. w. Von Vieh gehen Rindvieh und Schafe mehr in Versandt, indes Schweine mehr eingeführt werden; übrigens ist der Wechsel-Viehverkehr starken Schwankungen unterworfen.

Im *Durchgangsverkehre* standen i. J. 1892 als die wichtigsten Übergangsstationen obenan:

Aschaffenburg mit 172 500 ts; Hof mit 166 200 ts; Lindau mit 137 060 ts; Franzensbad mit 112 600 ts; Würzburg mit 103 600 ts; Eger, Lichtenfels und Crailsheim mit je über 90 000 ts und Passau mit 69 400 ts. Für Kohlentransporte besonders bedeutsam als Durchgangsrouten erscheinen die Linien: Hof—Lichtenfels zwischen Sachsen und Südwest-Thüringen; Franzensbad—Asch zwischen Böhmen und Rossbach; Franzensbad—Lichtenfels zwischen Böhmen und West-Thüringen; Aschaffenburg—Lohr—Wertheim zwischen dem Ruhrgebiet und Südwestdeutschland.

Schliesslich sei noch bemerkt, dass der prozentuale Anteil der in Bayern zu Ausnahmetarifen beförderten Güter sich auf nur etwa 30 % stellt, dass hingegen auf den bayerischen Bahnen verhältnismässig sehr viel Stückgut zur Aufgabe gelangt. [37])

Zur Versinnbildlichung und Ergänzung der oben geschilderten Verkehrsentwicklung und Frequenzverhältnisse auf den Staatsbahnen Bayerns während ihres 50jährigen Bestandes fügen wir umstehend eine bezügliche

graphische Darstellung

bei, zu welcher an dieser Stelle einige Erläuterungen gestattet seien.

Die Bewegung des gesamten Personen-, Güter- und Thier-Verkehrs wird durch die Linie der Nutzkilometer ausgedrückt. Derselbe setzt sich in der Hauptsache zusammen aus dem internen und direkten Personen- und Güterverkehr; Thier- und Transitverkehr sind von minderer Bedeutung. Die Frequenz des Personenverkehrs hängt in erster Linie von der Betriebslänge ab, während auf den Güterverkehr anderweitige Ursachen in höherem Masse einwirken.

Im Verhältnis zur Betriebslänge bewegen sich Personen- und Güterverkehr im allgemeinen von 1845 bis 1873 aufsteigend, hierauf der Güterverkehr von 1873 bis 1880, der Personenverkehr von 1873 bis 1885 fallend, beide Verkehre von 1880 bezw. 1885 aber wieder sich hebend. Dem raschen Anwachsen der Betriebslängen in den siebziger Jahren vermochte der Verkehr nicht sofort zu folgen; zu Anfang der achtziger Jahre ist der Ausbau der Hauptlinien im Wesentlichen vollendet, und es werden allmählich auch die Nachwirkungen des Krachs überwunden. Die verschärfte Konkurrenz fremder Bahnen kommt insbesondere im Thier- und Gütertransitverkehr zum Ausdruck. Die Schwankungen des Thierverkehrs sind hauptsächlich bedingt durch die Schwankungen des über Bayern geleiteten Kleinviehverkehrs von Österreich nach Frankreich, welcher in der Zeitperiode 1870 bis 1885 abwechselnd zwischen 55000 und 670000 Stück jährlich betrug; seitdem sind diese Transporte fast ganz ausgeblieben, dagegen wuchs der Thierverkehr zwischen deutschen Verkehrsbezirken. Eine vorübergehende Mehrung in der Frequenz von Thieren bezw. Militärpferden brachte der Krieg von 1870 mit sich, hingegen eine Minderung das i. J. 1885 erfolgte Verbot der Ein- und Durchfuhr lebender Schafe und Schweine aus Österreich-Ungarn nach und durch Bayern.

Auch in der auf- und absteigenden Linie des im Graphikon vom Gesamt-Güterverkehr ausgeschiedenen Gütertransits, welcher von 1863 bis 1867 dank der Einrichtung der Verkehrsverbände ganz besonderen Aufschwung nahm, kommen die Schwankungen der österreichisch-ungarischen Ausfuhr über Bayern, vornehmlich nach Süddeutschland, Schweiz u. s. w., unverkennbar zum Ausdrucke; die Jahre 1870, 1872, 1874 mit 1876, 1880, 1881, 1885 (September 1884 Eröffnung der Arlbergbahn!) und 1886 weisen die tiefsten, die Jahre 1867, 1871, 1878, 1882 und 1891 die höchsten Frequenzziffern des Durchgangverkehrs aus.

In der Bewegung des im Graphikon ebenfalls vom Gesamt-Personenverkehr abgetrennten Militärverkehrs kommen die kriegerischen Zeitläufte 1851, 1859, 1866 und 1870/71, sowie die Wirkungen der neueren militärischen Rüstungen und Organisationen deutlich zum Ausdrucke.

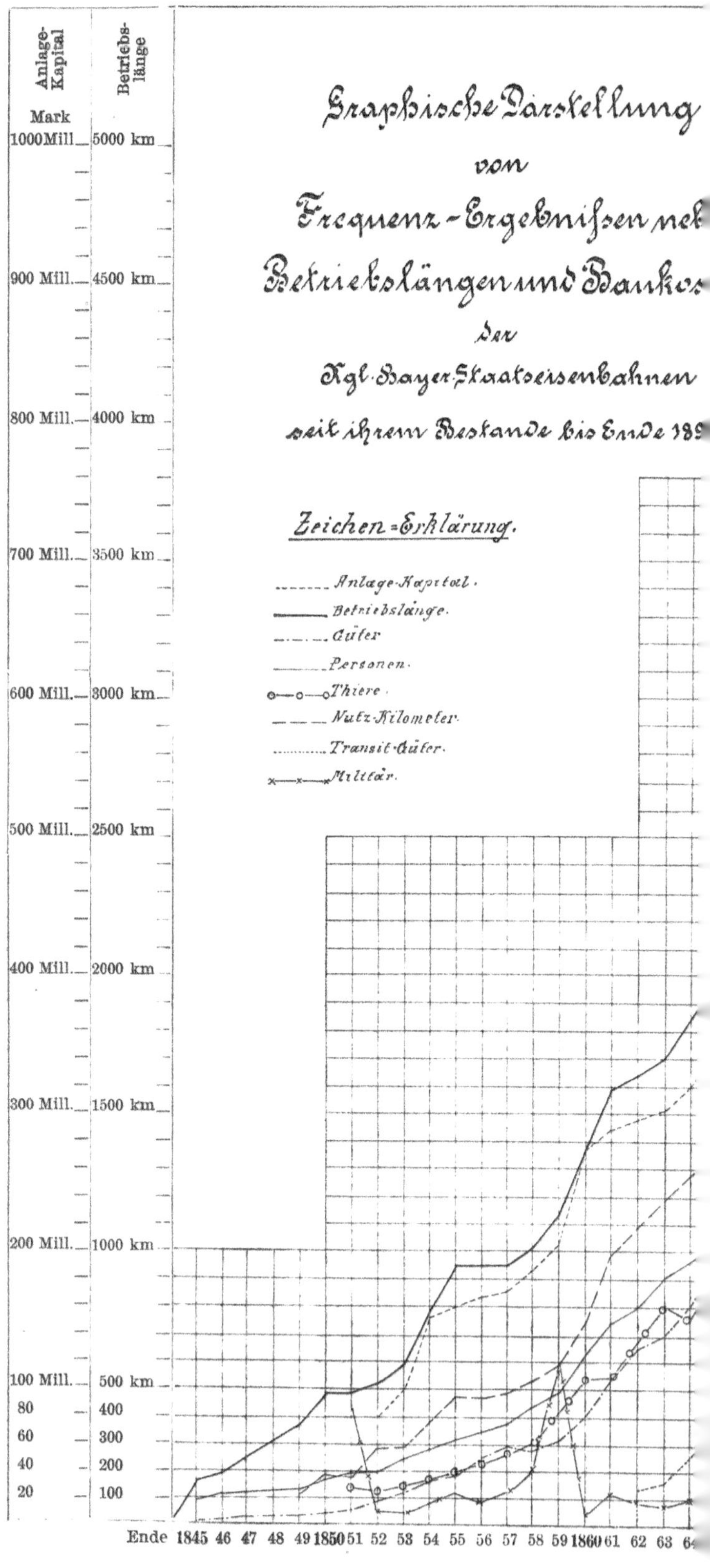

Anlage-Kapital
Mark
Betriebs-länge
Graphische Darstellung
von
Frequenz-Ergebnissen neb
Betriebslängen und Baukos
der
Kgl. Bayer. Staatseisenbahnen
seit ihrem Bestande bis Ende 18
Zeichen-Erklärung.
Anlage-Kapital.
Betriebslänge.
Güter
Personen.
Thiere.
Nutz-Kilometer.
Transit-Güter.
Militär.
1000 Mill. 5000 km
900 Mill. 4500 km
800 Mill. 4000 km
700 Mill. 3500 km
600 Mill. 3000 km
500 Mill. 2500 km
400 Mill. 2000 km
300 Mill. 1500 km
200 Mill. 1000 km
100 Mill. 500 km
80 400
60 300
40 200
20 100
Ende 1845 46 47 48 49 1850 51 52 53 54 55 56 57 58 59 1860 61 62 63 64

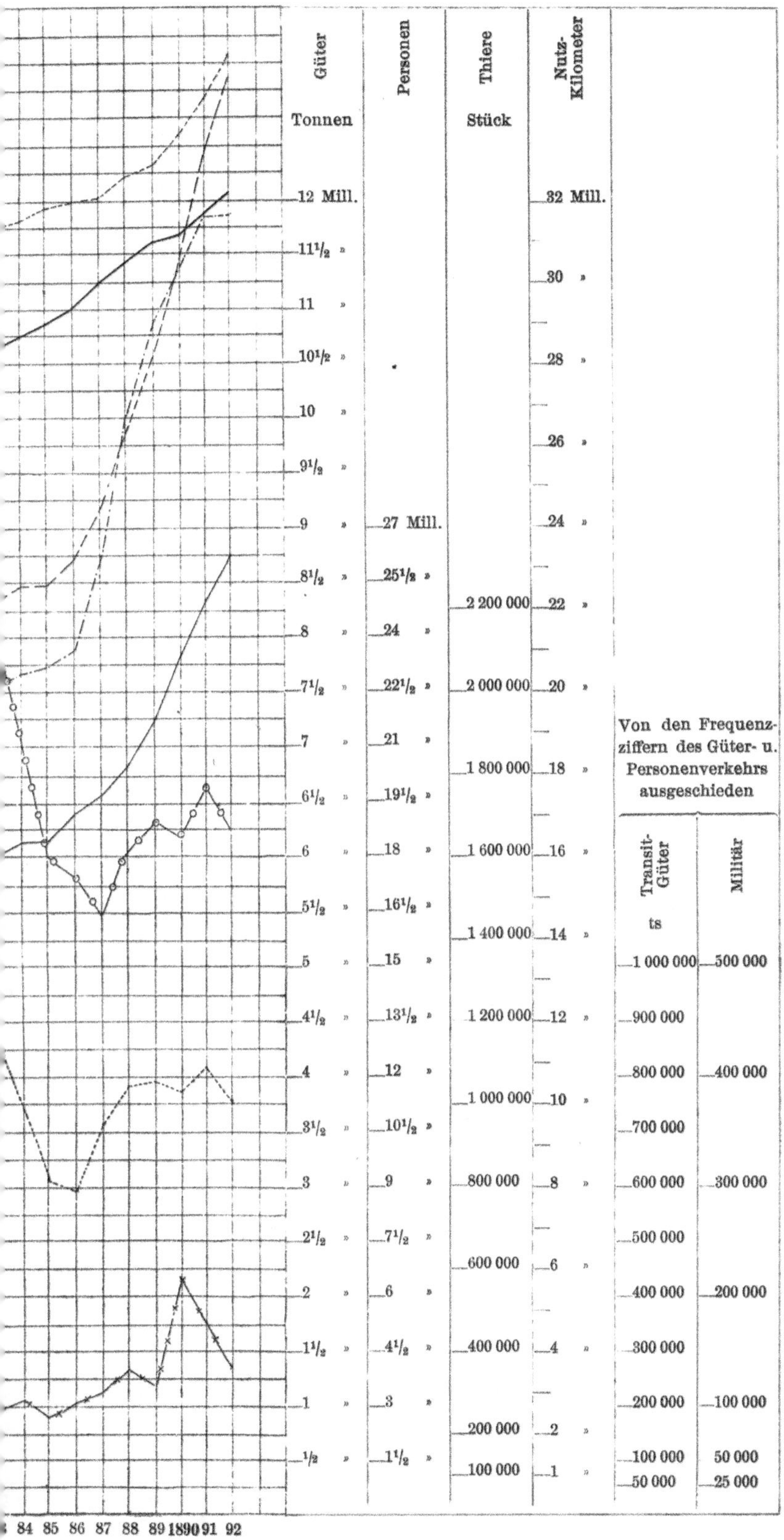

Güter
Tonnen
Personen
Thiere
Stück
Nutz-Kilometer
12 Mill.
32 Mill.
27 Mill.
2 200 000
2 000 000
1 800 000
1 600 000
1 400 000
1 200 000
1 000 000
800 000
600 000
400 000
200 000
100 000
Von den Frequenzziffern des Güter- u. Personenverkehrs ausgeschieden
Transit-Güter
Militär
ts
1 000 000
500 000
84 85 86 87 88 89 1890 91 92

6. Finanzielle Betriebsergebnisse.

Indem wir nun das Finanzgebiet des Eisenbahnwesens betreten wollen, sei vorausgeschickt, dass die bayerische Staatsbahnverwaltung von jeher keine eigenen Erneuerungs- und Reservefonds führte, weshalb die solche Fonds sonst belastenden Ausgaben in den wirklichen Betriebsausgaben mit enthalten sind, dass ferner die Betriebsergebnisse der Staatsbahnen auch jene der bayerischen Privatpachtbahnen, dem Charakter der Pachtverträge entsprechend, in sich schliessen, und dass endlich Ansprüche an die Reineinnahmen der Staatsbahnen dermalen lediglich noch die Vizinalbahn Immenstadt—Sonthofen besitzt.

Die Bruttoeinnahme stieg in den Betriebsjahren 1844 bis mit 1860 nur wenig mit der Bahnlänge, nahm dann von 1860 bis 1877 unverhältnismässig zu, hierauf stagnierend oder abnehmend, je nach der Grösse des Personen- und Güterverkehrs. In Anbetracht des Vorwiegens von Steigungen bezw. Gefällen auf den Staatsbahnlinien kann es nur als ein guter Erfolg angesehen werden, dass sich die Betriebsausgaben seit der vollständigen Eröffnung der Ludwigs-Süd-Nordbahn (i. J. 1854) im Durchschnitt eines 38jährigen Zeitraumes auf wenig über 50% der Bruttoeinnahmen stellten. Die 4,44%ige Verzinsung des Anlagekapitals, welche sich beispielsweise für das Betriebsjahr 1856/57 berechnete, wurde schon damals von der Verwaltung selbst in Berücksichtigung der grossen Billigkeit der bayerischen Tarife als ein günstiges Ergebnis bezeichnet umsomehr, als dieselbe nicht blos die Verzinsung und gesetzliche Amortisation der Eisenbahnschuld deckte, sondern auch einen Überschuss für die Staatskasse lieferte. In dem Zeitraume von 1853 bis 1892 schwankte die Staatsbahnrente zwischen 2,62% (im Etatsjahre 1854/55) und 6,24% (im Etatsjahre 1866/67) und betrug im Durchschnitt *4,48* %. Es ist jedoch hinsichtlich der staatlichen Zinsberechnung zu bemerken, dass der Modus in der Anrechnung des Baukapitals der Pachtbahnen mehrmals gewechselt wurde, und dass in den Berichten der Verwaltung stets nur die wirklichen Baukosten, nicht aber die Zinsen für die Eisenbahnanleihen während der Bauzeit, die Coursverluste, sowie die Mehrausgaben beim Ankaufe der Ostbahnen über deren selbstverwendetes Anlagekapital, in Vortrag gekommen sind.

Die *Einnahmen aus dem Personenverkehre i. J. 1892* bezifferten

im Binnenverkehr	22 140 284 M.	zusammen 30 301 373 M.
im Wechselverkehr	5 041 918 »	
im Durchgangsverkehr	3 119 171 »	

und jene *aus dem Güterverkehre*

im Binnenverkehr	24 345 866 M.	zusammen 71 302 078 M.
im Wechselverkehr	39 090 025 »	
im Durchgangsverkehr	7 866 187 »	

Was insbesondere die Erträgnisse des Güterverkehrs anlangt, so hielten sich in den drei letzten Berichtsjahren 1890 mit 1892 sowohl die Gesamtsummen als auch die Teilbeträge für die einzelnen Verkehrsgattungen ziemlich auf der nämlichen Höhe, während der Vergleich mit dem Jahre 1884 einen Zuwachs von 17 Millionen ergibt. Wie obige Ausscheidung zeigt, überragen die Einnahmen des Wechselverkehrs jene des Binnenverkehrs um mehr als die Hälfte, indess die Einnahmen aus dem Transit, bei dem grösstenteils lange Routen benützt werden, etwa ein Drittel jener des Binnenverkehrs ausmachen.

Das Gesamterträgnis aus dem Transporte bezifferte für das Jahr 1892 die Summe von 104 883 541 M., wonach auf jeden Tag durchschnittlich 286 567 M. und auf 1 km Bahnlänge 21 698 M. trafen. Von diesen Gesamteinnahmen entfielen in Prozenten

auf den Binnenverkehr . . . . . . 46,50 %
» » Wechselverkehr . . . . . . 42,86 »
» » Durchgangsverkehr . . . . . 10,64 »

Bezüglich der Betriebsergebnisse der Vizinal- und Lokalbahnen fügen wir folgende Angaben bei. Nach den Verwaltungsberichten für das Jahr 1892 ergaben die bestehenden 15 *Vizinalbahnen* bei einer Gesamtlänge von 167 km und bei einem zu 90 % vom Staate bestrittenen Gesamt-Bauaufwande mit rund 15456000 M. einen Einnahmsüberschuss von 348 600 M.; die vorhandenen 25 staatseigenen *Lokalbahnen* hingegen bei 559 km Gesamtlänge und bei einem zu 91 % vom Staate geleisteten Gesamt-Bauaufwande mit rund 30 322 000 M. einen Reingewinn von 836 600 M. Jener Staatsaufwand verzinste sich ohne Einrechnung der Erneuerungs-Rücklagen zu 2,8 %, welche Rente sich jedoch auf 3,3 % erhöht, wenn die im Laufe des Betriebsjahres eröffneten neuen Lokalbahnlinien ausser Ansatz bleiben.

Nach dem Rechnungsabschlusse pro 1892 bezifferten für den gesamten Betrieb der bayerischen Staatsbahnen

die Einnahmen . . . . 109 234 779 M.
» Ausgaben . . . . 73 158 091 »

mithin betrug der Überschuss 36 076 688 M., d. i. gleich 33,03 % der Einnahmen, ferner gleich *3,43* % des im Jahresdurchschnitte berechneten Gesamt-Bauaufwandes von 1 051 016 797 M. einschliesslich der von Gemeinden und Privaten erbauten Bahnen, endlich gleich 7372 M. auf 1 km der durchschnittlichen Eigentumslänge.

Von den voraufgeführten *Betriebsausgaben* entfielen

10,84 % für die allgemeine Verwaltung,
21,76 » » » Bahnverwaltung und
67,40 » » » Transportverwaltung.

Zur Deckung des Bedarfs für Verzinsung und Verwaltung der Staatseisenbahnschuld, welche i. J. 1891 die Summe von

967 511 657 M. bezifferte, konnten i. J. 1892 aus den Betriebsüberschüssen 35 086 546 M. verwendet werden, doch war immerhin der noch fehlende Betrag von 3 674 380 M. aus allgemeinen Staatsfonds zu bestreiten. Nach dem Finanzgesetze vom 11. Juni 1894 für die XXII. Finanzperiode 1894/95 ist obiger Bedarf im Voranschlage von 39 035 300 M. aus dem mit 37 587 140 M. veranschlagten Reinertrag der Bahnrente und durch einen Zuschuss von 1 448 160 M. aus dem Reinerträgnisse des Malzaufschlags jährlich zu leisten.

Der Geldwert der ***Materialbestände*** bezifferte ultimo 1892 rund 13 716 800 M. und jener des ***Mobiliarinventars*** ausschliesslich des Fahrmaterials 13 899 000 M.

Sechster Abschnitt.

Fürsorge für das Personal.

1. Besoldungs- und Pensionsverhältnisse.

Es sei vorausgeschickt, dass die Gehaltsverhältnisse der *pragmatischen Beamten* der Staatseisenbahnverwaltung gleich jenen für die übrigen Staatsdiener Bayerns, und zwar letztmalig durch die Allerh. Verordnung vom 11. Juni 1892, normiert sind, und dass ebenso die Pensionsverhältnisse der pragmatischen Eisenbahnbeamten — dermalen etwa **1125** an der Zahl — mit jenen für die übrigen Staatsdiener durch die Dienstespragmatik vom 1. Januar 1805 und die IX. Beilage der Verfassungsurkunde vom 26. Mai 1818, bezw. durch die Satzungen des Allgemeinen Staatsdiener-Unterstützungsvereines geordnet wurden.

Die allmähliche Entwicklung der Besoldungs- und Pensionsnormen der *nichtpragmatischen Beamten und Bediensteten* der Staatseisenbahnen, welche im allgemeinen Hand in Hand mit jenen des Personals der übrigen Verkehrsanstalten Bayerns ging, näher zu beleuchten, würde viel zu weit führen, weshalb wir uns auf das Wesentlichste beschränken müssen.

Schon von jeher war die Staatsregierung bestrebt, in gerechter Würdigung der fortdauernden Steigerung der Ausgaben für den Lebensunterhalt die Besoldungs- und Pensionsverhältnisse des in Rede stehenden, ausserordentlich zahlreichen Personales nach und nach durch Erhöhung der Bezüge, Gewährung von Teuerungs- und Dienstalterszulagen, Wohnungsentschädigungen u. s. w., namentlich aber durch Vermehrung der statusmässigen Stellen zu regeln und zu verbessern; das beweisen die desfallsigen Allerh. Verordnungen der Jahre 1848, 1857, 1863, 1868, 1872, 1876, 1882, 1886, 1888 und 1894, sowie die Finanzgesetze und die Etats der einzelnen Finanzperioden.

Durch Allerh. Verordnung vom 26. Juni 1894 insbesondere wurden mit Wirkung ab 1. Januar 1894 die Gehalts- und Pensionsverhältnisse des nichtpragmatischen statusmässigen Personales der Verkehrsanstalten — hinsichtlich der Staatseisenbahnen handelt es sich dermalen um fast **16000** Personen — systematisch jenen der pragmatischen Beamten nachgebildet, wobei die Vorrückungsfristen abgekürzt, die pensionsfähigen Diensteinkommen namhaft erhöht und die seitherigen Pflichtbeiträge für Pensionsgenuss gänzlich aufgehoben worden sind, wogegen die unbeschränkte Vorrückung durch Alterszulagen entfällt; die neuen Besoldungen scheiden sich aus in einen pensionsfähigen Gehalt und in eine fixe nichtpensionsfähige Gehaltszulage. Der Schwerpunkt der Verbesserung jedoch liegt in den anerkannt vorteilhaft geregelten Relikten-Pensionen. Es kann wohl unbestritten behauptet werden, dass die Verhältnisse des bayerischen Eisenbahnpersonals in Bezug auf Gehalt und Pension im Allgemeinen, zum Teil aber sehr erheblich günstiger gestaltet sind, als bei irgend einer anderen Eisenbahnverwaltung!

Bezüglich des zur Funktion berufenen *Personals der ehemaligen Ostbahnen* blieb jede Veränderung in den Verhältnissen grundsätzlich ausgeschlossen, hingegen stand demselben jederzeit der Übertritt in den Staatsdienst frei. Voraussichtlich werden bis zur nächsten Finanzperiode sämtliche vormalige Ostbahnbeamten und Bediensteten in den Staatseisenbahndienst übernommen sein.

---

2. Der bahnärztliche Dienst.

Schon bei der vormaligen privilegierten Ostbahngesellschaft wurde auf Anregung ihres Direktors v. Denis durch Verwaltungsratsbeschluss vom 22. Mai 1860 ein bahnärztlicher Dienst organisiert, welcher zunächst die ärztliche Behandlung des erkrankten Personals und der Angehörigen desselben zur Aufgabe hatte, zu welchem Behufe allmählich 25 ärztliche Bezirke von 9 bis 30 km Länge mit je einem Bahnarzt unter Leitung eines Oberarztes entstanden.

Nach erfolgter Verstaatlichung der Ostbahnen wurde der *bahnärztliche Dienst* ab 1. Februar 1877 auf sämtliche Bahnlinien ausgedehnt und bei der Generaldirektion (Betriebsabteilung) centralisiert. Den statusmässigen Beamten und Bediensteten, den gegen Taggeld beschäftigten Bureauhilfsarbeitern, den ständigen Taglöhnern und Werkstättearbeitern wurde, vorerst mit Ausschluss der Familienangehörigen, im Erkrankungsfalle unentgeltliche Behandlung durch den Bahnarzt zu Teil, welch' letzterer in allen Fällen, auch wenn der Erkrankte von der bahnärztlichen Behandlung keinen Gebrauch machen will, die Krankheit und deren Dauer zu konstatieren hat. Ausserdem ist dem bahnärztlichen Dienste auch eine hervorragend wissenschaftlich-statistische Aufgabe gestellt.

Zum Vollzuge dieses Dienstes wurden im Jahre 1877 bereits 153 Bezirke gebildet, und die Bahnärzte in medizinisch-technischer Beziehung der Generaldirektion, in administrativer Hinsicht den Oberbahnämtern unterstellt; seit 1882 ist den Bahnärzten innerhalb ihrer Thätigkeit füs die Staatsbahnverwaltung die Eigenschaft öffentlicher Medizinalbeamter zuerkannt. Dieselben haben u. a. bei den Aufnahmen, Pensionierungen und Unterstützungen des Personals, zur Ermöglichung von Kur- und Erholungsaufenthalten und für die Statistik mitzuwirken, dann in Erkrankungs- oder Unglücksfällen im Bahnbereiche ärztliche Hilfe zu leisten. Ab 1. November 1886 ist die kostenfreie bahnärztliche Behandlung auch auf die Familienangehörigen des statusmässigen und des diätarischen Personals ausgedehnt worden.

Die Tragweite des Instituts mögen einige Zahlen beleuchten. Am Schluss des Betriebsjahres 1892 bestanden 284 bahnärztliche Bezirke mit 270 Bahnärzten, ausserdem waren mehrere Spezialärzte als Bahn- und Kassenärzte aufgestellt. Bei einer durchschnittlichen Zahl der statusmässig und diätarisch Angestellten von 15787 Köpfen betrug im Jahre 1892 die Zahl der Erkrankungsfälle 11073 oder 70,1 % (und zwar zumeist allgemeine und Blutkrankheiten, Krankheiten der Verdauungs- und Atmungsorgane, dann Verletzungen), die Zahl der Todesfälle 1,2%, jene der Pensionierungsfälle 1,8%, und es trafen auf je einen Bediensteten 15 Krankheitstage.

Die Krankenkassen.

Im Vollzuge des Reichsgesetzes über die Krankenversicherung der Arbeiter vom 15. Juni 1883 bezw. der Vollzugsverordnung vom 14. Mai 1884 wurden im Bereiche der bayerischen Staatseisenbahn- und Dampfschifffahrtsverwaltung ab 1. Dezember 1884 die *Betriebs- und Werkstättenkrankenkassen*, sodann *Baukrankenkassen* ins Leben gerufen, und es steht seitdem ein grosser Teil des Personals, nämlich das gesamte Taglohnpersonal, nicht mehr in bahnärztlicher, sondern in kassenärztlicher Behandlung. Den *kassenärztlichen Dienst* für die Betriebs- und Werkstättenkrankenkassen versehen innerhalb ihrer Bezirke sämtliche Bahnärzte und einige eigene Kassenärzte; besondere Kassenärzte sind bei den für die Arbeiter des Eisenbahnneubaues errichteten Baukrankenkassen, deren Sitze naturgemäss wechseln, aufgestellt.

Gemäss der Statistik des kassenärztlichen Dienstes für das Jahr 1892 bezifferte das krankenversicherungspflichtige Taglohnpersonal der Staatsbahnen, ausschliesslich des bei dem Bahnneubau beschäftigten, im Jahresdurchschnitt insgesamt 19602, das ständige Taglohnpersonal 9043 Köpfe; von dem letzteren betrug die Zahl der Erkrankungsfälle

5708 oder 63,1 %, jene der Todesfälle 119 oder 1,3 %, jene der Pensionierungsfälle 60 oder 0,8 % und es entfielen auf eine Person 9,6 Krankheitstage.

3. Wohlfahrts-Anstalten.

König Ludwig II. von Bayern liess kurz nach seinem Regierungsantritte Einleitungen treffen zur Erleichterung der Lage der Hinterbliebenen aller pragmatischen Staatsdiener ohne Ausnahme, und es ward nach gesetzlicher Bewilligung einer ansehnlichen Dotation aus Staatsfonds durch Allerh. Verordnung vom 31. August 1865 ein »*Allgemeiner Unterstützungsverein für die Hinterlassenen der kgl. bayer. Staatsdiener*« und eine hiermit verbundene »*Töchterkasse*« gegründet.

Zum Wohle der niederen Bediensteten und deren Relikten bestand für die Verkehrsanstalten bereits im Jahre 1852 ein Unterstützungsfond, welcher im Jahre 1857 zu einem Pensions- und Unterstützungsfond umgeschaffen worden ist; dieser Fond wurde im Jahre 1878 in einen »*Allgemeinen Pensionsfond für das nichtpragmatische statusmässige Personal der Verkehrsanstalten*« und in besondere Unterstützungsfonds getrennt. Aus den letzteren bildete sich am 1. Januar 1888 unter Hinzutritt des Vermögens weiterer, inzwischen entstandener Fonds und Kassen für das niedere Eisenbahnbaupersonal ein »*Gemeinsamer Unterstützungsfond der Staatseisenbahnen*«.

Nachdem zufolge Allerh. Verordnung vom 26. Juni 1894 der vorgenannte Allgemeine Pensionsfond aufgehoben wurde, und dessen Vermögen zur Bestreitung der Pensionen und sonstigen Lasten dient (wogegen in Zukunft, sobald das Vermögen des Fonds aufgebraucht ist, alle Pensionsansprüche des Eisenbahnpersonals aus dem allgemeinen staatlichen Pensionsetat bestritten werden), bestehen dermalen für den Bereich der bayerischen Staatsbahnen nachstehende Wohlfahrts-Anstalten:

1. Der gemeinsame Unterstützungsfond zur Gewährung momentaner Unterstützungen für das statusmässige, diätarische und Taglohnpersonal und der Relikten desselben;
2. die schon erwähnte Eisenbahn-Betriebskrankenkasse, sowie
3. die Eisenbahn-Werkstättenkrankenkasse;
4. die Arbeiterpensionskasse, welche an die Stelle der von der Staatseisenbahnverwaltung unterm 1. Oktober 1888 in's Leben gerufenen »Kasse für Alters-, Invaliden- und Reliktenversorgung für die ständigen Arbeiter« getreten ist.

Nach ihren seit 1. Januar 1891 zu Kraft bestehenden Satzungen bezweckt die

Arbeiterpensionskasse

die Gewährung von Invaliden- und Altersrenten, von Rentenzuschüssen und Ausnahmerenten, von Wittwen-, Waisen- und Sterbegeldern. Die

Kasse wurde in 2 Abteilungen gegliedert, von denen die Abteilung A für sämtliche bei den Staatsbahnen beschäftigten versicherungspflichtigen Hilfsbediensteten und Arbeiter alle Aufgaben einer Versicherungsanstalt im Sinne des Reichsgesetzes vom 22. Juni 1889 über Invaliditäts- und Altersversicherung zu erfüllen hat, während die Abteilung B für diejenigen Mitglieder der Abteilung A, welche zu dauerndem Dienstverhältniss aufgenommen und mindestens ein Jahr lang beschäftigt gewesen sind, eine weitergehende Fürsorge trifft durch Gewährung von Zuschüssen zu den aus der Abteilung A zu zahlenden Renten, sowie durch Rentenbewilligung in jenen Fällen, in welchen solche nach obigem Reichsgesetze nicht beansprucht werden können; zudem gewährt die Kasse B Wittwen-, Waisen- und Sterbegelder, welche aus der Kasse A ebenfalls nicht verabfolgt werden. Das Vermögen der oben erwähnten Kasse für Alters-, Invaliden- und Reliktenversorgung wurde auf die Arbeiterpensionskasse B übertragen. Die Einnahmen der Kassenabteilung A fliessen aus den Beiträgen der Mitglieder und der Bahnverwaltung, jene der Abteilung B aus Eintrittsgeldern, Mitgliederbeiträgen, staatlichen Zuschüssen und Strafgeldern. Bei der Arbeiterpensionskasse ist für Angelegenheiten der Abteilung A ein Schiedsgericht bestellt.

Endlich verdient auch hier die

Unfallversicherung der Arbeiter

eine kurze Erwähnung. Wie bekannt, trat auf Grund des Reichs-Unfallversicherungsgesetzes vom 6. Juli 1884 ab 1. Oktober 1885 in Deutschland die Unfallversicherung der Arbeiter in's Leben, wonach u. a. der Schadenersatz im Falle einer Körperverletzung beim Betriebe in den Kosten des Heilverfahrens und in einer dem Verletzten für die Dauer der Erwerbsunfähigkeit zu gewährenden Rente bis zu 66⅔% des Arbeitsverdienstes, im Falle der Tötung aber im Ersatz der Beerdigungskosten und in Verabfolgung einer bestimmten Rente an die Hinterbliebenen zu bestehen hat. Nach dem Ausdehnungsgesetze vom 28. Mai 1885 findet obiges Gesetz Anwendung auch auf den Eisenbahnbetrieb, und es reihten sich mit 1. Oktober 1885 den schon bestehenden 55 Berufsgenossenschaften als Träger der Versicherung die Staatseisenbahnverwaltungen an, für welche die Stelle der Berufsgenossenschaft der Staat, die Stelle des Genossenschaftsvorstandes die betreffende Ausführungsbehörde vertritt.

In Bayern gilt seit 12. April 1887 als Ausführungsbehörde hinsichtlich des Betriebes der Staatsbahnen, des Donau-Main-Kanals und der Bodensee-Dampfschifffahrt einschliesslich aller Neubauten die Generaldirektion der kgl. Staatseisenbahnen, welcher auch die Regelung von Unfallsachen zukommt, gegen deren Bescheide jedoch Berufung an ein aus Vertretern der Verwaltung und der Arbeiterschaft gebildetes Schiedsgericht mit dem Sitze in München zulässig ist; die Wahl der Arbeiter-Vertreter zu dem Schiedsgericht erfolgt auf die Dauer von vier Jahren durch die Mitgliedschaft. Die Unfallanzeigen obliegen den Oberbahnämtern, Centralwerkstätten, Centralmagazins-Verwaltungen und Bausektionen, in deren Bezirk der Unfall sich ereignet hat.

Die Fürsorge für das *nichtpragmatische statusmässige Personal* der bayerischen Verkehrsanstalten und dessen Relikten aus Anlass von Betriebsunfällen wurde durch die Allerh. Verordnung vom 19. März 1891 bezw. vom 26. Juni 1894 geregelt; demgemäss erstreckt sich jene Fürsorge auf Verabreichung einer Pension zu 66⅔% des jährlichen Einkommens im Falle dauernder Dienstunfähigkeit an den im Dienste verunglückten Beamten oder Bediensteten, während im Falle teilweiser Erwerbsunfähigkeit auf die Dauer derselben ein entsprechend bemessener Bruchteil jener Pension gewährt wird, im Falle der Tötung aber Sterbegelder und Renten an die Relikten zur Verabfolgung gelangen.

Siebenter Abschnitt.

Die bayerischen Staatseisenbahnen in der Gegenwart. — Schlusswort.

Um ein annähernd genaues Bild von den gegenwärtigen Eigentums-, Betriebs- und Verkehrsverhältnissen der bayerischen Staatseisenbahnen zu bieten und frühere Ausführungen zu ergänzen, lassen wir nachstehend die wichtigsten bezüglichen Angaben des letzterschienenen amtlichen statistischen Berichtes über den Betrieb der kgl. bayerischen Verkehrsanstalten im Verwaltungsjahre 1892 folgen.

Die gesamte *Eigentumslänge* aller bayerischen Staatsbahnlinien betrug am Schlusse dieses Schaltjahres 4969 km; hievon standen im Vollbetrieb 3952 km oder 79,54 % und im Sekundärbetrieb 1017 km oder 20,46 %, worunter sich nur eine einzige schmalspurige Bahn mit 5 km Länge befindet.

An fremde Bahnverwaltungen verpachtet und von diesen auch verwaltet waren 9 Strecken mit zusammen 99 km, und zwar 5 Grenzstrecken bei Hof, Aschaffenburg, Lichtenfels, Würzburg und Gemünden mit 84 km an deutsche, und 4 Grenzstrecken bei Simbach, Passau, Lindau und Furth i. W. mit 15 km an ausländische Verwaltungen. Von den als Nebenbahnen betriebenen eigenen Strecken waren gebaut

11 Strecken mit 291 km als Haupt- bezw. Sekundärbahnen,
15 Strecken mit 167 km als Vizinalbahnen und
26 Strecken mit 559 km als Lokalbahnen.

Von der Eigentumslänge waren 4044 km Bahnen eingeleisig und 925 km zweigeleisig angelegt. 4913 km liegen im Königreiche Bayern, der Rest in Österreich, Preussen und Sachsen-Koburg-Gotha. Auf je 100 Quadratkilometer Flächenraum des Königreichs rechts des Rheins treffen durchschnittlich 7,02 km und auf je

10000 Einwohner nach der Volkszählung vom Jahre 1890 10,10 km Bahnlänge.

Die gesamte *Betriebslänge* betrug 4908 km, wovon 3882 km oder 79,10% als Hauptbahnen und 1026 km oder 20,90% als Nebenbahnen betrieben wurden. Seitens Bayern gepachtet (und betrieben) waren 6 fremde Strecken mit 39 km Länge, nämlich 4 Grenzstrecken bei Wertheim, Probstzella, Meiningen und Ludwigsstadt mit 31 km von andern deutschen, und 2 Grenzstrecken bei Salzburg und Kufstein von österreichischen Verwaltungen. 21 km Strecken dienten ausschliesslich dem Güterverkehre, nämlich die Donauländebahnen bei Kelheim, Passau und Regensburg, die Bahnen München—Südbahnhof—Pasing und Oberreitnau—Lindau Rangierbahnhof.

Der *Grunderwerb* der normalspurigen Bahnen für die freie Strecke war ausgeführt zur Anlage des Bahnkörpers für 1 Geleise auf 1264 km und für 2 Geleise auf 3150 km; der *Bahnkörper* der freien Strecke selbst hingegen für 1 Geleise auf 2539 km und für 2 Geleise auf 1896 km. Von der Gesamt-Eigentumslänge jener Bahnen (4964 km) lagen 3599 km im Auftrag und 1364 km im Abtrag; 4437 km trafen auf die freie Strecke und 527 km auf Bahnhöfe und Haltestellen.

Hinsichtlich der *Neigungs- und Krümmungsverhältnisse* der Staatsbahnen finden sich bereits auf Seite 135 die wissenswertesten Angaben, welchen hier noch beigefügt sei, dass i. J. 1892 die Summe der vertikalen Höhen aller Steigungen rund 12070 m und jene aller Gefälle 10110 m bezifferte.

Die Zahl aller den Oberbahnämtern bezw. Lokalbahnbetriebsleitungen unterstellten *Eisenbahnanstalten* belief sich auf 901 und es liegen dieselben nach obengenannter Betriebslänge in Zwischenräumen von durchschnittlich 5,45 km auseinander. Im Besonderen bestanden 63 grössere Bahnhöfe, 542 kleinere Stationen (Expeditionen), 129 Haltestellen mit Ausweichen und 167 Haltepunkte ohne Ausweichen.

Die *Länge sämtlicher Geleise* der eigenen vollspurigen Staatsbahnen einschliesslich der Weichenverbindungen betrug 7523 km, wovon 80 km aus Stuhlschienen, die übrigen aus breitbasigen Schienen bestanden; mehr als 667000 Tonnen Eisen und Stahl sind in den Schienen, im Kleineisenzeug und in den eisernen Lang- und Querschwellen enthalten. Als Schienenunterlagen dienten annähernd 7047000 hölzerne und 769000 eiserne Querschwellen, 445000 Steinwürfel, sowie 1626000 Meter eiserne Langschwellen. An Auslenkungen, auf einfache Weichen reduziert, waren über 9500 Stück in Verwendung.

An *Betriebsmitteln* waren vorhanden:

1238 Lokomotiven nebst 947 zugehörigen Tendern im Gesamt-Eigengewicht von 44810 ts, wovon 641 Maschinen Ausrüstung für durchgehende Bremsen besassen, sodann

23764 Wagen (einschliesslich der Privatwagen) mit 48448 Achsen, worunter sich 3264 Personenwagen mit 121693 Plätzen befanden; 3451 Wagen besassen Ausrüstung für durchgehende Bremsen.

Die Beschaffungskosten aller Ende 1892 vorhandenen Betriebsmittel beliefen sich auf 147447736 M.

Was die *Leistungen der Betriebsmittel* betrifft, so legten die eigenen Lokomotiven in 700030 Fahrten auf den eigenen und fremden Bahnstrecken 35426033 Lokomotivkilometer, die eigenen Wagen in 617379 Zügen mit durchschnittlich je 35 Achsen 502792967 Wagenkilometer zurück; ausserdem leisteten die eigenen Lokomotiven noch 1736420 Stunden Rangier- und Reservedienst. Auf 1 km Betriebslänge der normalspurigen Bahnen wurden von den Lokomotiven 1605168 Tonnenkilometer Brutto an Personen, Gepäck und Gütern aller Art bewältigt.

Die *Verkehrsergebnisse* sämtlicher Bahnen lassen sich kurz zusammenfassen wie folgt:

Befördert wurden im Berichtsjahre
26324785 Personen einschliesslich der Militärs,
12856453 Tonnen Güter, Fahrzeuge und Leichen.
252176 Tonnen Thiere ausnahmlich der Hunde,
134140 Hunde und
57539 Tonnen Gepäck.

Geleistet wurden
893554829 Personenkilometer und
1811227418 Tonnenkilometer Güter, Thiere u. s. w.

Auf 1 Tag kamen durchschnittlich
72855 beförderte Personen sowie
35863 Tonnen beförderte Güter u. s. w. und
jeder Reisende durchfuhr annähernd 34 Kilometer.

Die vorhandenen Plätze der Personenwagen waren ausgenutzt in der I., II. und III. Wagenklasse mit bezw. rund 8, 16 und 26%, in sämtlichen Klassen mit 22%.

Von dem Gesamtgewichte der beförderten Güter trafen

auf Eilgüter	0,55 %
» Stückgüter	7,20 »
» Güter der Wagenladungsklassen	9,35 »
» Güter der Spezialtarife und Kohlen	51,97 »
» Güter der Ausnahmetarife	27,55 »

Vereinnahmt wurden aus dem Verkehre im Ganzen 104883541 M. oder täglich im Durchschnitt 286567 M., hievon trafen

auf den Güterverkehr	67,98 %
» » Personenverkehr	28,89 »
» » Thierverkehr	1,73 »
» » Gepäckverkehr	1,40 »

Bleiben von den *Gesamtausgaben* im Betrage von 73158091 M. die Kosten für erhebliche Ergänzungen u. s. w., sowie die Vergütungen für gepachtete Bahnstrecken unberücksichtigt, so entfallen

auf die Allgemeine Verwaltung . . 11,06%
» » Bahnverwaltung . . . . . 20,90 »
» » Transportverwaltung . . . 68,04 »

An *ständigem Personal* (die Taglöhner und Werkstättenarbeiter nicht mit eingerechnet) waren im Dienste der Staatseisenbahnverwaltung am Jahresschlusse beschäftigt

461 Personen für den Neubau und
17237 » » » Betrieb;

hievon waren 1213 Personen pragmatisch, 13928 statusmässig und 2557 im Taglohnverhältnisse angestellt. Der Aufwand an Gehalten, Besoldungen und Nebenbezügen des ständigen Personals belief sich auf rund 29375700 M. An Taglöhnern waren nach Tabelle 29 der Reichsstatistik im Jahresdurchschnitte etwa 16000 Mann mit 14799000 M. Löhnen im gesamten Betriebs- und Werkstättendienste beschäftigt; die grösste Zahl der Arbeiter bei dem Eisenbahn-Neubau betrug annähernd 13500.

Das *Gesamt-Baukapital* für die bis Ende 1892 endgiltig eröffneten Staatseisenbahnen berechnet sich zu 1068363209 M. oder für 1 km 215020 M., in welcher Summe auch die Baukapitalien für die seitens des bayerischen Staates an fremde Bahnverwaltungen verpachteten Bahnstrecken inbegriffen erscheinen, wogegen die vom Staate gepachteten Strecken anderer Bahnverwaltungen hier ausser Ansatz zu bleiben haben.

Ausser der in früheren Abschnitten bereits erwähnten Ludwigsbahn zwischen Nürnberg und Fürth, dann den 11 Privat-Lokalbahnen, bestehen innerhalb des Königreiches Bayern als *selbstständige Privatbahnen* nur noch die »Vereinigten pfälzischen Eisenbahnen« in der Rheinpfalz, in welcher isolierten Provinz das Eisenbahnwesen von jeher gänzlich der Privatindustrie überlassen blieb, aber seitens des Staates nachdrückliche Unterstützung durch Übernahme von teilweise sehr hohen Zinsgarantieen für das gesamte Anlagekapital fand; Ende 1892 waren in der Rheinpfalz rund 655 km Voll- und 37 km Schmalspurbahnen in Betrieb.[38])

Zur Würdigung aller besonderen Eigentums-, Bau-, Betriebs-, Verkehrs-, Finanz- und Personalverhältnisse der bayerischen Staatsbahnen im Vergleiche mit jenen der übrigen deutschen Verwaltungsgebiete muss auf die umfassende, vom Reichseisenbahnamt in Berlin bearbeitete »Statistik der Eisenbahnen Deutschlands«, welche letztmals für das Betriebsjahr 1892/93 (bezw. hinsichtlich der bayerischen Bahnen, einschliesslich der pfälzischen, für das Kalenderjahr 1892) erschien, verwiesen werden. Nach den Angaben dieser Reichsstatistik möge nachstehend ein Verzeichnis der Ausdehnung und der sogenannten

Dichtigkeit der Eisenbahnnetze in den bevölkertsten der 26 Staaten des deutschen Reiches nach dem Stande vorangeführten Betriebsjahres Raum finden.

Staatsgebiet	Länge sämtlicher				An Vollspurbahnen treffen	
	Vollspurbahnen		Schmalspurbahnen			
	Staatsbahnen und staatlich verwaltete Privatbahnen km	Privatbahnen unter eigener Verwaltung km	Staatsbahnen und staatlich verwaltete Privatbahnen km	Privatbahnen unter eigener Verwaltung km	auf 10 000 Einwohner km	auf 100 qkm km
Elsass-Lothringen .	1407	12	28	172	8,80	9,77
Preussen	24203	1635	109	239	8,47	7,42
Bayern rechts d. Rh.	**4921**	**160**	**5**	**9**	**10,34**	**7,26**
Sachsen	2252	—	297	—	6,25	15,02
Württemberg	1511	17	15	15	7,46	7,83
Baden	1459	51	—	99	9,01	10,01
Hessen	377	547	—	39	9,19	12,04
Deutsches Reich überhaupt	38931	3977	560	709	8,53	7,94

Schlusswort.

Werfen wir nochmals einen Blick zurück auf die Anfänge der bayerischen Staatseisenbahnen, die unter den Eisenbahnnetzen der Grossstaaten des deutschen Reiches hinsichtlich der Gesamtlänge die zweite, hinsichtlich der »Dichtigkeit« — auf die Bevölkerungsziffer bezogen — die erste Stelle einnehmen, welche Unsumme von Arbeit, welche Fülle von Errungenschaften tritt uns da entgegen innerhalb der im Kulturleben der Völker so kleinen Spanne Zeit eines halben Jahrhunderts!

Wir brauchen wohl nicht zu sprechen von den vielseitigen, tief in das wirtschaftliche und soziale Leben eingreifenden, ja umwälzenden Wirkungen der volkstümlichsten Verkehrsanstalt auf Handel, Gewerbe und Landwirtschaft, nicht von ihrer Bedeutung in strategischer, hygienischer und wissenschaftlicher Hinsicht, oder für Erhöhung des Lebensgenusses infolge erleichterten, d. h. wohlfeilen, raschen und pünktlichen Reisens: Segnungen, deren sich alle Länder, wo überhaupt Schienenwege bestehen, seit Beginn der Eisenbahnära in gleichem Maasse erfreuen. Wir möchten nur im Besonderen den hohen Einfluss hervorheben, welchen die völlig geänderten Verkehrsverhältnisse auf die Entwicklung der bayerischen Industrie durch Schaffung früher ungeahnter Absatzgebiete für Rohstoffe und Fabrikate, dann durch den grossartigen Bedarf an Baumaterial, Baugeräten und maschinellen Betriebsmitteln ausübten; hiefür bietet die Zunahme der einheimischen Maschinenbauanstalten und der Verwendung von Motoren einen schlagenden Beweis.

Während nämlich im Jahre 1847 im Königreiche Bayern blos 18 Maschinenfabriken bestanden, betrug deren Anzahl im Jahre 1861 schon 42 und im Jahre 1875 bereits 172. Im erstgenannten Jahre besass Bayern blos 132 Dampfmaschinen mit 5333 Pferdestärken, wovon jedoch nur 64 stationäre Maschinen mit 788 Pferdestärken für die Industrie, die übrigen Maschinen aber für die Eisenbahnen und Dampfschiffe benützt waren; im Jahre 1861 hatte sich die Zahl aller Dampfmaschinen auf 889 mit 17889 Pferdestärken und im Jahre 1875 schon auf 2554 mit 41402 Pferdestärken, wovon 2164 Maschinen mit 37593 Pferdestärken der Industrie direkt dienstbar waren, erhöht. Diese wenigen Zahlen mögen genügen!

Wie bekannt, beteiligten sich die kgl. Bayerischen Verkehrsanstalten, und obenan die Staatseisenbahnen, an der Bayerischen Landesausstellung zu Nürnberg im Jahre 1882 in anerkannt hervorragender Weise. Ausserordentlich Vieles ist seitdem, vornehmlich für die Sicherheit des reisenden Publikums und des Bahnbetriebes, auf den Gebieten des Lokalbahnwesens, sowie des Lokomotiv- und Wagenbaues geschehen; auch hierüber dürfte die bayerische Staatseisenbahnverwaltung gelegentlich ihrer Mitwirkung auf der im Jahre 1896 stattfindenden zweiten Landesausstellung zu Nürnberg ausgiebiges Material dem grossen Publikum vor Augen führen.

Wenn heute, nach einem fünfzigjährigen Bestande der staatlichen Schienenwege, das Bayernvolk dankbarst gedenkt der edlen Fürsorge des geliebten Herrscherhauses Wittelsbach und seiner ruhmvollen Regierung für das Eisenbahnwesen, so drängt sich ihm gleichzeitig der Wunsch auf:

Möge des Himmels Segen walten über dem Throne Bayerns, über dem ganzen Land und seinen Eisenbahnen für und für!

Anhang.

A. Anmerkungen.

Note 1 zu Seite 1.

Abbildungen des Eisenbahnhofes Nürnberg (vom Frauenthore aus gesehen), dann der Eisenbahn nebst Tunnel und Kanal bei Erlangen, sowie Zeichnungen der beiden Tunnelportale brachte die Leipziger Illustrierte Zeitung, Jahrgang 1844. Leider gelang es dem Verfasser vorliegender Gedenkschrift nicht, ein auf die Bahneröffnung selbst bezügliches Bild zu erhalten.

Note 2 zu Seite 8.

Von den am 25. August 1844 bei der Eröffnungsfeier der ersten Staatsbahnstrecke dienstlich thätig gewesenen Bahnbeamten ist — wie uns gütigst mitgeteilt wurde — nur mehr ein Einziger am Leben: Herr Inspektor a. D. Friedrich Dürig in Bamberg, Sohn des einstigen Administrativdirektors der Eisenbahnbaukommission Nürnberg.

Note 3 zu Seite 9.

Näheres über die Versuche in Nymphenburg enthält Joseph v. Baader's akademische Festrede vom 25. August 1826: »Über die Vorteile einer verbesserten Bauart von Eisenbahnen und Wagen.«

Note 4 zu Seite 10.

Vgl. »Friedrich List als Vorkämpfer für die deutschen Eisenbahnen«, von Hugo Marggraff, Ztg. d. Vereins deutscher Eisenbahnverwaltungen 1889 Nr. 59 u. 60.

Note 5 zu Seite 11.

Nach Vollendung der Kanalvorarbeiten erschien i. J. 1832 ein vom Oberbaurat H. Frhr. v. Pechmann bearbeiteter amtlicher »Entwurf für den Kanal zur Verbindung der Donau mit dem Main« nebst Atlas. Das Gesetz vom 1. Juli 1834 verordnete die Ausführung des Kanals in seiner heutigen Erstreckung durch eine Aktiengesellschaft. Der Staat beteiligte sich am Unternehmen als Hauptaktionär, sowie durch Übernahme der Bauführung auf Rechnung der Gesellschaft. Im März 1836 begann die »Kanalbauinspektion« unter Leitung *v. Pechmann's* und des Kreisbaurates *Beyschlag* ihre Thätigkeit, am 31. Mai konstituierte sich die Gesellschaft unter Vorsitz v. Rothschild's zu Frankfurt a. M., am 1. Juli 1836 erfolgte der erste Spatenstich, am 6. Mai 1843 befuhr das erste befrachtete Schiff den Kanal von Bamberg nach Nürnberg, und am 1. Juli 1846, nach 12 Baujahren, konnte die 178 km lange Wasserstrasse, welche insgesamt 16146000 fl. kostete, der Gesellschaft übergeben werden. Verwaltung und Betrieb des Kanals blieb von da ab in den Händen des Staates, bis die Wasserstrasse i. J. 1852 gänzlich in Staatseigentum überging. Der Kanal besitzt 11 m Sohlenbreite und 100 Schleusen.

Note 6 zu Seite 11.

Paul Camille v. Denis, geb. 1795 zu Mainz, erholte sich seine technische Bildung in Paris an der école polytechnique, trat 1816 in den bayerischen Staatsbaudienst ein, ward 1825 Bauinspektor in Zweibrücken und unternahm 1832 eine bauwissenschaftliche Urlaubsreise nach Belgien, Frankreich, England und Nordamerika. 1834 zurückgekehrt, projektierte und baute Denis die Nürnberg—Fürther Eisenbahn, fertigte 1836 die generellen Entwürfe zur München—Augsburger Bahn, bald darauf auch jene zur Taunusbahn. 1841 erfolgte seine Ernennung zum Regierungs- und Kreisbaurate in Speyer und gleichzeitig zum Mitgliede der staatlichen Eisenbahnbaukommission in Nürnberg, welcher er nur kurze Zeit angehörte. 1844—1856 projektierte, baute und organisierte Denis die vier Privatbahnen der Rheinpfalz nebst der hessischen Bahn Worms—Mainz und schuf hierauf als Direktor der priv. bayer. Ostbahngesellschaft fast 450 km Schienenwege. Denis starb i. J. 1872. — Ausführliche Biographie siehe Ztg. d. Ver. deutscher Eisenbahnverwaltungen 1865 S. 213—218.

Note 7 zu Seite 11.

»Die erste deutsche Eisenbahn mit Dampfbetrieb zwischen Nürnberg und Fürth; Gedenkschrift zu deren 50jährigem Jubiläum« von Rektor Dr. Rudolf Hagen, Nürnberg 1885; man sehe auch »Deutschlands erste Eisenbahn mit Dampfkraft, oder Verhandlungen der Ludwigsbahngesellschaft« von Joh. Scharrer, Nürnberg 1836.

Note 8 zu Seite 14.

Siehe die Schrift »Darlegung der Verhältnisse der Eisenbahn von Nürnberg über Bamberg an die nördliche Reichsgrenze«, von Joh. Scharrer, 1840, nebst Karte der erhofften Eisenbahnverbindungen mit Nürnberg.

Note 9 zu Seite 16.

»Die vormalige Privateisenbahn von München nach Augsburg, ihr Entstehen, Bau, Betrieb und Übergang an den Staat« von *Adolph Pernwerth von Bärnstein*, kgl. Oberregierungsrat in München; Sonderabdruck aus dem »Sammler«, Beiblatt zur Augsburger Abendzeitung 1890.

Note 10 zu Seite 21.

Nachdem der Donau-Main-Kanal i. J. 1852 durch Einlösung der Aktien vollständig in Staatseigentum übergegangen war, erfolgte mit Allerh. Verordnung vom 15. Juni 1852 die Bildung eines der Generaldirektion der kgl. bayer. Verkehrsanstalten unterstellten »*kgl. Kanalamts in Nürnberg*« an Stelle der vorherigen »Kanalverwaltung« unter Aufhebung der 4 Kanalbausektionen. Die Beschiffung des Kanals wurde Privaten gegen Gebührenentrichtung überlassen; hiezu dienen 4 kgl. Einnehmereien in Kelheim, Beilngries, Nürnberg und Bamberg.

Note 11 zu Seite 21.

Zur Hebung der staatlichen *Donau-Dampfschifffahrt* bewilligte das Gesetz vom 4. Februar 1854 grosse Summen für Fluss- und Brückenbauten, Mehrung der Transportmittel, Ländeplätze und Magazine, sowie Bau eines Winterhafens in Regensburg.

Als später die kgl. priv. Ostbahn von Regensburg bis Passau vollendet war, und auch die *k. k. priv. Donau-Dampfschifffahrts-Gesellschaft* sich anschickte, ihren Betrieb auf die obere Stromstrecke Regensburg-Donauwörth auszudehnen, wurde die Entäusserung dieser Staatsanstalt beschlossen. Durch Vereinbarung vom Juli 1862 übernahm jene Gesellschaft gegen eine Ablösungssumme von 400000 fl. den Fortbetrieb der Anstalt zwischen Donauwörth und Regensburg bis zur Vollendung einer Eisenbahn dortselbst, die Unterhaltung regelmässiger Personenfahrten, sowie das Personal und das gesamte Inventar.

Note 12 zu Seite 28.

Karl v. Goeb, geb. 1787 zu Forchheim, studierte die Rechtswissenschaften, wurde 1815 Postoffizial, 1830 Postverwalter in Amberg, 1832 Postmeister in Hof, 1835 Oberpostrat, 1841 General-Postadministrator und 1847 Generalverwalter der kgl. Posten und Eisenbahnen.

Note 13 zu Seite 28.

Ludwig Frhr. v. Brück, geb. 1812 zu Salzburg, absolvierte das Gymnasium und die Universität in Würzburg, erhielt 1825 Anstellung als Postaccessist beim kgl. Oberpostamte Würzburg, ward 1832 zum Postoffizial in Augsburg, 1842 zum Oberpostassessor, 1853 zum Oberpostrat, 1846 zum Ministerialrat befördert und 1851 zum Vorstand der Generaldirektion der kgl. bayer. Verkehrsanstalten berufen; trat i. J. 1869 in den Ruhestand.

Note 14 zu Seite 28.

Adolph v. Hocheder, geb. 1821 zu Aschaffenburg, besuchte nach Absolvierung der polytechnischen Schule in München die ungarische Bergakademie zu Schemnitz, wurde 1852 Hüttenmeister in Weiherhammer und 1857 Bergmeister in Sonthofen. Seit 1858 wirkte Hocheder in Privatdiensten als Inspektor bezw. Direktor der Hüttenwerke Achthal und Hammerau. 1864 ward Hocheder zum Direktor und zweiten Vorstand der kgl. bayer. Bergwerks- und Salinenadministration, 1866 zum Generaladministrator dieser Stelle ernannt, 1871 mit der Leitung der kgl. bayer. Verkehrsanstalten betraut und 1886 in den erbetenen Ruhestand versetzt.

Note 15 zu Seite 29.

Karl Schnorr v. Carolsfeld, geb. den 6. März 1830, besuchte ein humanistisches Gymnasium und die polytechnische Schule in Dresden, absolvierte dann die polytechnische Schule, sowie die Ingenieur-Fachschule in München und fand nach Zurücklegung des praktischen Konkurses für den Staatsbaudienst seit 1854 beim Bahnbau in Würzburg, 1856 und 1857 als Ingenieur der k. k. österr. Staatseisenbahngesellschaft, hierauf als Bauführer beim Bau der Rosenheim—Salzburger Linie Verwendung. Ende 1860 wurde Schnorr v. Carolsfeld zum Ingenieurassistent mit Verwendung als Bahnhofverwalter in München, 1861 zum Abteilungsingenieur, 1865 zum Betriebsingenieur, 1866 zum Vorstand der kgl. Eisenbahnbausektion München ernannt, 1868 zum Bezirksingenieur bei der Bauabteilung der Centralstelle, 1872 zum Oberingenieur daselbst, 1874 zum Generaldirektionsrate befördert, sodann 1881 zum Eisenbahnbaudirektor und 1886 zum Generaldirektor und Vorstand der Generaldirektion der kgl. bayer. Staatseisenbahnen berufen, seit 1890 mit dem Range eines kgl. Regierungspräsidenten.

Note 16 zu Seite 31.

Friedrich August v. Pauli, geb. 1802 bei Worms, bildete sich in England, dann auf der Universität Göttingen im Fache der Mechanik und Mathematik aus. Nach längerer Thätigkeit bei den Vorarbeiten für den Donau-Main-Kanal ward Pauli 1833 ein selten reicher Ämtersegen beschert, denn er war gleichzeitig Oberingenieur der Obersten Baubehörde, Universitätsprofessor für höhere Mathematik, zweiter Vorstand der Münchener polytechnischen Schule und Rektor der Kreisgewerbeschule. 1841 wurde Pauli zum Vorstand der kgl. Eisenbahnbaukommission berufen, avancierte 1843 zum Kreisbaurat, 1848 zum Oberbaurat, 1854 zum Regierungsdirektor und 1856 unbeschadet seiner bisherigen Thätigkeit beim Eisenbahnbau zum Vorstande des allgemeinen Staatsbauwesens. Bei Auflösung der Baukommission 1860 legte Pauli deren Leitung nieder, um fortan — bis 1872 — als Oberbaudirektor zu wirken. Pauli starb am 26. Juni 1883; sein Standbild gelangte in der Halle des neuen Münchener Bahnhofs neben den Standbildern von James Watt, George Stephenson und Karl August Steinheil zur Aufstellung.

Note 17 zu Seite 33.

Zu den Aufgaben der auf Betreiben Jos. v. Utzschneider's durch Allerh. Verordnung vom 16. Februar 1833 für gewerbliche Bildung organisierten *polytechnischen Schulen zu München, Nürnberg und Augsburg* zählte zwar die Vorbereitung der Ingenieure für den technischen Staatsdienst und die wissenschaftliche Ausbildung der Maschinentechniker, eine besondere Fachschule gab es jedoch an jenen Anstalten nicht. Nachdem sich für den höheren Unterricht von Bautechnikern die sog. technische Hochschule an der Universität (nämlich die kameralistische Fakultät) als ungenügend erwiesen hatte, erhielt die polytechnische Schule in München mit dem Jahre 1840/41 einen 4. Kurs, den sog. »Ingenieurkurs« lediglich zur Ausbildung der Adspiranten des Staatsdienstes im Fache des Strassen-, Brücken- und Wasserbaues, während die Fachbildung der Architekten an die Kunstakademie überging.

Bald lieferte der Ingenieurkurs unter seinen Lehrern, den Oberingenieuren Pauli, Hummel und Bauernfeind aus den Absolventen der 3 polytechnischen Schulen des Landes eine Reihe junger tüchtiger Ingenieure für den ins Leben tretenden Staatseisenbahnbau. Die Staatsprüfungen für Architekten und Ingenieure waren damals getrennt und wurden erst 1856 vereinigt, um naturgemäss nach 12 Jahren wieder geschieden zu werden.

Note 18 zu Seite 34.

Über den damaligen Stand der Eisenbahnen der Erde und im Besondern Deutschlands bringt v. Reden's »Deutsches Eisenbahnbuch«, sowie die »Eisenbahnzeitung« vom Jahre 1845 nachstehende Angaben.

Einschliesslich aller Montan- und Industriebahnen waren zu Ausgang des Jahres 1844 im Betrieb: in den Vereinigten Staaten Nordamerikas 5940 km, in Grossbritannien 3330 km, in Deutschland einschliesslich Österreich 3220 km, in Frankreich 890 km und in Belgien 550 km Schienenwege. Deutschland und Österreich besass zusammen 2417 km Bahnen für den öffentlichen Verkehr (worunter 193 km mit Pferdebetrieb); von denselben waren 577 km Lokomotivbahnen auf Staatskosten, die übrigen 1840 km, die verstaatlichte München—Augsburger Bahn inbegriffen, von 20 Aktiengesellschaften erbaut.

Note 19 zu Seite 34.

Statutengemäss sollte jedes Mitglied des München-Salzburger Eisenbahnvereins während 5 Jahren einen Beitrag von täglich 6 kr., in beliebigen Raten zahlbar, leisten, d. h. also in 5 Jahren 182 fl. 30 kr.; nach erfolgter Zeichnung von 60000 solcher Quinquennialbeiträge sollte die Subskription geschlossen werden.

Note 20 zu Seite 39.

Über den Bahnhof München s. Bautechnischer Führer durch München, Festschrift von Fr. Reber, 1876, Teil IV »Eisenbahnbauten« von Generaldirektionsrat *C. Schnorr von Carolsfeld*, S. 182—205. — Ferner Beilage 344 zu den Verhandlungen der Kammer der Abgeordneten i. J. 1889/90, betr. Erweiterung des Centralbahnhofes München.

Note 21 zu Seite 43.

Hinsichtlich der von Baurat Ulrich Himbsel (gestorben 1860) gegründeten und geleiteten Dampfschifffahrt auf dem Würmsee sei bemerkt, dass im Mai 1851 das erste im Eisenwerk von J. v. Maffei gebaute Dampfschiff »Maximilian« in Gegenwart des Königs Max II. vom Stapel lief. Im Jahre 1864 erhielt die »Aktien-Dampfschifffahrts-Gesellschaft Würmsee« die staatliche Konzession.

Note 22 zu Seite 49.

Nachstehende Aufsätze bezw. Vorträge über Lokalbahnen haben den dermaligen kgl. Regierungsdirektor Gustav Ebermayer zum Verfasser: »Über Sekundärbahnen«, Monatsberichte des Bayer. Verkehrsklubs, Juni 1881; »Die Lokalbahnen in

Bayern«, Bayerische Verkehrsblätter, Jahrg. 1884 Nr. 7; »Die Lokalbahn von Gemünden nach Hammelburg«, Zeitschrift für Baukunde, Jahrg. 1884 Heft 6, mit Abbildungen.

Note 23 zu Seite 59.

Fragl. Normen für Verabfassung genereller Eisenbahnprojekte sind ausführlich mitgeteilt von dem kgl. Generaldirektionsrate A. Röckl in der Zeitschrift des bayer. Architekten- und Ingenieurvereins Jahrgang 1872 S. 62.

Note 24 zu Seite 60.

Der erste Entwurf zu einer europäischen Gradmessung stammt aus d. J. 1861 vom Generallieutenant Dr. J. Baeyer in Berlin. 1866 erfolgte die Trennung der bayerischen Arbeiten in einen astronomischen (Dr. Lamont) und geodätischen Teil (Dr. Bauernfeind), hierauf 1868 die Errichtung einer kgl. Kommission für die europäische Gradmessung bei der kgl. Akademie der Wissenschaften in München, welcher als Mitglieder Dr. Lamont, Dr. Bauernfeind, Dr. Seidel (mathematischer Teil) und Dr. Steinheil (physikalischer Teil) angehörten. 1873 ward das bayerische Haupt-Dreiecksnetz (die »Triangulation«) durch Oberstlieutenant C. Orff neu gemessen. Den Hauptbestandteil der geodätischen Arbeiten bildete das unter Leitung v. Bauernfeind's in den Jahren 1868—1877 hergestellte bayerische Präzisionsnivellement behufs Feststellung der gegenseitigen Höhenlage der Meere sowie Schaffung von Fixpunkten I. Ordnung, wobei 2179 km Weg doppelt nivelliert wurden. Die Zahl jener Fixpunkte beträgt dermalen rund 1600.

Note 25 zu Seite 69.

»Die Felssprengungen im Bahnhofe Eichstätt« von Sektionsingenieur Gustav Ebermayer, Zeitschrift des bayer. Architekten- und Ingenieurvereins, Jahrg. 1870 S. 46 u. 62.

Note 26 zu Seite 70.

Über die eiserne Ausrüstung im Tunnel von Langentheilen s. Aufsatz von *Fr. Förderreuther* in der Zeitschrift f. Baukunde 1880 Heft 1 S. 11 ff.

Note 27 zu Seite 71.

»Die massiven Brücken der Strecke Stockheim—Ludwigsstadt—Eichicht«, beschrieben von dem kgl. Oberingenieur *Ebermayer* und kgl. Sektionsingenieur *Weikard*, Zeitschr. f. Baukunde 1884 S. 470 ff.; mit Abbildungen.

Note 28 zu Seite 75.

Über Gerber's Gelenkverbindungen s. Zeitschr. f. Baukunde 1882 S. 542.

Note 29 zu Seite 87.

C. A. Steinheil veröffentlichte die Ergebnisse seiner amtlichen Inspektionsreise 1850 in einer damals einflussreichen Denkschrift »Beschreibung und Vergleichung der galvanischen Telegraphen Deutschlands.« Siehe auch »Carl August Steinheil und sein Wirken auf telegraphischem Gebiete« von *Hugo Marggraff*, Sonderabdruck aus dem Bayer. Industrie- und Gewerbeblatt, München 1888.

Note 30 zu Seite 90.

»Beschreibung der elektrischen Läutwerke auf den kgl. bayer. Staatsbahnlinien« von Generaldirektionsrat *Friedrich Förderreuther*, mit 1 Tafel Abbildungen. München 1877.

Note 31 zu Seite 98.

J. v. Maffei's erste Lokomotive »Der Münchner« findet sich beschrieben im Bayer. Kunst- und Gewerbeblatt 1842, Heft 3.

Note 32 zu Seite 123.

Vgl. »Über Normalzeit«, Vortrag des kgl. Oberingenieurs *Jacob Henle* im bayerischen Verkehrsklub am 21. April 1884; Bayer. Verkehrsblätter 1884, No. 8 und 9.

Note 33 zu Seite 132.

Im Jahre 1892 befuhren den Ludwigs-Kanal 1153 beladene Schiffe mit 83447 ts Fracht, 841 leere Schiffe und 1195 Flösse; auf dem Bodensee wurden mit den bayerischen Fahrzeugen 131 777 Personen, 172 483 ts Güter und Gepäck, 156 Wagen Thiere, sowie 1643 Thiere in offener Ladung verschifft.

Note 34 zu Seite 134.

Um die mit der Bahn in Lindau eintreffenden Güterwagen per Schiff ohne Umladung über den Bodensee zu schaffen und sie am andern Ufer in Romanshorn sofort wieder an die Eisenbahn zu übergeben, wurde i. J. 1874 gemeinschaftlich mit der schweizerischen Nordostbahn ein Trajektdampfer gebaut, welcher bei 73 m Länge, 11 m Breite, 2 Bahngeleisen und einer Leistung von 200 Pferdekräften 16 bis 18 beladene Güterwagen mit 14 km Fahrgeschwindigkeit in der Stunde zu befördern vermag.

Note 35 zu Seite 137.

Seit 1861 besitzt der deutsche Eisenbahnverein ein eigenes Organ für seine Veröffentlichungen in der »Zeitung des Vereins deutscher Eisenbahnverwaltungen«, als deren Vorläuferin die von Etzel und Klein, Mitgliedern der kgl. württemb. Eisenbahnbaukommission, ehedem herausgegebene »Eisenbahnzeitung« bezw. das schon Ende 1835 von Friedrich List gegründete »Eisenbahnjournal« anzusehen ist.

Ende 1892 gehörten obigem Vereine 72 Bahnverwaltungen mit zusammen 76032 km Bahnlänge an, nämlich 41 deutsche (42397 km), 21 österreichisch-ungarische (27123 km), 5 niederländische und luxemburgische (2871 km) und 5 fremdländische (belgische, rumänische und russisch-polnische mit 3641 km).

Note 36 zu Seite 137.

Literatur: Karl Ruckdeschel »Kommentar zum Betriebsreglement für die Eisenbahnen Deutschlands«; Weiden 1880. Ferner auch Dr. Oskar Wehrmann »Das Eisenbahnfrachtgeschäft«, systematische Darstellung der in Deutschland geltenden Gütertransport-Bestimmungen; Stuttgart 1880.

Note 37 zu Seite 151.

Zum Zwecke einer »Kommerzialstatistik« enthalten die jährlichen amtlichen Betriebs-Nachweisungen der kgl. bayer. Verkehrsanstalten seit 1860 die nötigen güterstatistischen Aufzeichnungen. Im Jahre 1884 schloss sich die bayerische Eisenbahnverwaltung, gleich den übrigen deutschen Verwaltungen, den von Preussen erlassenen Vorschriften behufs einheitlicher statistischer Darstellung der Güterbewegung an. Hiernach ist das Gebiet des deutschen Reichs und das Ausland in eine Anzahl von Verkehrsbezirken eingeteilt, Bayern r. d. Rh. bildet den Bezirk No. 36. Die im Binnen- und Wechselverkehr beförderten Güter werden, nach Waarengattungen geschieden, verzeichnet, das Güterverzeichnis umfasst 70 verschiedene Artikel.

Note 38 zu Seite 165.

Im Jahre 1838 bildete sich die »Bayer. Eisenbahngesellschaft der Pfalz, Ludwigshafen—Bexbacher Bahn«, konzessioniert unterm 19. April 1838 und »Pfälzische Ludwigsbahn« genannt, erbaut von Paul Denis, ganz eröffnet i. J. 1849; die staatliche Übernahme der Zinsgarantie wurde durch Gesetz vom 25. August 1843 beschlossen. Am 1. Januar 1870 vollzog sich die Fusion der Ludwigsbahn mit der seit 1852 entstandenen pfälzischen Maximiliansbahn, der Nordbahn und der von der Nordbahngesellschaft erworbenen Neustadt—Dürkheimer Bahn zu einer Betriebs- und Ertragsgemeinschaft unter dem Namen »*Vereinigte Pfälzische Bahnen*«.

B. Chronologische Übersicht der Staatseisenbahnen Bayerns, ausnahmlich der Lokalbahnen.

(Nach dem Stande vom 1. Oktober 1894.)

Lfd. Nr.	Bezeichnung der Strecken	Eigentumslänge km	Datum der Eröffnung	Gesetz oder Konzession	Bemerkungen
1	München—Augsburg	61,85	4./10.1840	Konz. 3./7. 1837	Vorm. Privatbahn
2a	Nürnberg—Bamberg		1./10.1844		
2b	Bamberg—Neuenmarkt		15./10.1846		
2c	Augsburg—Donauwörth		15./9. 1847		
2d	Neuenmarkt—Hof—Grenze	564,80	20./11.1848	Ges. 25./8. 1843	
2e	Donauwörth—Nürnberg		1./10.1849		
2f	Augsburg—Kempten		1./4. 1852		
2g	Kempten—Lindau		1./3. 1854		
3a	Bamberg—Schweinfurt		3./11.1852		
3b	Schweinfurt—Würzburg	205,72	1./7. 1854	Ges. 23./5. 1846	
3c	Würzburg—Aschaffenburg—Grenze		1./10.1854		
4	Augsburg—Ulm	83,57	1./5. 1854	Ges. 4./5. 1851	
5	Neuenmarkt—Bayreuth	20,95	28./11.1853	Vertr. 27./1. 1852	Pachtbahn
6	München—Starnberg	27,82	28./11.1854	» 5./11.1853	»
7a	München—Grosshesselohe	105,48	24./6. 1854	Ges. 7./5. 1852	
7b	Grosshesselohe—Rosenheim—Kufstein		5./8. 1858		
8a	München—Landshut	72,85	3./11.1858		Vormals Ostbahn. Neufahrn—Geiselhöring—Sünching Sekundärbetrieb
8b	Landshut—Geiselhöring—Regensburg—Schwandorf—Neukirchen—Nürnberg	214,49	12./12.1859	Konz. 12./4. 1856	
9	Lichtenfels—Grenze	8,06	24./1. 1859	Ges. 23./5. 1846	
10	Gunzenhausen—Ansbach	27,70	1./7. 1859	Vertr. 5./8. 1856	Pachtbahn
11	Geiselhöring—Straubing—Passau	93,87	20./9. 1860	Konz. 12./4. 1856	Vormals Ostbahn. Geiselhöring—Straubing, Sekundärbetrieb
12	Rosenheim—Salzburg	82,76	1./8. 1860	Ges. 7./5. 1852	
13	Schwandorf—Furth i. W.	73,88	20./9. 1861	Konz. 12./4. 1856	Vorm. Ostbahn
14	Hochstadt—Stockheim	24,56	1./3. 1863	Vertr. 1./2. 1860 u. 10./4. 1862	Pachtbahn
15	Holzkirchen—Miesbach	17,21	23./11.1861	Vertr. 14./2. 1860	»
16	Neuulm—Memmingen—Kempten	85,13	1./6. 1863	» 16./3. 1860	»
17	Nördlingen—Grenze	3,74	3./10.1863	Ges. 23./9. 1861	
18	Weiden—Bayreuth	58,01	1./12.1863	Konz. 3./1. 1862	Vorm. Ostbahn
19	Ansbach—Würzburg	88,84	1./7. 1864	Ges. 23./9. 1861	
20	Nürnberg—Würzburg	102,13	19./6. 1865	» 23./9. 1861	
21	Schwandorf—Weiden—Eger	103,74	15./10.1865	Konz. 3./1. 1862	Verm. Ostbahn
22	Starnberg—Tutzing—Penzberg	34,10	16./10.1865	Vertr. 28./7. 1863	Pachtbahn
23	Güterbahn Regensburg—Donaulände	1,45	1./10.1865	Konz. 12./4. 1856	Vorm. Ostbahn
24	Güterbahn Passau—Donaulände	1,07	1./10.1865	» 12./4. 1856	» »
25	Oberkotzau—Eger	54,48	1./11.1865	Vertr. 15./9. 1863	Pachtbahn
26	Tutzing—Weilheim	13,87	1./2. 1866	» 28./7. 1863	»
27a	Weilheim—Unterpeissenberg	6,19	1./2. 1866	» 28./7. 1863	Pachtbahn mit Sekundärbetrieb
27b	Freilassing—Reichenhall	14,51	1./7. 1866	Ges. 5./10.1863	
28	Würzburg—Grenze b. Kirchheim	24,48	1./10.1866	» 27./12.1861	

Lfd. Nr.	Bezeichnung der Strecken	Eigentumslänge km	Datum der Eröffnung	Gesetz oder Konzession	Bemerkungen
29a	München—Ingolstadt	154,77	14./11.1867	Ges. 5./10.1863	
29b	Treuchtlingen—Pleinfeld		2./10.1869		
29c	Ingolstadt—Treuchtlingen		12./4. 1870		
30	Miesbach—Schliersee	7,35	1./8. 1869	» 16./5. 1868	
31	Treuchtlingen—Gunzenhausen	23,67	2./10.1869	» 5./10.1863	
32	München—Grafing—Rosenheim	64,70	15./3. 1871	» 16./5. 1868	
33	München—Simbach	124,51	1./6. 1871	» 5./10.1863	
34	Schweinfurt—Kissingen	23,13	9./10.1871	» 28./4. 1867	
35	Gemünden—Grenze b. Jossa	21,91	1./5. 1872	» 29./4. 1869	
36	Siegelsdorf—Langenzenn	5,55	25./5. 1872	» 29./4. 1869	Vizinalbahn
37	Georgensgmünd—Spalt	6,92	16./10.1872	» 10./7. 1870	»
38	Lindau—Bregenz	5,94	24./10.1872	» 5./10.1863	
39	Kaufering—Landsberg	4,84	1./11.1872	» 29./4. 1869	Sekundärbetrieb
40	Wiesau—Tirschenreuth	11,01	10./11.1872	Konz. 10./11.1870	Vizinalbahn vorm. Ostbahn
41	Schwaben—Erding	13,63	16./11.1872	Ges. 29./4. 1869	Vizinalbahn
42	Regensburg—Nürnberg	100,55	1./7. 1873	Konz. 3./8. 1869	Vorm. Ostbahn
43	Sünching—Straubing	16,16	1./7. 1873	» 3./8. 1869	» »
44	Neufahrn b. E. direkt Regensburg	38,88	6./8. 1873	» 3./8. 1869	» »
45	Steinach—Rothenburg o. T.	11,07	1./11.1873	Ges. 10./7. 1870	Vizinalbahn
46	Immenstadt—Sonthofen	8,34	16./11.1873	» 10./7. 1870	»
47	München—Kaufering—Memmingen	114,12	1./5. 1874	» 29./4. 1869	
48a	Regensburg—Ingolstadt C.-B.	170,69	1./6. 1874	» 29./4. 1869	
48b	Ingolstadt—Donauwörth		15./8. 1874		
49	Holzkirchen—Tölz	21,43	1./6. 1874	» 18./2. 1871	Vizinalbahn
50	Ebenhausen—Grenze g. Meiningen	43,99	15./12.1874	» 29./4. 1869	
51	Saal—Kelheim	4,57	15./2. 1875	» 29./4. 1869	Sekundärbetrieb
52	Güterbahn Kelheim—Donaulände	0,88	15./2. 1875	» 29./4. 1869	
53	Nürnberg—Ansbach—Crailsheim	80,05	1./6. 1875	» 29./4. 1869	
54	Ingolstadt C.-B.—Augsburg	61,84	15./5. 1875	» 29./4. 1869	
55	Unterpeissenberg—Peissenberg	2,72	1./8. 1875	» 16./5. 1868	Sekundärbetrieb
56	Weiden—Neukirchen	51,50	15./10.1875	Konz. 3./8. 1869	Vorm. Ostbahn
57	Plattling—Mühldorf	80,81	15./10.1875	» 3./8. 1869 u. 25./11.1872	» »
58	Sinzing—Alling	4,15	20./12.1875	Ges. 27./7. 1874	Vizinalbahn
59	Güterbahn München S.-B.—Pasing	7,78	Ende 1875	» 28./4. 1872	
60	Dombühl—Feuchtwangen	11,10	15./4. 1876	» 27./7. 1874	Vizinalbahn
61	Rosenheim—Mühldorf	61,63	1./5. 1876	» 29./4. 1869	
62	Biessenhofen—Oberdorf b. B.	6,51	1./6. 1876	» 27./7. 1874	Vizinalbahn
63	Nördlingen—Dinkelsbühl	30,33	2./7. 1876	» 27./7. 1874	Sekundärbetrieb
64	Neustadt a. A.—Windsheim	15,32	6./8. 1876	» 27./7. 1874	Vizinalbahn
65a	Aschaffenburg—Miltenberg	36,50	12./11.1876	» 29./4. 1869	
65b	Miltenberg—Amorbach	8,81	15./4. 1880	» 27./7. 1874	Sekundärbetrieb
66	Bobingen—Kaufering	22,55	15./5. 1877	» 27./7. 1874	»
67a	Nürnberg—Hersbruck r.P.-Schnabelwaid	160,15	15./7. 1877	» 29./4. 1869	
67b	Schnabelwaid—Holenbrunn-Oberkotzau		15./5. 1878	» 27./7. 1874	
68	Schnabelwaid—Bayreuth	18,20	15./7. 1877	» 27./7. 1874	

Lfd. Nr.	Bezeichnung der Strecken	Eigentumslänge km	Datum der Eröffnung	Gesetz oder Konzession	Bemerkungen
69	Hohlenbrunn—Wunsiedl	3,65	15./8. 1877	Ges. 27./7. 1874	Sekundärbetrieb
70	Plattling—Eisenstein	71,63	15./11.1877	Konz. 25./11.1872	Vorm. Ostbahn
71	Hersbruck r. P.—Pommelsbrunn . .	5,44	15./10.1877	Ges. 27./7. 1874	
72	Prien—Aschau	9,62	18./8. 1878	» 29./7. 1876	Vizinalbahn
73	Senden—Weissenhorn	9,58	15./9. 1878	» 29./7. 1876	»
74	Feucht—Altdorf	11,70	15./10.1878	» 29./7. 1876	»
75	Güterbahn Oberreitnau—Lindau . .	10,20	15./10.1878	» 27./7. 1874	
76	Schweinfurt—Gemünden	51,19	15./5. 1879	» 27./7. 1874	
77	Weilheim—Murnau	21,38	15./5. 1879	» 29./7. 1876	Vizinalbahn
78	Neumarkt a. R.—Pocking	63,15	1./9. 1879	» 27./7. 1874	Sekundärbetrieb
79	Marktredwitz—Schirnding	14,10	20./11.1879	» 27./7. 1874	
80	Landshut—Landau a. I.	45,27	15./5. 1880	Konz. 10./12.1874	Vorm. Ostbahn
81	Dinkelsbühl—Feuchtwangen	12,69	1./6. 1881	Ges. 1./2. 1880	Sekundärbetrieb
82	Lohr—Wertheim	35,50	1./10.1881	» 14./2. 1878	»
83	Wiesau—Marktredwitz	17,83	1./6. 1882	» 1./2. 1880	
84	Landshut—Neumarkt a. R.	38,87	4./10.1883	» 1./2. 1880	
85	Schirnding—Eger	13,10	1./11.1883	» 27./7. 1874	
86	Stockheim—Probstzella	29,33	1./10.1885	» 1./2. 1880	
87	Memmingen—Grenze	6,65	2./10.1889	» 27./7. 1874	
88	Hergatz—Grenze	3,22	15./6. 1890	» 10./2. 1880	
	Eigentumslänge im Ganzen	4409,97			

C. Chronologische Übersicht der bayerischen Lokalbahnen in Staatsbetrieb.

Lfd. Nr.	Bezeichnung der Strecken	Eigentumslänge km	Datum der Eröffnung	Gesetz	Bemerkungen
1	Gemünden—Hammelburg	27,81	1./7. 1884	1. Febr. 1880	
2	Uebersee—Marquardstein	8,03	10./8. 1885	21. April 1884	
3	Eichstätt-Bahnhof—Eichstätt-Stadt . .	5,18	15./9. 1885	» » »	Schmalspurig.
4	Neustadt a. S.—Bischofsheim	18,87	15./10.1885	» » »	
5	Ludwigstadt—Lehesten	7,60	1./12.1885	—	**Zu 5.** Von Bayern auf Kosten d. Sachsen-Meiningen'schen Regierung gebaut und pachtweise betrieben.
6	Feucht—Wendelstein	5,31	1./8. 1886	21. April 1884	
7	Neustadt a. W.—Vohenstrauss . . .	25,20	16./10.1886	» » »	
8	Landsberg—Schongau	28,70	16./11.1886	» » »	
9	Erlangen—Gräfenberg	28,21	22./11.1886	» » »	
10	Hof—Marxgrün—Steben	22,97	1./6. 1887	» » »	
11	Münchberg—Helmbrechts	9,68	1./6. 1887	» » »	
12a	Neumarkt i. O.—Beilngries mit . . .	27,05	1./6. 1888	» » »	
12b	Zweigbahn Greisslbach—Freystadt . .	9,77	1./6. 1888	» » »	

Lfd. Nr.	Bezeichnung der Strecken	Eigentums-länge km	Datum der Eröffnung	Gesetz	Bemerkungen
13	Roth—Greding	39,22	1./6. 1888	21. April 1884	
14	Pocking—Passau	34,06	15./10.1888	» » »	
15	Reichenhall—Berchtesgaden	18,81	25./10.1888	29. Mai 1886	
16	Freilassing—Laufen	12,33	14./6. 1890	30. April 1888	
17	Zwiesel—Grafenau	31,52	1./9. 1890	21. » 1884	
18	Neusorg—Fichtelberg	14,73	20./9. 1890	30. » 1886	
19	Forchheim—Ebermannstadt	14,73	1./6. 1891	» » »	
20	Traunstein—Trostberg	21,36	7./9. 1891	» » »	
21	Jossa—Brückenau	17,07	15./10.1891	» » »	
22	Hassfurth—Hofheim	15,49	15./3. 1892	» » »	
23a	Cham—Kötzting	22,47	16./7. 1892	» » »	
23b	Kötzting—Lam	17,75	1./8. 1893	—	Zu 23b. Als Privatbahn gebaut und vom Staate pachtweise betrieben.
24	Günzburg—Krumbach	27,87	1./10.1892	30. April 1888	
25	Passau—Freyung	49,53	15./10.1892	13. Jan. 1886	
26	Forchheim—Höchstadt a. A.	22,71	16./11.1892	30. April 1888	
27	Neustadt a. S.—Königshofen	23,25	1./10.1893	» » »	
28	Kitzingen—Gerolzhofen	30,05	18./11.1893	» » »	
29	Rentwertshausen—Römhild	10,72	25./11.1893	—	Zu 29. Von Bayern a. Kosten d. Sachsen-Meiningen'schen Regierung gebaut u. pachtweise betrieben.
30	Erlangen—Herzogenaurach	11,83	16./4. 1894	26. Mai 1882	
31	Laufen—Tittmoning	24,68	1./5. 1894	» » »	
32	Grafing—Glonn	10,68	27./5. 1894	» » »	
33	Wolnzach—Mainburg	23,40	Im Bau begriffen bezw. genehmigt.	» » »	
34	Traunstein—Ruhpolding	13,07		» » »	
35	Straubing—Konzell	32,70		» » »	
36	Cham—Waldmünchen	20,93		» » »	
37	Bodenwöhr—Neunburg v. W.	10,10		» » »	
38	Bayreuth—Warmensteinach	22,40		» » »	
39	Neuenmarkt—Goldmühle	12,68		» » »	
40	Selb-Station—Stadt	3,75		» » »	
41	Breitengüssbach—Maroldweisach	33,16		» » »	
42	Wicklesgreuth—Windsbach	11,80		» » »	
43	Langenzenn—Wilhermsdorf	5,82		» » »	
44	Schnaittach—Hüttenbach	9,71		» » »	
45	Kempten—Pfronten	30,40		» » »	
46	Dinkelscherben—Thannhausen	14,10		» » »	
47	Kellmünz—Babenhausen	10,22		» » »	
48	Mühldorf—Burghausen	29,38		11. Juni 1894	

Druck von R. Oldenbourg in München.

Übersichts-Karte der Eisenbahnen Bayerns r/Rh.

nach dem Stande vom 1. April 1858.

Übersichts-Karte der Eisenbahnen Bayerns r/Rh.

nach dem Stande vom 1. Januar 1868.

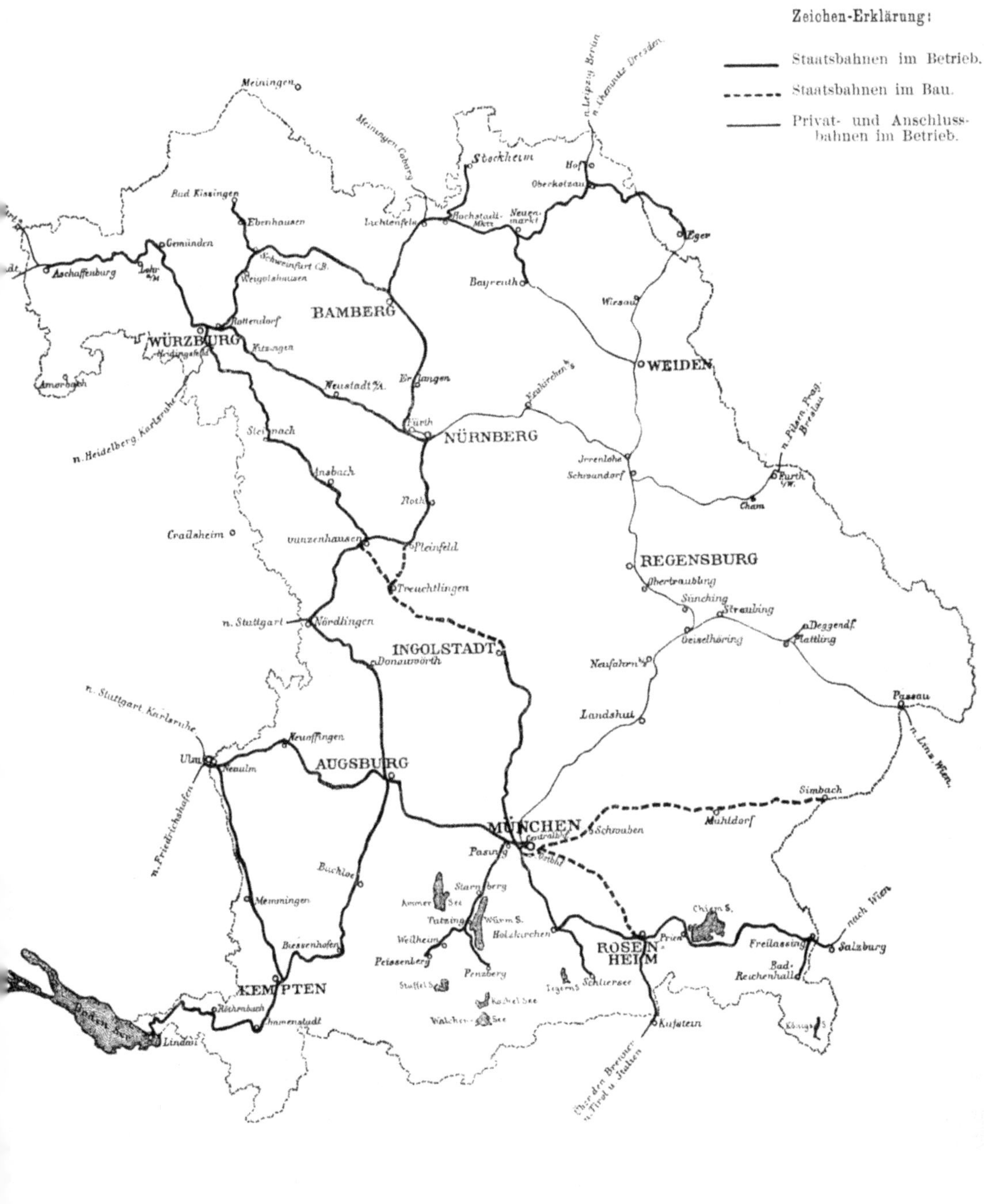

Übersichts-Karte der Eisenbahnen Bayerns r/Rh.

nach dem Stande vom 31. Dezember 1876.

Netzkarte der Eisenbahnen Bayerns r/Rh.

nach dem Stande vom 1. Oktober 1894

mit besonderer Hervorhebung der Lokalbahnen und genehmigten Lokalbahnprojekte.

www.ingramcontent.com/pod-product-compliance
Lightning Source LLC
LaVergne TN
LVHW081348011026
849161LV00013BB/3026